U0050076

幼兒保育概論
EARLY CHILDHOOD CARE

黃志成／著

幼兒保育概論

EARLY CHILDHOOD CARE

序

　　幼兒階段乃人類發展的關鍵時期，舉凡身體、動作、智能、語言、情緒、人格及社會行為等均幾乎在此時定型，是故就整個人生的進程而言，幼兒期實為一個相當重要的礎石。亦即在幼兒期得到良好的保育工作，則個體可能會有較好的發展，反之則因早期之基礎未穩固，而可能造成日後在兒童期、青少年期之不良適應，所以許多心理學家、教育學家及醫護人員莫不強調幼兒保育工作之重要性。基於此點，在許多大專之相關科系、高職幼保科、托兒所保育人員訓練班均紛紛開設相關課程，其目的在培養專業性保育人員，筆者有幸擔任此一教職工作，而於準備教材之際，常感這方面的資料在國內有所欠缺，特別是適合大專院校學生所使用之書籍更甚，基於此，乃下定決心，為國內幼兒保育工作者略盡棉薄之力，收集有關資料，並以過去十年對此領域學習經驗之累積為基礎，開始撰述，費時二年完成。

　　本書共分七章，第一章「緒論」旨在闡明保育之意義、目的以及重要性等，對於整個保育工作做一個概略性的說明。第二章「胎兒的保護與發展」，是為本書之特色，特別強調幼兒保育工作應該從胎兒期做起，因此從消極的劣質人口產生的預防到積極的加強孕婦保健工作，在本章均有詳細的說明。第三章

述及「嬰兒保育」，說明在嬰兒期日常生活護理及教育措施，消弭發展危機，以順利進入幼兒期。第四章「幼兒心理發展與保育」在強調心理因素是保育工作不可缺少的一環，蓋因身心總互爲影響，故對如何促進心理發展，也有詳細的說明。第五章「幼兒保育」爲本書重點所在，分別對幼兒期之飲食、牙齒保健、大小便訓練、衣著、住室、睡眠、安全問題、疾病預防以及護理、幼兒保護提出說明。第六章「幼兒保育人員」旨在敘述保育人員之條件、訓練、福利及保障，並說明台灣保育人員教育之現況，給予從事保育工作人員之參考。第七章「幼兒保育行政」論及托兒所之行政工作，包括組織與管理、教務與課程、場地與建築、玩具和設備、衛生保健、家庭和社區聯繫。

　　本書之資料除收集國外專家學者之論述及研究報告外，爲適合國情，並參酌國內相關資料和實務性工作編著而成，可爲大專院校相關科系學生之教科書、高職幼保科畢業生再進修之參考書，以及實際從事教保工作之父母親、幼教機構教保人員之工具書。

　　本書之完成，雖耗時二年，然因筆者才疏學淺，和匆匆付梓，可能會有些未盡合理之論點或其他疏漏之處，企盼國內專家學者、讀者提出指正，以爲將來修訂之寶貴資料，則感幸甚。

黃志成　謹識
於文化大學青少年兒童福利系

修訂版序

　　本書於民國八十四年在揚智文化事業股份有限公司問世以來，由出版冊數觀之，頗受讀者肯定，或由在校教師指定爲教科書，或爲考生列爲考試用書，或由熱愛此一領域之人士列爲個人進修之用，不一而足。

　　近年來，我國幼兒保育界起了重大變革，一是技職學校紛紛升格（如：由專科學校改爲技術學院），二是內政部於民國八十四年公布「兒童福利專業人員資格要點」，三是內政部與教育部努力研商「托教合一」的制度，均衝擊了保育界的發展，致使本書原第六章「幼兒保育人員」資料必須更新，遂有修訂之動機。

　　本次修訂以第六章爲主，其他各章爲輔，企盼各位同行先進、讀者繼續指正與支持。

黃志成　謹識

八十八年八月於文化大學青少年兒童福利系

目 次

表／次

圖　次

第 1 章
緒　論

幼兒保育的意義與範圍

幼兒保育的目的

幼兒保育的重要性

幼兒保育的任務

幼兒保育研究法

參考書目

第一節　幼兒保育的意義與範圍

幼兒保育的意義

　　人生的歷程中，身心兩方面都不斷的在活動著，這種種的活動，雖然吾人不常去理會它，主要是因為它的變化太緩慢，並不是用我們的肉眼和思維，就可以洞察這些變化，其實，這些變化也不見得如此複雜，生理學家、心理學家們常因研究上或實務上的方便，而將人的一生依其研究的依據、範圍做分期。張春興、楊國樞（民73）在其所著的《心理學》一書中，將嬰兒期（infancy）劃分在從出生到一周歲，兒童期（childhood）劃分在從一歲到十二歲。此外，他們又將嬰兒期內涵括新生兒期（neonate）——出生至滿月。兒童期又分為：

　　早兒童期（early childhood）：一至六歲。
　　中兒童期（mid-childhood）：六至十歲。
　　晚兒童期（late childhood）：十至十二歲。

　　我國古書《列子》曾將人生分為四期：「人生自生至終，大化有四：嬰孩也，少壯也，老耄也，死亡也。」費爾特門（Feldman, 1941）曾將人類早期分為四期，從懷孕到出生為產前期（prenatal period）；從出生至十天或十四天叫新生兒期（neonate）；從出生後二星期至將近二歲止為嬰兒期（babyhood）；從二歲到青少年期（adolescence）之前為兒童

期。柯爾和霍爾（Cole & Hall, 1972）則將出生至二歲稱為嬰兒期（infancy）；二至五歲稱為兒童前期（early childhood）；六至十歲的女童及六至十二歲之男童稱為兒童中期（middle childhood）。以上的分法雖各有不同，然而實是大同小異或是所定名稱之不同而已，而在各期所探討的內容是一樣的。事實上，人類發展是漸進的、連續的、緩慢的、有個別差異的，如果硬要將之分期並無多大意義，然而為了研究、瞭解之方便，學者專家總是大略性的將它分為若干階段，本書亦不例外。為統一起見，綜合各家之言且參酌「幼兒保育」所要探討的範圍，特將人類早期分期劃分如下：

產前期（prenatal period）：從懷孕至出生前為止。

新生兒期（neonate）：從出生至二週為止。

嬰兒期（infancy）：從出生後二星期到一歲為止。

幼兒期（early childhood）：從一歲至六歲止，此期又稱為學前兒童期（preschool childhood）。

兒童期（childhood）：從六歲至十二歲，此期又稱為學齡兒童期。

就廣義的幼兒定義而言，實可以包括以上五個分期，亦即與幼兒期較有關聯之前後期均應包括在內，如此才能將「幼兒」之意義涵蓋，此一意義係指「在人類早期，尚無法獨立，仍需受到保護，且對日後要能獨立自強，則需要努力去學習各種知識與技能的時間。」至於狹義的幼兒期，係指上述所談五個分期中的三期：即新生兒期、嬰兒期及幼兒期；就年齡而言，係從出生至滿六歲；就教育制度而言，係指學齡前兒童，亦即此一階段之學習以家庭、托兒所及幼稚園為主。本書所要探討

的，也就是這三個階段的幼兒。

至於「保育」的意義，簡單的說，「保」就是保護，先總統　蔣公在其所著的《民生主義育樂兩篇補述》中，曾指出「育」包括生育、養育和教育三方面。其所指的涵義分述如下：

一、保護

任何一種生物都需要受保護，否則生存率就會降低，人類自當不例外，尤其是科技文明愈進步，人類要想在社會上立足，其學習謀生的技能，有愈來愈專精的趨勢，在未能獨立之前，就需要受到保護，尤其在幼兒時期，無論身心發展都尚未成熟之際，對此期幼兒的保護更是必然的；廣義的保護則包括生育與養育兩方面，亦即優生保健、嬰幼兒營養等。然而，保護之目的旨在使嬰幼兒免於受到外來的侵害，而能自由自在的發展個體的潛能。

二、教育

很多生物在出生後不久，其上一代就開始教他謀生的技能（如母鳥教小鳥飛行及覓食），以便及早獨立。人生為萬物之靈，對教育的功效尤其重視，對教育的方法，內容亦不斷在研究更新，其目的在使幼兒得到最適當的教育內容，以利其身心的發展及將來獨立自主之準備。

陳淑美（民71）在她所著的《幼兒保育與保健》一書中，提及幼兒保育就是保護和養育幼兒，使其身心健全，將來成為國家的好公民。盧素碧（民81）將嬰幼兒保育定義如下：包括身體的保養和維護心靈健全的發展，它是以生理學、教育心理學、發展心理學、人類社會學、醫學、營養學等為依據，運用科學的方法來養育與教養孩子，使其獲得身心健康的一門學

問。王靜珠（民81）則以教育工作的觀點，提出幼兒保育的定義如下：所謂幼兒的保育，係指從事教育工作者，運用科學方法，以求得幼兒身心的儘量發展，使幼兒成為健全的國民，從而奠定國富民強的基礎。

綜上所述，幼兒保育（early childhood care）的意義就是對幼兒所做的一切保護與教養措施而言。幼兒就是指學齡前的兒童，在身心發展未達成熟階段前，不能獨立生活，必須依靠成人的養護和教育，使其身心發展健全，奠定將來做人處事的良好基礎，成為國家的好公民。

幼兒保育的範圍

幼兒保育的範圍，可依所持不同的觀點而有不同的說法：以保育的年齡而言，係指從出生至六歲左右；從保育的對象而言，「美國兒童保護基金會」（Children's Defense Fund, 1982）將需要保育的兒童分為在家生活的兒童、父母均在職的兒童、低收入家庭的兒童、未成年媽媽所生的兒童、身心特殊之兒童、被虐待或忽視之兒童。幼兒期的保育項目很多，舉凡有益身心發展的活動均應實施，而西釦特（Sicault, 1963）將兒童期不同年齡組群中的發展需要排定優先順序，如**表1-1**所示，可供從事保育工作之參考。

我國更早在民國三十年社會部所召開的第一次「全國兒童福利會議」中提出「五善政策」——善種、善生、善養、善教、善保，做為幼兒保育的重要內容。善種是要從婚前檢查來預防不良遺傳；善生是要使兒童有良好先天、產時及產後保

表 1-1　兒童期發展需要之優先順序

年齡組群	優先順序	發展需要
產前、出生 及新生兒期	1	胎兒及新生兒的健康保護
	2	媽媽的健康保護
斷奶期	1	營　養
	2	健　康
學前期	1	營　養
	2	健　康
	3	福利服務
學齡期	1	教　育
	2	健　康
	3	營　養
	4	社會福利

資料來源：Sicault, 1963.

護；善養是要使兒童有良好的營養衛生，得到健康的體格；善教是要教育兒童適應社會的人格與獨立謀生的技能；善保是要保護不幸的兒童（如孤、貧、殘、流浪兒），使他照舊能享受人權與義務（丁碧雲，民64）。而在本節所要談的範圍，則以保育之工作對象來劃分，工作對象主要是以一般幼兒為主，其次鑑於一些環境特殊及身心發展特殊之幼兒，需要特別的保育，故另外加以說明。

一、一般幼兒

「一般幼兒」之說法異於環境特殊及身心發展特殊幼兒，係表示平安的生活在一般的家庭，有父母及其他家人共同生活，得以享天倫之樂，且其身體的發育及心理的發展，均在「常態」（normality）之中。由此涵意，吾人可瞭解到大部分的幼兒都在這個領域之內，以下就按幼兒之三個分期說明其保育工作：

新生兒期：此期新生兒剛出母體，需注意新環境的適應問題，因母體之生長環境迥異於這個大世界，無論飲食或生活起居，都有了大的變化，此期護理得好，將有助於日後的發展。

嬰兒期：在嬰兒階段之保育主要包括：營養（如：哺乳、附加食物等）、衛生（如：沐浴、衣著、居室及環境清潔）、保健（如：健康檢查、預防接種等）、意外事件之預防及親情之施予。

幼兒期：此期除需繼續嬰兒期之保育外，更重視教育及福利服務的措施，因為此期幼兒無論在語言、認知、動作、情緒發展等均有顯著的進步，而且亦是許多發展上的關鍵期（critical period）。所謂「關鍵期」是指個體在發展過程中，有一個特殊時期，其成熟程度最適宜學習某種行為。若在此期未給予適當的教育或刺激，則將錯過學習的機會，過了此期，對日後的學習效果將大為減少。

二、環境特殊幼兒

環境特殊幼兒又稱為失依或不幸幼兒，係指其生長環境（尤指家庭環境）發生變故或其他原因，使幼兒失去依靠，如父母死亡、家庭被拆散（因戰爭、父母離婚、離家出走等）、家境清寒、未婚生子女、遭受虐待者……對此類的幼兒除同於一般幼兒之保育外，李鍾元（民70）更強調下列數種保育方式：

院內救助（institutional care）：將不幸幼兒收容於育幼院內，即為機關式的教養，依生活方式的不同，又分為：
 ‧家庭式的教養：能提供幼兒家庭的溫暖，學習從事家務。
 ‧團體式的教養：在院內以團體生活為主。

家庭補助（financial aid to family）：新近心理學家及社會工作者都認為幼兒留在家中與父母以及兄弟姊妹共處，使他們能享天倫之樂，為最佳的生活方式，故主張對家裏貧困之不幸幼兒，施以金錢或日用品（如：奶粉、衣物）的援助。根據《兒童福利法》第十四條規定，家庭輔助以下列四種情形為限：

- 父母失業、疾病或其他原因，無力維持子女生活者。
- 父母一方死亡，他方無力撫育者。
- 父母雙亡，其親屬願代為撫養，而無經濟能力者。
- 未經認領之非婚生子女，其生母自行撫育，而無經濟能力者（參見附錄一，《兒童福利法》，民國82年修正公布）。

家庭寄養（foster family care）：有些幼兒因暫時不能與自己的父母相處（如父母生病、入獄、因戰亂與父母失去聯絡、被父母虐待等），社工員常替幼兒尋找一個臨時家庭，由寄養父母（foster parents）或寄養家庭（group home）代為照顧。

收養（adoption service）：收養又稱領養，必須經由法定的程序及社工員的調查與服務始得完成。其目的在傳宗接代及增進家庭情趣等。

三、身心發展特殊幼兒

身心發展特殊幼兒（exceptional pre-school child）包括生理上的特殊（如視覺障礙、聽覺障礙、肢體障礙）和心智上的特殊（如智能不足、學習障礙〔learning disabilities〕、情緒困擾〔emotional disturbance〕），依據《兒童福利法》四十二條規定：政府對發展遲緩及身心不健全之特殊兒童，應按其需要，給予早期療育、醫療、就學方面之特殊照顧。保育方式除同於一般

幼兒的措施外，許澤銘（民71）介紹西德對殘障幼兒保育狀況如下：

家庭教育：由特殊教育之教師與家長配合，以週或月爲單位進行，指導內容爲培養學前預備能力（如智育、體育、社會性）及補償性機能訓練（如讀唇訓練）。

療育班：特殊幼兒入中心接受療育，由專科醫生、教師、心理學家等施予診斷、測驗與有系統的觀察，並擬定運動機能訓練、社會學習等療育計劃。

交流班：在特殊教師協助下，安排特殊幼兒與年齡相近的正常幼兒有交流遊戲時間，此法必須由特殊幼兒及正常幼兒家長的合作與參與。

普通幼稚園及殘障幼稚園：在三至四歲後進入幼稚園或托兒所，繼續家庭的早期教育，使特殊幼兒得以接受團體指導。

以上之交流班和幼稚園，依臺灣社會福利現狀，即應在托兒所、幼稚園或養護機構實施，由保育員負起教育和保育之責任。

第二節　幼兒保育的目的

一般的高等動物，鮮有生下來就能獨立者，都需要經過一段或長或短的時期。此期間，個體的器官或行爲能力經過生長的過程，再加上學習各種謀生技能的機會，才使個體漸能獨立於此一世界。對最高等動物的人類而言，從出生到能獨立的時間有愈來愈長的趨勢，古人十五歲以後而論嫁娶者比比皆是，

現在這個年紀卻還在受中等教育的階段，根本無法獨立謀生。因此，既然人類的幼稚期特別長，就更需要保育工作了，尤其是處於人類基礎階段的幼兒時期。

人類求生存的兩大要義，一是保持個體的生存，一是延續種族的生命。在保持個體生存方面，需要衣食住的供應，缺一則不能生存；在延續種族生命方面，就要有健全的子孫後代，繼承不絕，才能達到延續種族生命之目的。對於一個剛生下來的嬰兒，除了一些基本的反射動作外，均仰賴成人給予照顧，否則他很可能挨餓受凍，可能受到病菌的感染；到了幼兒期，由於生長與學習的關係，他更能踏出自己的世界，對各種事物都很好奇而喜歡探索，但他沒有保護自己的能力，因此常會受到外來因素的傷害，甚至於斷送自己的小生命。在衣著方面，他並無自己調節穿衣多寡的能力，也因而常受到風寒；在飲食方面，他無法做適當營養的攝取，飲食可能無法節制，尤其自己喜歡吃的東西常吃個不停。此外對食物是否新鮮亦無從判斷，飲食衛生無從注意，因此，常因為飲食不當而引起營養不良、失調、衛生不佳而導致疾病的產生。辛格（Singer,1972）曾以幼兒保育的需要性提出以下的警告：在未開發國家有20％的嬰兒在出生一年內死亡，而剩餘的有很多也因為疾病或營養不足而在幼兒期死亡或變成殘障。所以幼兒保育的消極目的就是要從幼兒的生活起居中，予以妥善的照顧，使其免於受到各種外來的侵害，而能平安、無阻的生活在這個世界。

至於幼兒保育積極的目的是什麼呢？簡言之，就是為了得到健全的下一代。達爾文（Darwin）在《進化論》（*Theory of Evolution*）中提到：生物的進化論，優勝劣敗，適者生存。此固然是對一般生物的說法，但對人類亦不例外，環觀人口壓力

特別大的台灣，真可說是處在一個處處競爭、時時競爭的時代裏，吾人可小從升學競爭、商場競爭和求職機會的競爭而看出端倪。因此，要使這些民族幼苗在將來能出人頭地，能經得起時代的考驗，能安穩地站立在這個社會中，如此種族才能綿延不絕。由此可知，幼兒保育的積極目的就是要培養健全的幼兒，使他們有健康的身體、和諧的情緒、完美的人格，以便將來做個堂堂正正的人，並承繼先人所留之遺產，開創另一嶄新的世局。

第三節　幼兒保育的重要性

「好的開始，是成功的一半。」對任何事物而言，皆為不可否認之原則，一棟房子的地基打得穩、做得好，將來的結構才會堅固；若基礎不穩，儘管地上層蓋得多好，亦難逃倒塌的命運。對人類而言，亦復如此，試想一個先天不足，後天又欠缺調養的幼兒，體弱多病，終日在床奄奄一息，如何能在兒童期、青少年期有良好的表現呢？因此，吾人必須特別注意幼兒的保育工作，其重要性將在下面依個人對自己、對家庭及對國家社會的責任提出說明。

幼兒對自己一生的重要性

幼兒期是人生下來後發展的最早階段，在這一個階段裏，如果營養攝取足夠，養分充足，身體發展必然良好，如果注意衛生保健，必可防止細菌的侵入，保有健康的身體；如果保護

周到，必可防止意外事件的產生，保全個人完整的「髮膚」；如果得到充足的親情滋潤，必可發展仁人愛物的胸襟；如果得到良好的教育，必有豐富的知識與能力……凡此不勝枚舉。在許多研究中，也發現早期的發展是重要的，例如：布朗（Brown, 1961）認為成年人的社會生活，其不能做良好適應甚至行為失常者，多與其童年生活經驗有關。佛瑞智（Frazee, 1953）根據對成年人精神病患者研究，發現其童年時期多屬不良適應者。總之一個人如果能在幼兒期得到適當的保育，如此在人類早期的基石穩固，將來成長到兒童期、青少年期、成年期以後，承襲此一優良基石，對日後的發展，必有所助益。一般公認人生歷程的第一個十年（從出生到十歲），是一生行為發展的基礎（Gesell et al., 1956）。如果在幼兒期照顧不周，營養不良，身體瘦弱，則將來的成長無形中也大打折扣了，甚至花更多的時間、金錢和人力去調養，也不一定能夠成長得很好，所以為了一個人將來要有健全的身心發展，必須重視幼兒保育工作。

幼兒對家庭的重要性

幼兒是家族香火的繼承者，是家庭快樂的源泉，是父母終身所寄託者。中國人的家族觀念首重家族的延續，因此，幼兒的誕生，就代表「後繼有人」，尤其是男嗣，更為一般年長者所重視，為了自己的香火鼎盛相傳，無不照顧細微，希望能夠有健壯的下一代。一對夫妻，如結婚數年，尚未育有子女，一定會感到婚姻生活有所欠缺；看到親友、同事育兒抱女，也是會羨慕萬分，如此可能致使婚姻生活失調，甚至於在婚姻生活中

亮起紅燈；因此，在一個家庭中，嬰兒的誕生往往是夫婦快樂的源泉，家中有個小嬰兒，無非是在夫婦的感情生活中，添加了興奮劑，有了下一代的誕生，家庭生活才能圓滿無缺。但為使這位嬰幼兒能帶給家中更大的快樂，就必須使其有健全的身心發展、長得活潑可愛，因此，幼兒保育就更加重要；否則如果幼兒體弱多病，甚至成了殘障兒，那無非是給夫妻內心蒙上一層陰影，不但無法得到有了新生命的喜悅，反而要終日生活在愁雲慘霧之中。此外，每個人年紀大了以後，終需有人照顧，基於中國優良傳統，為人子女者擔負照顧之事是責無旁貸的。固然，「養兒不為防老」，但對於一位老年人，自己有了後代，內心總能平添些許的安全感和滿足感，因此許多人基於這個心理因素，也都希望有個健康、快樂、孝順、有責任感的後代，如此就不得不重視幼兒保育了。

幼兒對國家社會的重要性

幼兒是明日社會的中堅、國家的主人翁。一個人將來是否能為國家、社會所用，就要看在成長過程中是否得到良好的塑造，唯有經過完美教育環境的陶冶和妥善的保護措施，始能培養出良才，回饋社會，為國家盡一己之力。而欲達到此一目的，端賴幼兒時期的保育工作。「十年樹木，百年樹人」，任何一個現代化國家，絕對注重人才的長期培育，亦即依據國家的長期計劃，按照立國精神、基本國策，來教育幼兒，如此將來才能為國家社會所用。一個國家缺少良好、健全的幼兒，代表這一國度，在未來的數年中，將日趨於沒落，甚至於滅亡；反之，如果在良好的保育工作下的幼兒，其成長活動必是正常

的、健壯的，若這一代的幼兒有良好的教育和保護措施，就代表未來社會有眾多的精英，有允文允武的青年，能成為國家社會的棟樑。

基於以上所述，吾人不難瞭解幼兒對自己、家庭乃至於社會國家，在發展過程中所擔負的任務及重要性，而欲達成上述的任務，唯有有關單位努力推行「幼兒保育」工作，因為幼兒保育不但會注意到營養、衛生保健、疾病預防的問題，更會注意良好教育環境、教育方式，以滿足幼兒的需要，在此種情境下造就出的幼兒，那有不健康的呢？那會沒有良好的人格發展呢？那能沒有卓越的才能呢？

第四節　幼兒保育的任務

在某一社會裏，個體達到某一年齡時，社會期待他在行為發展上應該達到的程度，稱為發展任務（developmental tasks）（張春興，民80）。對一個幼兒來說，自當不例外，幼兒的成長，也依照一定的生長模式，生理年齡到達某一階段，他的心智發展、動作發展、社會化發展等等，都被我們期許著有某種表現，幼兒保育的任務就是希望能達到我們所希望的表現，而欲達成這些任務只有仰賴幼兒保育了。至於幼兒保育的任務是什麼呢？我們可從下列六方面來談。

給予幼兒良好的生長環境

良好的生活環境從廣義的範圍而言，必須有充足的陽光、

清新的空氣、品質好的水源，以及和樂安祥進步的社會。至於狹義的方面，則包括廣大的生活空間、清潔乾淨的居住環境，也就是幼兒生長的家庭中空間要大，要注意家庭中的環境衛生，以及良好的家人關係。

給予幼兒適當的營養

適當的營養是身體成長的基礎，所謂「適當」包括三層意義：

要有足夠的營養：營養充足，才能使身體有正常的發育；不良的營養，會使身體成長有遲滯的現象。

要有均衡的養分：不偏食，對食物要有廣泛的興趣，如此才能攝取到應得的各種營養素。

營養要節制：目前臺灣經濟發展迅速，人民大都有足夠的營養，而須注意到的是：切忌有過多的養分，以免因過多的營養，造成身體機能的不適應，如肥胖症等，有礙身體健康。

訓練幼兒動作發展

每一個人成長到一個階段終究要獨立的，因此在幼兒期，我們就應該開始訓練幼兒的動作能力，包括粗動作、細動作、大肌肉、小肌肉以及全身跑、跳、翻滾的各種動作技能，具備這些以後，身體能活動自如、靈活運用，才是謀生、獨立生活的基本技能。

啟發幼兒的智能發展

　　一般心理學者，咸認為一個人的智能，在幼兒期的發展甚速，而且已完成了相當的比例，因此，在幼兒期即注重智能的啟發是絕對有必要的。智能發展包括一般智力（如思考力、創造力、理解力、記憶力、想像力等）及特殊能力（如音樂能力、美術能力、運動能力等）。

陶冶良好的人格及情緒模式

　　良好的人格模式及情緒發展，對心理健康有莫大的幫助，故在幼兒期必須注重此種陶冶。一個人有良好的人格及情緒，對日後本身的進德修業、家人關係及同儕關係，都會有所助益，而這些助益，往往是一個人邁向成功的根本。

促進社會化發展

　　人是群性的動物，自出生後即生長於家庭，而後社區及至於整個社會，凡此種生活領域的擴展，都是社會化的途徑，一個社會化良好的人，必能贏得親戚朋友的好感，而願意與之為伍；相反地，若是社會化不好，可能孤獨、寂寞，沒有人願意與之相處，因此，在幼兒期發展社會行為也是必須的。

　　綜上所述，幼兒保育的任務，除了要注重幼兒本身身心健全發展外，更要促進其將來獨立謀生的能力。因此，只要有助

於此二者之發展者，都是幼兒保育工作範圍，欲達成此一任務，所必須的保育工作是屬於多元性的，亦即從生理（健康、營養、衛生保健、疾病預防等）以及心理（人格、情緒、智能、社會化等）著手，並且交互影響，達成一個完美、優秀的個體，如此才算是完成幼兒保育的任務。

第五節　幼兒保育研究法

　　幼兒保育是一種實務工作，但也是一門科學的研究，其主要的目的，是幫助父母或保育員瞭解有關幼兒發展上的順序與預期的模式。舉凡幼兒的各種行為，如飲食、睡眠、排泄、穿衣等，都是依照一定的模式而且大部分可以預知的階段發展而來的。因此，研究幼兒的保育，許多保育上的問題，可依研究結果迎刃而解。如幼兒出現某種情況時，我們已經預先知道這些是發展過程中必然的現象，而能處之泰然；此外，科學研究一日千里，許多過去的保育方法未必適合於現在，許多西方的研究結果，也未必適用於我國，基於時間、空間的差距，吾人不得不更努力於研究工作上，更甚者，為適應現階段工商業社會的生活方式，職業婦女日漸增多的情況，幼兒保育的問題似乎不能一成不變的沿用農業社會的保育方法，面對這些問題，如何為幼兒得到一個最好的保育方式，就是研究工作的範圍了，同時也說明了幼兒保育研究的重要性。

　　任何科學研究，均有其困難及限制，幼兒保育的研究也不例外，赫洛克（Hurlock, 1978）在他所著的《兒童發展》一書中就曾提到精確數據的取得不易，一方面是在研究幼兒時，實

驗室及實驗情境的控制困難；二方面要從未受過訓練的父母親取得研究資料也是一個問題。此外，研究幼兒有別於動物，在近代史上有些極權政府利用人類的身體做實驗的工具，這是很不合人道的，所以在幼兒保育上的研究，我們常先由動物，如小白鼠、猴子等實驗結果，慢慢的推演到幼兒來。另外一個問題是對幼兒做長期研究的困難，因為涉及到實驗者的毅力，實驗者亦可能由於種種原因放棄實驗；對於幼兒而言，亦可能成長環境的改變（如搬家、家中變故、上托兒所等），而改變實驗情境，造成研究結果錯誤。凡此種種，都是在做幼兒保育研究上不可不事先注意的事項。總之，為得到一個正確的結果，研究者必須在實驗前設計，實驗中變項（variable）的控制，數據的取得都有嚴密的規劃才可以。

幼兒保育的研究方式

幼兒保育的研究方式可分下列二種情況：

一、橫斷法（cross-sectional approach）

橫斷法乃是在同時間內就不同年齡層（different age group）的對象中選出樣本，同時觀察不同年齡層不同樣本的行為特徵（楊國樞等，民67），例如欲瞭解嬰兒長乳齒的時間，各年齡層的身體體重常模（norm）均可用橫斷法為之。其優缺點說明如下（Hurlock, 1978）：

橫斷法的優點為：

· 節省研究時間。

· 內容描繪不同年齡的典型特徵（typical charac- teristics）。

．節省研究經費。

．可由一個實驗者完成。

其缺點為：

．對整個研究過程只有一個概略的描述。

．未考慮同一年齡層的個別差異。

．未考慮不同時間內文化或環境的改變。

二、縱貫法（longitudinal approach）

　　縱貫法乃是對被研究對象的不同年齡階段加以研究，觀察在不同的年齡階段所表現的行為模式（楊國樞等，民77），例如要瞭解嬰幼兒長乳齒的順序，動作發展的過程均可用縱貫法為之。其優缺點說明如下（Hurlock, 1978）：

縱貫法的優點為：

．可分析每位幼兒的發展過程。

．可研究幼兒在成長過程中，量的增加（growth increments）。

．提供機會去分析成熟及經驗過程的關係。

．提供機會去研究文化及環境的改變對幼兒行為及人格之
　影響。

其缺點為：

．較費時，通常需要新的實驗者繼續追踪研究。

．研究經費昂貴。

．所得數據處理不便。

．難以維持最初的研究樣本。

．必須時常以追溯的報告（retrospective reports）來補充資

料。

幼兒保育的研究方法

幼兒保育的研究方法在本章將依研究者與幼兒的關係分為以下二大類：

一、直接研究法

指研究者直接對幼兒實施觀察或實驗，直接研究法又可分自然觀察與控制觀察兩種。

直接觀察法（natural observation）：研究者立於純粹旁觀的地位，觀察幼兒在自然情境下的活動，將之記錄下來，收集所欲研究之資料或數據，做為分析與欲解決問題之依據，此一方法又可分為：

- 日記法（diary method）或稱傳記法（biographical method）：最初使用於研究嬰兒的生長及行為的發展，而且是在家庭中觀察自己的子女或其他親屬，需要天天觀察，時時記錄，此法之研究者常會遭到困難，例如費時費力，觀察項目太多有失重點等。

- 行為觀察法（behavior observation method）：此法主要改良日記法之缺點，做行為專題研究，亦即限制行為觀察的內容，例如：專選一種行為（語言、吃飯、排泄、學習走路等），預擬記錄方式，作有系統的觀察，較漫無目標的觀察幼兒，易於收集具體的資料。此外，此法亦可把觀察時間予以限制，將觀察的次數分散支配，每次時間縮短。例如每天觀察一次或數次，每次十分鐘或半小

時，這樣如果觀察次數多，分布得宜，所收集到的資料，亦具代表性。

控制觀察法（controlled observation）：控制觀察法是實驗者預先設計某種情境來影響幼兒的行為，然後觀察（黃友松，民73）。這種方法又可分為下列二種：

· 實驗法（experimental method）:實驗法是實驗者在控制的情境下，有系統的操縱自變項（independent variable），使其按照預定的計劃改變，然後觀察自變項系統改變時對依變項（dependent variable）所發生的影響。例如某幼稚園教師為瞭解不同教學法（發現教學法與啟發式教學法）對幼兒學習「形狀」概念的影響，而機率選取二組幼兒，以同樣的老師及情境，實施不同的教學方式（自變項），數日後評估學習成果，如此可瞭解幼兒學習「形狀」時，以何種教學法較佳。

· 測驗法（testing method）：測驗法是以一組標準化（standardize）過的問題讓幼兒回答；或以一些作業讓幼兒去做，從其結果來評定幼兒的某項特質。例如以一組圖片（桌子、鉛筆、橘子、電視……）讓幼兒說出名稱，如此可測知對字彙瞭解的情形。

二、間接研究法

指研究者在從事幼兒研究時，不直接由幼兒方面取得資料，而假手他人取得所欲得到的資料，此法常因須靠第三者的觀察（尤其是未受過訓練的父母）及主觀的態度，所得資料並不一定十分可靠。間接研究法又可分為下列數種：

問卷法（questionnaire）：類似測驗法，研究者事先編好一

份標準化過的問卷，向幼兒的父母、保育員或其他關係人詢問。例如欲瞭解幼兒的「活動量」，可擬數個有關題目：「幼兒是否動個不停？」、「幼兒是否喜歡往外跑？」……，而後分數個等級讓父母填，如此可以知道幼兒是屬於活動型、安靜型或中庸型的。

晤談法（interview）：研究者將所欲得到的資料與父母、保育員面對面的溝通，如此亦不愧是收集資料的好方法。例如保育員欲矯治某一幼兒的不良行為，遂以家庭訪問的方法，從幼兒母親得到一部分在家中的資料，如此將有助於矯治工作。

評估法（rating）：研究者就研究內容擬好一定之項目，請幼兒的關係人就每一項目評定等級。例如欲瞭解幼兒的健康狀況，若探評估法，可以身高、體重、膚色（臉色）、活動量等讓保育員評定等級（良好、好、普通、不好、很不好），如此大致可以得到結果。

參考書目

· 丁碧雲。《兒童福利通論》。正中書局，第128頁，（民64）。

· 王靜珠。《幼稚教育》。自印，第326頁，（民81）。

· 李鍾元。《兒童福利理論與方法》（第四版）。金鼎圖書出版社印行，第161頁，（民70）。

· 張春興、楊國樞。《心理學》（第六版）。三民書局，第97頁，（民73）。

· 陳淑美。《幼兒保育與保健》。自印，第2頁，（民71）。

· 許澤銘。〈簡介西德對殘障嬰幼兒早期發現與早期療育制度〉，《特殊教育的發展》。國立臺灣師範大學特殊教育中心，第249、250頁，（民71）。

· 張春興。《張氏心理學辭典》。東華書局，第189頁，（民80）。

· 黃友松。《兒童發展與輔導》〈第一章〉。正中書局，第39頁，（民73）。

· 楊國樞等。《社會及行為科學研究法》上冊。東華書局，第60頁，（民77）。

· 盧素碧。《嬰幼兒保育》。文景書局，第2、3頁，（民81）。

· Brown, F.（1961）. Depression and Childhood Breavement. *J. Ment. Sci.*, 107, 754-777.

· Children's Defense Fund（U.S.A.）（1982）. *The Child Care Handbook.* 3-10.

· Cole, L. & I. N. Hall.（1972）. *Psychology of Adolescence.* 雙葉書局 4.

· Feldman, S.（1941）. Origins of Behavior and Man's Life Career. *American J. Psychology*, 54, 53-63.

· Farzee, H. E.（1953）. Children Who Later Became Schizophrenic Smith Call. *Stnd. Soc. Wk.* 23, 125-149.

· Gesell, A. et al.（1956）. *Youth: the Years from Ten to Sixteen.* New York: Harper.

· Hurlock, E. B.（1968）*Developmental Psychology（3rd ed.）.* McGraw-Hill Inc., 14.

· Hurlock, E. B.（1978）. *Child Development（6th ed.）.* McGraw-Hill Inc., 8, 15.

· Sicault（ed.）.（1963）. *The Needs of Children.* UNICEF（Free Press of Glencoe, New York）, 56-57.

· Singer, H.（1972）. *Children in the Strategy of Development.* United Nations Centre for Economic and Social Information,17.

第/2/章
胎兒的發展與保護

第一節　發展的意義及其特質

　　人類發展，是指個體從生命開始（亦即父精母卵結合之時），以至於兒童、少年及青年期身心發展的整個歷程而言。一位幼兒保育人員要做好保育工作，先行瞭解幼兒發展是有必要的，而欲瞭解幼兒發展過程之前，對於嬰兒期、胎兒期甚至於胚胎期的整個發展亦應加以涉獵，如此才算完整。

發展的意義

　　所謂「發展」（development）是一種有順序的、前後連貫方式做漸進的改變（Gesell, 1952）。它是一個過程，在這個過程中，內在的生理狀況發生改變，心理狀況也受到刺激而產生共鳴，使個體能夠應付未來新環境的刺激……（Hurlock, 1968）。安德生（Anderson, 1960）亦強調：發展不僅是個體大小或比例的改變，也不只是身高的增加，或能力的增強，發展是統合個體許多構造與功能的複雜過程。在國內，黃友松（民73）認為「發展」是個體對環境發生反應所形成身心屬性改變的過程。個體發展即個人自有生命開始，以其具有的遺傳傾向，對其所處環境不斷發生反應，從而獲得個體有規律的改變。盧素碧（民82）則綜合各家學理將「生長」與「發展」做一比較，使吾人更加瞭解發展的意義，她提到：「生長」是量的增加，可以被測量，如身高、體重等，故受成熟的條件所影響。「發展」不但包含著量的改變，也包含著質的改變較難測量，它受成熟和

學習兩種因素所決定。

　　由此可知：發展的意義，係指個體自有生命開始，其生理上（如身高、體重、大腦、身體內部器官等）與心理上（如語言、行為、人格、情緒等）的改變，其改變的過程是連續的、緩慢的，其改變的方向係由簡單到複雜、由分化到統整；而其改變的條件，乃受成熟與學習，以及兩者交互作用之影響。

在發展上的變化類型

　　在個體的發展上，可能有些生理或心理改變的是剛開始；有些已達顛峰，有些則是在衰退期。赫洛克（Hurlock, 1978）曾提出在發展上的變化類型（type of change）如下：大小的改變、比例的改變、舊特徵的消失、新特徵的取得。茲以幼兒期的發展狀況，說明如下：

一、大小的改變

　　在幼兒期，無論是身高、體重、胸圍以至於內部的器官都一直不斷的增長中；在心理上，語言、字彙、推理、記憶、知覺、創造、想像能力也不斷的進步中。

二、比例的改變

　　幼兒並不是兒童或成人的縮影，在心理上不是如此，於生理上亦同。在幼兒期的身心發展上有其獨立的特質，而絕不能以成人的眼光來待他們。圖 **2-1** 顯示幼兒與成人在體型上有不同的比例。此外，在思考方面，幼兒的想像力比推理能力較好，而成人卻相反。

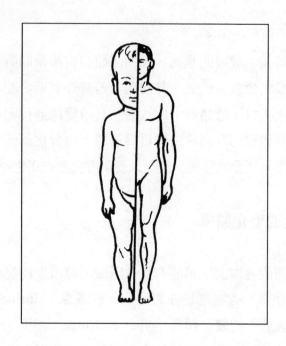

圖2-1　新生兒與成人身體比例的不同

資料來源：Buhler, 1930.

三、舊特徵的消失

在個體的發展過程中，有些身心特徵會逐漸消失，例如嬰兒出生前，胎毛會掉落；在幼兒後期以及學齡兒童前期，乳齒也逐漸脫落；又如在語言方面，嬰兒期的發音遊戲，於幼兒期亦隨著學習而影響，漸漸消失。

四、新特徵的獲得

個體身心之若干新的特徵，有些是經由成熟，有些是經由學習和經驗獲得。例如在幼兒期手指精細動作會逐漸發展，在心理上表現得好奇、探索、好問等。

發展的一般原則

隨著統計學的發展，許多研究幼兒生理、心理的學者將幼兒發展狀況加以歸納，如此可以得到一些概括性的結果，做為幼兒教育、保育之參考，根據許多研究結果，幼兒發展的一般原則大致可歸納如下：

一、早期的發展比晚期的發展重要

人類的發展，以越早期（如：胚胎期、胎兒期、嬰幼兒期）越重要，若在早期發展得好，則對日後有良好的影響，反之則不然。例如個體的智力發展從受孕到四歲，大約完成了50％，四至八歲大約在30％左右（Fallen & McGovern, 1978）。

二、發展依賴成熟與學習

幼兒的發展一方面要靠身體的成熟，例如要會控制小便，必須待膀胱的擴約肌發展到某一階段才可行；另一方面則需靠學習，亦即人為的及環境的刺激，如此才能促進發展。有學者研究認為，約四分之三的智能不足者不知道發生原因，他們可能是鄉村或都市貧民區的犧牲品，由於社會或文化剝奪（social and cultural deprivation）而導致（Koch & Dobson, 1976），這說明了由於缺少學習機會，而致使智力發展遲滯。此外，在幼兒某些特質成熟以後，才可以學習；而學習了以後又可促進成熟，如此交互影響。

三、發展的模式是相似的

幼兒的發展模式具有相似性，例如：嬰幼兒一定先會坐再

會爬，然後才會站、走、跑，這種發展次序不可能顛倒；在語言的學習方面，先會發出幾個簡單的音，然後是字、詞、句子，這種發展次序對幼兒而言，亦是相似的。

四、在發展中存有個別差異

人與人之間有生物上和遺傳上的不同（Dobzhansky, 1973），再加上環境的差異，許多內在或外在的個別差異就因此而產生。生理上的不同，部分由於遺傳，部分由於環境，如食物、氣候、空氣。而心智上的不同，除與先天的稟賦有關外，亦與後天的刺激、學習有關。

五、社會對每一發展階段都有些期望

這些社會期望是以發展任務的方式出現，如此保育員及父母可知道某年齡的幼兒，為了要達到良好適應，必須完成那些不同的行為模式。例如最早提及「發展任務」名詞的海威赫斯特（Havighurst, 1972）認為，嬰幼兒期的發展任務為：學習走路、學習食用固體食物、學習說話、學習控制排泄機能、學習認識性別以及有關性別的行為和禮節、完成生理機能的穩定、形成對社會與身體的簡單概念、學習自己與父母、兄弟姊妹以及其他人之間的情緒關係、學習判斷「是非」，並發展「良知」。

六、發展是從一般反應到特殊的反應

幼兒身心的反應，一般性的活動常在特殊活動之前出現。例如胎兒出生前能移動整個身體，但不能做身體某一部分的特殊反應，在出生後的早年亦如此。嬰兒開始擺動整個手臂，然後才能用手抓物（黃友松，民73）。

七、發展是連續的過程

　　個體身心的發展是日以繼夜，夜以繼日，不斷的、緩慢的變化，整個過程完全是連續的。例如嬰兒長牙，乍看之下好像一夜之間牙齒露出牙根，實際上牙齒的發展早在胎兒期即已開始。

八、發展的速率有所不同

　　個體身心特質的發展速率有所不同，在某些時期的某些特質較快，而另外一些特質可能在不同的時期發展得較快，而就整個過程而言，是先快後慢的。**圖2-2**顯示身體不同部分的發展速度，在幼兒以及兒童期，以淋巴型（lymphoid）生長最快（包括扁桃腺、淋巴腺、胸腺等），嬰兒出生後急速上升，到兒童末期（十二歲）已達到頂點，其後則漸次下降；腦和頭部（brain & head）在嬰幼兒期急速上升，六歲時達成人的90％，十四歲已達100％；一般型（general）是包含骨骼、肌肉、內臟諸器官等全身組織的發育曲線，一至二歲急速上升，兒童期呈緩慢狀態，到二十歲左右達100％；至於生殖型（repro-ductive）是睪丸、卵巢、子宮等生殖器官的發育曲線，從出生至十二歲止，發育緩慢，十二歲以後急速發展，到二十歲時，達100％。

九、發展具有相關性

　　身心某一種特質的成熟，必影響其他特質的成熟。例如幼兒智力發展的結果，必影響社會行為的發展；動作發展良好，有足夠的運動量，必影響身體的健康。

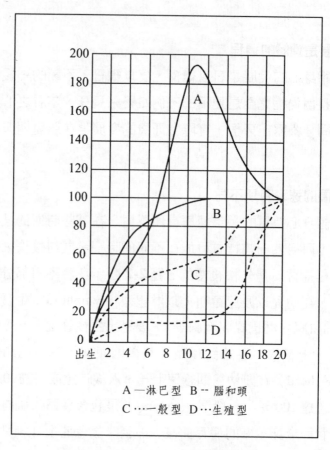

圖2-2 出生至二十歲的發展曲線

資料來源：Coursion, 1972.

影響幼兒發展的因素

影響幼兒發展的因素很多，但大體言之，可分爲遺傳
（heredity）與環境（environment）。至於兩者中，對發展的影響
何者較大呢？這是很難下定論的，不過吾人仍可以下列三法則
來說明：

・就個體的整個發展過程中，某些時期遺傳較重要，而某些時期環境較重要，而有某些時期兩者的影響是差不多的。

・遺傳與環境對幼兒的影響並不是一成不變的，亦即在某些時期遺傳或環境的影響很大，而過了一段時間後，其影響漸小了。

・對發展的單項特質（如智力、情緒、身高……）而言，有些特質受遺傳的影響力大於環境，而有些特質受環境的影響力大於遺傳。

由於心理學及生物學旳進步，目前所要研究的，是遺傳潛能與環境的經驗如何共同作用以產生對發展最好的影響。茲將有關遺傳、環境及兩者交互作用之結果，對發展的影響簡單描述如下：

一、遺傳

受精作用時，父體的一個生殖細胞（精子）與母體的一個生殖細胞（卵子）結合爲一，許多父母之生理、心理特質，由生殖細胞中的基因（gene）傳遞予子女，構成一個具有父母特質的下一代，此一過程稱爲「遺傳」。

生殖細胞猶如一般的細胞一樣，大部分是「細胞質」（cytoplasm），包含許多微細的結構，這裏面最重要的是一個「細胞核」（nucleus），核內有一些「染色體」（chromosomes），這染色體便是遺傳的器官，染色體中包含著支配將來發展歷程的極小單位名爲「基因」。人類細胞內具有的染色體共四十六枚，配合成二十三對，產生生殖細胞時，行「減數分裂」（reduction-division），即每個生殖細胞的染色體數目，只有身體

細胞的一半，即由二十三對減爲二十三單枚。成熟後的生殖細胞，經受精作用，精細胞的二十三單枚，和卵細胞的二十三單枚，結爲一體，重新配成二十三對，所以新個體的特質，有來自於父方，亦有來自於母方，由此可知，胎兒、嬰兒的發展，與遺傳是息息相關的。我國《優生保健法》第六條即對與遺傳有關之人民健康檢查、婚前健康檢查及劣質遺傳檢查（包括：遺傳性疾病、傳染性疾病和精神疾病）有所規定（詳見附錄三，《優生保健法》）。此外，《民族保育政策綱領》亦規定：實施婚前體格檢查，防止性病，施行遺傳缺陷份子之隔離或絕育，以杜絕不良種子之繁殖（詳見附錄四，《民族保育政策綱領》）。

二、環境

環境是圍繞著個體周圍的外界。個體自受精卵開始以至老死，無時不存在於某種環境之中，和環境發生密切的互動。懷孕期中，以母親的身體爲環境——可稱爲「母胎環境」（prenatal internal environment）；誕生後開始有「外界環境」（external environment），外界環境又可分爲「物質環境」（physical environment）和「社會環境」（social environment）；或分爲「地理環境」（geographical environment）與「文化環境」（cultural environment），教育是文化環境的一個特殊而重要的部分。

人類自受孕開始，即在母胎環境內成長，除了生理上受母親的影響很大外，母親許多心理上的狀況，如喜、怒、哀、樂亦間接的影響胎兒。出生以後，嬰幼兒的成長亦受地理、氣溫、濕度、物產等自然環境的影響，而在家人關係、社區環

境、教育文化更直接的影響幼兒的成長。昔者孟母三遷，就是典型的環境影響兒童，所以為了個體的發展，不論是母胎環境或外界環境，都有注意的必要。

三、遺傳與環境交互作用的影響

前已述及，遺傳與環境對個體的發展均有影響，是故單據「遺傳論」或「環境論」者，都失之偏頗。新近學者較有興趣研究遺傳與環境在何種交互情形下對某一特質的影響程度，例如同卵雙生子秉承上代類似的遺傳，在出生後因環境刺激的不同，所造成的差異。有一實驗（Cooper & Zubek, 1958）說明了遺傳與環境之交互作用影響：使用經過十三代培養之四十三隻聰明與愚笨的白鼠，分別混合置於刺激較多的環境（鼠籠內有蹺蹺板、坑道、石塊、鈴、鞦韆、鏡子、球以及盛食物和水的盒子等）與缺少刺激的環境（鼠籠內只有食物與水的盒子）是為實驗組；另外以十一隻聰明的以及十一隻愚笨的白鼠置於範圍較廣而比較不固定的普通實驗室環境中飼養，作為控制組。三組白鼠在四十天後各做走迷宮的測驗，結果兩實驗組的白鼠不論是聰明的或愚笨的，其成績均極類似，而控制組內的兩群白鼠之成績，則有很大的差別。在此情形下，控制組說明了遺傳有顯著的決定性影響，而在實驗組內，刺激較多的環境，有利於愚笨鼠的學習，而刺激少的環境，使聰明鼠的學習受到限制，致使原本不同的天賦，因受環境的作用，而表現出的成績有拉平的趨勢。

總之，從對遺傳與環境研究，我們的認識是：遺傳與環境都會對個體發生影響，個體的遺傳不是一種特質而是一種傾向，在某種情境中，這種傾向會以某種方式表現，而在其他的

場合，它又會以另一種方式來表現。我們也可以說：遺傳賦予某種先天的傾向，在適當的環境中會有良好的表現，反之，則形成不良的結果（黃友松，民73）。

第二節　胎兒的形成與發展

生殖細胞

一切生物都是由細胞（cells）組合而成的，人類自當不例外，細胞的種類很多，有些細胞專司運動，於是乃分化爲肌肉細胞；有些細胞則專司感覺和傳導，乃分化爲神經細胞；至於專司生殖作用的細胞，我們稱它爲「生殖細胞」（gametogenesis），生殖細胞可稱爲是單細胞，在男性的生殖細胞爲精子（sperm），在女性則爲卵子（ovum）。

精子是小型的鞭毛細胞所形成的，每一個精子的全長大約是0.5公厘（約0.02英寸），它是生命體，能單獨生活，每個精子包含有一個頭部，頭部以細胞核爲主體，裏面藏有許多遺傳物質；有個短短的頭部，一個中間體（身體）和一條長長的尾巴。精子的主要長度在尾巴，有了它便可在射精後，短短的一兩天內游動尋找卵子。自青春期開始，精子在男性的睪丸內製造，仔細觀察睪丸內的各類小管，我們可以看到製造精子的不同階段。完全成熟的精子隨時都可被釋放出，離開了原先附著的小管而隨波逐流跑到睪丸上儲存、成熟以備用（李鎡堯，民70）。

成熟的卵子由肉眼勉強可以看到，像一個針頭大的小黑點，直徑約莫0.13公厘（約等於0.005英寸），看來雖如此之小，但卻是人體中最大的細胞，比精子大約二千倍，他們的形態，略如球形，內有養料供給胚胎最初幾天的利用，他們有生命，有單獨生活力。自青春期開始，女性的卵巢產生大量的女性激素，名為動情激素（estrogen），這種激素促使腦下垂體分泌另一種激素，作用於一個卵泡上，使它迅速吸收比其他卵泡還多的液體，膨脹再膨脹，而後破裂才排出卵子（李鎡堯，民70）。

受精

　　女性大約每二十八天產卵一枚，男性所產生的精子之數量相當多，平均每三立方厘米之精液約有二億個精子（Thoms, 1954）。女性的卵巢（ovaries）在產卵之後，卵子大約花一天或兩天的時間，由一個輸卵管（fallopian tube）旅行到子宮（uterus），這卵子僅僅容許一個精子的「侵入」（penetration），假使在這時間有性行為發生，則有受孕（conception）的可能，這種精子與卵子透過性行為或其他人為因素而結合在一起的作用叫受精（fertilization），自此以後，精子與卵子本各為單細胞而結合成複細胞了。假如卵子沒有經過受精作用，就因子宮內膜剝落，隨內膜和血液排出體外，是為月經。

　　男性在每次射精時，通常至少有一億以上的精子被排出，在這些精子當中，有十分之一具有受孕的能力（Willemsen, 1979），男性在性行為所射出的精液，貯存在女性之子宮頸口附

近，靠著自身的運動，游過子宮頸黏膜而進入子宮腔，然後再至輸卵管與卵子會合，這上億的精子彼此都朝同一方向，同一目標物——卵子前進，其中通常是最健康、最活潑，而且游得最快的精子，首先與卵子結合，卵子受精後，稱為「受精卵」，此時卵細胞膜迅速引起變化，封閉起來，使得其他精子都被封鎖在外面而無法進入。

卵子在排卵後的數小時，即準備受精，可以受精的時間少於二十四小時，但具運動性的精子有較長的生命，在抵達卵子之前可以生存一至二天，貯藏於子宮頸的精子，在子宮頸黏膜內甚至可以生活兩三天，因此，假如在排卵前兩三天性交或排卵後二十四小時內性交，都可以發生受精作用（謝孟雄，民70）。受精作用的發生，並不是男歡女愛的結果，而應是夫妻雙方在感情、經濟、社交關係等良好基礎下產生，在夫妻的意願下，進行完美的計劃，如此才能確保新生命日後的正常發展，這是保育工作的最基本要求。

著床

受精作用通常在輸卵管內發生，正常受精的位置是在輸卵管外側三分之一處，卵細胞受精成受精卵後，一方面藉輸卵管管壁內纖毛的收縮而被運送，繼續向子宮運行；另一方面開始分裂，第一次卵細胞分裂，約在受精後二十四小時內行之，先分為二，四十八小時之內再分為四，以後即依等比級數進行，最初分裂的細胞集合成一群，恰好同桑椹一樣的形狀，叫「桑椹胚」（morula），受精卵到達子宮後，外層部分成為滋養層，滋養層附著在子宮內膜上，便稱「著床」（implantation），自受

精到著床，通常在一週左右完成。受精卵著床之程序爲：

· 先在子宮壁上找到一個適當的位置。
· 發展出觸鬚狀的組織，一直伸展至子宮壁的血管內，以
　攝取母體之營養。

倘若受精卵遲遲不依附母體，其卵黃（yolk）耗盡，無法
取得母體之營養，則會死亡（Potter, 1957）。

胚胎之發育

受精作用完成後，受精卵大都在尋找自己的歸宿，此時自
己亦不斷在快速分裂、增殖。進入第二週時，開始分化爲內胚
層（endoderm）、中胚層（mesoderm）及外胚層（ectoderm）三
種不同的胚層，每一胚層再繼續分化，形成各類細胞，終而構
成身體的各種組織系統及器官。

受精後第三週至第八週稱爲胚胎期（period of embryo），亦
即到第二個月止（註：爲方便計算孕期，以四週二十八天算一
個月，這就是所謂的「妊娠曆」）。此時組織已明顯地分化出
來，同時可以看到一段突出的小莖，連在胚胎和胎盤之間，這
小段繫帶將來就成爲「臍帶」（umbilical cord），連接胎兒肚臍
和胎盤。此期的胚胎已經有頭有尾，浮游於羊水中，其頭部特
大，約占全身的二分之一。

妊娠第二個月以後，胚胎之三個胚層分化形成各個器官
（李鎡堯，民69）：

· 外胚層分化成神經組織、皮膚（表皮）、毛髮、皮脂腺、

指甲、汗腺、乳腺、牙齒（琺瑯質）及感覺器官等。

· 中胚層分化成骨骼、肌肉、腎臟、循環器官、脾臟、副
腎、性腺、皮下組織及排泄器官等。

· 內胚層分化成消化器官、肝、胰臟、呼吸器官、甲狀
腺、咽喉及肺等。

到本期之末，胚胎的長度約爲一英寸半至二英寸（3.8～
5.1 公分），與受精時單一個卵細胞相比，約增加了兩萬倍
（Carmichael, 1954）。所以胚胎期是個體整個生命歷程中，發展
最快，同時也是最重要的發展時期。此時母親的月經已兩次沒
來，可知道懷孕了。用超音波掃描（ultrasonography）可以聽到
胎心音，也可以看到胎兒的心臟在跳動。

胎兒之發育

妊娠兩個月後的胚胎，已呈人體形狀，此後的胚胎，稱爲
「胎兒」（fetus）。

因此，從懷孕第三個月起到出生，我們在發展分期上稱它
爲「胎兒期」，以下簡單說明胎兒期之變化（李鎡堯，民
81）：

妊娠第三個月胎兒身長爲七至九公分，體重約二十公克，
此時內生殖器已男女有別，而外生殖器還很相似，不能以肉眼
分辨出來。另外，手指頭已分開清楚並有指甲，骨頭也已開始
生長。

妊娠第四個月胎兒身長爲十三至十七公分，體重約一百至
一百二十公克，胎頭比較大，占身體的三分之一。胎兒已開始

在羊水中活動，孕婦可開始感知胎動，醫師可用產科聽筒聽出胎兒心跳了；外生殖器可用肉眼分辨出男女來；胎兒全身長出細毛來，叫做毳毛；胎兒開始有聽力；他已能吞嚥身邊的羊水到肚子裏去，也能排尿到羊水腔；能吸吮他的手指；也能做呼吸樣胸肌運動。

　　妊娠第五個月胎兒身長約二十五公分，體重約二百五十至三百公克；胎兒活動力增強；此期的胎兒由於沒有皮下脂肪，所以看起來瘦瘦的；他的頭皮上開始長毛髮，眉毛和睫毛也開始生長；全身上下蓋著一層油脂保護皮膚，稱之為「胎脂」（vernix caseosa）；指甲也看得清清楚楚了；此時胎兒的耳、口、鼻等業已成形。

　　妊娠六個月的胎兒身長約三十公分，體重約六百五十至七百五十公克；此時的胎兒外表看起來像滿臉皺紋的老人，皮膚薄而多皺。

　　妊娠七個月胎兒身長約三十五公分，體重約一千至一千二百公克。此時眼皮已打開；皮上脂肪開始生長，但還很少，皮膚皺紋漸漸消失，不過色澤還是紅色；如果是男胎，這時候他的睪丸已下降到陰囊；如果是女胎，則她的大陰唇發育還不完全；七個月出生的胎兒能低聲哭泣；此時可由孕婦腹部觸知胎動，也可區別胎兒的頭部和身體。

　　妊娠八個月胎兒身長約四十公分，體重約一千五百至一千七百公克；身上的毳毛逐漸消失；紅色的皮膚也漸褪；皮下脂肪增加；指甲已長到指頭尖端；此時他的循環、呼吸及消化器官也幾乎成熟完成，而可適應子宮外的生活了。胎兒若在此期生出來，雖然生命力不強，但可在保育器（incubator）中養育。

妊娠九個月胎兒身長約四十五至四十七公分，體重約二千三百至二千五百公克。此時胎兒身上的毳毛消失，皮膚呈粉紅色，頭髮長得更長，且由於皮下脂肪發育良好，而不再呈現老人臉像。

妊娠十個月（足月）胎兒身長約五十公分，體重約三千至三千二百公克。胎頭占身體的四分之一，頭髮已長得又長又黑，毳毛已完全消失，指甲已長出指尖；皮下布滿脂肪；女胎大陰唇也發育良好，在陰道開口部蓋著小陰唇。

胎兒之身長及體重發育情形列表如**表2-1**。

據研究顯示新生兒之體重，與種族、地理環境、經濟狀況和飲食習慣有關（Smart & Smart, 1977）。亦有學者認為與媽媽的體重，甚至與媽媽出生時的體重有關，但與父親的體重則無關（Ounsted, 1971）。平均而言，剛出生之新生兒，男嬰的身長及體重稍比女嬰長及重，而且在同一家庭中，出生序較晚的弟妹，其體重亦比兄姊來得重些（Pineau, 1970）。此外，在美國

表2-1　胎兒身長及體重發育狀況表

妊娠月數	身長（公分）	體重（公克）
一	0.7	
二	3.5～4	4
三	7～9	20
四	13～17	100～120
五	25	250～300
六	30	650～750
七	35	1000～1200
八	40	1500～1700
九	45～47	2300～2500
十	40	3000～3200

資料來源：李鎡堯，民69。

也發現，出生時黑人嬰兒比白人嬰兒要來得小些，這可能與黑人社經地位較低有關（Paplia & Olds, 1975）。新近台灣人民生活水準較過去提高甚多，新生兒之體重亦有較過去提高的趨勢。

第三節　孕婦之衛生與保健

　　胎兒源之於孕婦，故胎兒之成長是否健全，實與孕婦之健康息息相關。此一觀點，中外人士一致贊同，赫洛克（Hurlock, 1978）認為提供孕婦良好的環境能供給個體一個充分發展其遺傳特質的機會。新近學者亦研究認為胎兒可以在一個原始的水準（primitive level）看、聽、體驗生活，甚至於學習。孩子將來變成快樂或悲傷、攻擊或溫順（meek），安全感或焦慮，部分與在子宮內所接受的信息（messages）有關（Verny & Kelly, 1982）。中國古代亦重視胎教的問題。所謂胎教，主要是指在孕婦懷孕期間，除重視身體的保健外，還要重視精神、情操以及外界環境條件對孕婦的影響（柳立言，民85）賈誼在《新書》裏提及：「古時皇后懷孕時，令負責禮節、聲樂、飲食等有關之官吏，立於門內，以隨時注意皇后聽的禮樂是否不正，所飲用的餐飲是否不適，到了胎兒形成之時，皇后就要注意自己的言行，站要站直，坐要坐直，笑不可太大聲，生氣時不可過分動怒斥責，舉凡一切措施，都是為了避免胎兒受到不良的影響。根據《韓詩外傳》所記，孟母在談及對孟子的培養時，首先從始教說起「吾懷妊是子，席不正不坐，割不正不食，始教之也。」劉向在《列女傳》中亦提及：「古者婦人妊子寢不側，坐不邊，立不跛，不食邪色，耳不聽於淫聲，夜則令瞽誦

詩書，道正事，如此生子形容端正，才德必過人矣。又相傳帝嚳妃子姜源氏性清靜，好稼穡、經常隨夫郊祭，觀察植物生長，故其子后稷能種五穀，成為我國農業之第二始祖。」又說：「太姒妊文王也，目不視惡色，耳不聽惡聲，文王因之生而聖明。」

由以上之引證，吾人雖不能相信一些不合科學，沒有經過實驗證實的中國古代有關胎教之論調，但融合以上古今中外之觀點，吾人應該瞭解到孕婦與胎兒是一體的，孕婦的生理及心理狀況將直接或間接的影響到胎兒的發展，古時候中國人之重視胎教，已為今日中外發展心理學者所認同，因此為了確保下一代之健康，吾人不得不重視孕婦之衛生保健問題。

有關孕婦妊娠時之保健問題，可分以下幾點來描述：

妊娠試驗

婦女在有性生活的情況下，當月經過期一或二週未出現時，心理上總會起了一個疑問：「我懷孕了嗎？」，在這個時候做妊娠試驗（pregnancy test）是必要的，妊娠試驗的目的是儘早知道是否懷孕，以便早做孕婦及胎兒保健工作，確保孕婦及胎兒的健康。

婦女懷孕後，在腎臟就會排出一種「人類絨毛性腺激素，HCG」（human chorionic gonadotropic），由於尿液亦由腎臟製造出來，因此我們只要檢查尿液中是否含有此種激素就可以判斷是否懷孕（李鎡堯，民70）。

產前檢查

如果由醫生證實確爲懷孕,須於醫生規定的時間,做連續性的就診,即所謂產前檢查。產前檢查的目的在於保持孕婦的健康,明瞭胎兒的發育情形,對於有畸形發展之胎兒儘早做處理,又可早期發現對妊娠不利之各種疾病,以便做早期治療。

按我國全民健康保險有關規定,孕婦產前檢查爲給付項目,此外,爲作預防保健服務,下列孕婦產前檢查次數亦爲給付項目(臺北市政府勞工局,民84):

· 妊娠第一期:懷孕未滿十七週可檢查二次。

· 妊娠第二期:懷孕十七週至未滿廿九週可檢查二次。

· 妊娠第三期:懷孕廿九週以後可檢查六次。

至於檢查的項目分四點說明:

檢驗室檢驗:每胎懷孕只需做一次,其中包括梅毒血清、血型、血色素等,其中血色素最好在臨近產期時,能再驗一次。

醫師內診:第一次產前檢查及接近預產期都應檢查,以確實瞭解孕婦子宮及其附屬器官、產道等之情況。陰道分泌物異常或有其他不正常狀況時,醫師也可能做內診檢查。

正規的產前檢查:每次均須檢查的項目包括:

· 測量血壓、體重。

· 驗尿糖、尿蛋白。

· 醫師診察:測量子宮、測量腹圍、測聽胎心音、檢查胎

兒。

‧護理人員衛生指導。

　　孕期特殊檢查：主要在檢查胎兒是否有畸形發展，如超音波掃描、羊膜穿刺術（amino centesis）及胎兒內視鏡，以便儘早做必要的措施。我國全民健保建議孕婦超音波檢查三次，其中在懷孕22週左右給付的這一次超音波檢查，可以查出胎兒是否有重大先天畸形。將來亦期望醫學界能儘早發展「胎兒醫學」，使胎兒的缺陷，能在胎內矯治，確保新生命的安全、健康。

　　綜合以上檢查項目，謝孟雄（民73）曾以**圖 2-3** 表示孕婦

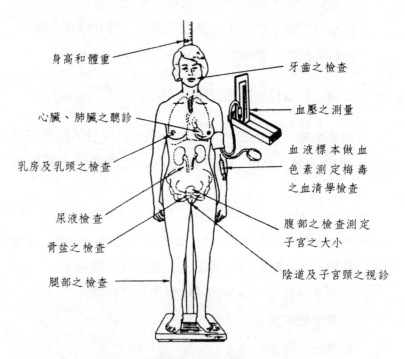

身高和體重

牙齒之檢查

心臟、肺臟之聽診

血壓之測量

乳房及乳頭之檢查

血液標本做血色素測定梅毒之血清學檢查

尿液檢查

腹部之檢查測定子宮之大小

骨盆之檢查

陰道及子宮頸之視診

腿部之檢查

圖 2-3　孕婦第一次產前檢查項目

資料來源：謝孟雄，民73。

第一次產前檢查之種類，如此周詳之檢查，才能確保孕婦懷孕順利及胎兒正常發展，如有不正常狀況，亦可及早做必要之措施。

孕婦的營養及飲食

母體嚴重的營養不良，會使胎兒生理及心理的發展均有缺陷。諸如佝僂病、神經不穩定、一般的身體衰弱、癲癇病及大腦麻痺等多數為母體缺少某些營養成分所致。因此，吾人不得不重視孕婦之營養，孕婦之營養可分二層意義而言：

一、營養充足
自己本身及胎兒所需之營養要足夠。

二、營養均衡
攝取食物必須注意各種營養素，如蛋白質、脂肪、碳水化合物、維生素、熱量、礦物質要均衡，以免使自己及胎兒缺乏某種營養素。營養學家對每天均衡營養的建議，從下列五大類基本食物中，每類選吃一兩樣即可：

五穀類：米飯、麵食、甘薯等食物。
肉類：豬肉、雞肉、牛肉、魚。
另外亦同為含蛋白質方面之食物有豆類、蛋、豆腐、牛奶等。
蔬菜類：深綠色、淺綠色、其他顏色的蔬菜。
水果類：各類水果。
油脂類：炒菜用的食油及豆類。

孕婦的食物還須注意配合胎兒各種器官之發展需要，在各器官或組織發展之前及發展之時，要儲備足量之營養素，以爲發展之需。例如懷孕的第二個月，是骨骼發展的關鍵期，在此之前，孕婦最好攝取足夠的鈣及磷。在其他不同的時間，孕婦必須攝取足量的蛋白質來構造肌肉，足量的鐵質來構造血液，足量的鈣質來構造牙齒，足量的維生素來保持生命的主要機能。行政院衛生署對孕婦每日營養素建議攝取量，請見**表3-5**。

孕婦的服飾

　　妊娠期間，孕婦由於情緒不穩，行動不便，臉上可能長出雀斑等，如在服裝、儀容上沒有注意裝飾的話，很可能會使丈夫或外人看來似「黃臉婆」；此外，如果在孕期能更講究服飾，不但可以使孕婦看起來容光煥發，精神有力，更間接的可以促進心理健康，如此對胎兒發展實有身心兩方面的益處。在服飾上應該注意的有：

　　・衣服要易吸汗，寬鬆舒適且能保暖，並注意美麗大方。
　　・對於胎兒應不妨礙其發育，忌用任何鬆緊帶，以免妨礙血液循環。
　　・鞋子不要太高，最好不要高過二點五公分，也不要太緊，宜選布鞋或軟底鞋，不但行動方便且安全。
　　・妊娠第五個月後，爲了保溫及預防腹部皮膚、肌肉鬆弛，可穿上腹帶。

睡眠及休息

　　孕婦容易疲勞，因此應有較多的休息及充足的睡眠。每天晚上應有足足八小時的睡眠，中午應午睡一小時，可能的話，上下午各有半小時躺在床上略事休息，休息時可聽聽悅耳的音樂，保持心情愉快；臥室應注意陽光充足，空氣新鮮；孕婦最好能養成早睡早起的習慣，躺臥的姿勢以個人感覺舒適，能使全身肌肉放鬆為原則。太多睡眠能使孕婦的體重直線上升，睡眠不足使得胎兒不易成長，適當的睡眠不但可以使孕婦精神飽滿，身體健康，亦可促進胎兒之正常發育。

運動和工作

　　在懷孕十個月當中，除了休息和睡眠外，還要注意適度的運動和工作，因為缺乏運動，除了會影響孕婦身體的不適及胎兒的發育外，更會引起生產時的不適。因此，懷孕時簡單輕便的家務仍可操作，但粗重的工作應避免，例如提重物、攀高取物等，使下腹部吃力，易引起流產。至於簡單的體操、散步是很好的運動，孕婦可以每天抽空實施；比較劇烈的運動，如打球、騎馬、登山、游泳則宜禁止。此外，下列三點亦值得孕婦注意：

· 妊娠前四個月內及最後二個月，應禁止長途旅行及長時間、持續性站立或坐著。
· 可由護理人員的指導做些適當的產前運動，來減輕因懷

孕所引起的腰酸背痛等不適情形。

· 懷孕末期應由護理人員指導，學習有利於生產的「呼吸
技術」和「鬆弛運動」，以便順利通過產程及平安分娩。

清潔衛生

孕婦的清潔衛生也間接影響胎兒的成長，所以不得不注
意。孕期的清潔衛生包括：

一、沐浴

妊娠期間身體的分泌物比平時增加，尤其是會陰、肛門部
分，所以孕婦要勤於沐浴。最好每天溫水沐浴一次，水溫約39
℃，略比體溫高一點即可。浴後用乾毛巾摩擦全身，可增加血
液循環，使身體健康。懷孕末期，最好不要浸在浴缸內，以免
水中有細菌進入子宮，發生感染的現象。淋浴最適於臨產前孕
婦。妊娠期間，應禁止冷水浴或海水浴。

二、排泄

妊娠期要注意排泄通暢，每天必須大便一次，孕婦因子宮
擴大，腸部受壓擠，最易便祕。故須多喝白開水，多吃粗纖維
質的水果蔬菜。適度的運動，也可預防便祕，非經醫生許可切
不可服瀉藥，以防流產。要常檢查小便，以防妊娠性腎炎，有
礙生產。

三、乳房

乳房的保養是妊娠中不可忽略的一件事，大約在妊娠第七
個月開始，每天應用溫水或硼酸水洗乳頭，然後抹上一些乳

霜，以防初乳形成痂皮，並用指尖輕輕摩擦，如此可使乳房及乳頭的皮膚強健起來，有利於生產後的哺乳。有些初次妊娠婦女乳頭常會凹陷下去，遇到這種情形，孕婦可自己用拇指和食指夾住乳頭，輕輕拉引出來，然後放鬆，每天做幾次，可使乳頭自然突出。此外，隨著懷孕月數的增加，乳房會越來越大，為保護乳房的發展，應更換大小合適的乳罩，又可減輕乳部的重量，保持乳房正常的位置，避免乳房下垂，又能防止乳汁流出，致使衣服受到污損。睡覺時，絕不可重壓乳房，避免俯睡，以免乳腺堵塞以致發炎。

四、牙齒

吃過東西後要經常刷牙或漱口，保持牙齒清潔。

五、性生活

妊娠最後一個月應儘量避免。在此之前不太激烈且頻率不大的性生活並無害處，且可助於孕婦身心的健全。但是由於孕婦在懷孕前三個月較易流產，因此要特別注意。

心理衛生

許多婦女在得知有了愛情結晶時，總是患得患失，又怕又喜。因此，孕婦的心理常是不穩定的，造成此種原因不外乎：

· 害怕胎兒發展是否順利。
· 害怕生產時會很「痛」。
· 因預測男孩或女孩而焦慮。
· 挺著大肚子，覺得難為情，這種情形尤其是第一胎最為

普遍。

· 覺得自己外表因懷孕而不好看。

· 如果胎兒不是預期的，那更引起不安。

· 因自己內在生理因素所引起的情緒不安等。

孕婦的心理衛生對自己、對胎兒都有直接及間接的影響，尤其是孕婦情緒不安時，體內的內分泌將會增減，血液中的化學成分亦會改變其平衡，導致影響胎兒的生理功能，因為胎兒的營養全由母體血液經由胎盤、臍帶供應。因此我們不得不重視，為增進孕婦之心理健康，我們必須重視下列幾點：

· 丈夫及家人要對孕婦更關懷、體貼、安慰，一則使孕婦受到應有的重視；二則減輕她心理上的負擔；三則幫她解決生理上的不舒服。

· 提供孕婦良好的生活環境：如清潔的居室、新鮮的空氣、適當的休閒活動，以增進孕婦的精神生活。

· 提供或幫助孕婦去獲得妊娠時應有的常識及必要的措施，如可幫助順產的運動、有助胎兒成長的營養等，如此可增進孕婦對此次懷孕及將來生產之信心。

· 醫師及護士應在孕前檢查時多給孕婦一些建議及鼓勵，使孕婦對醫師及護士產生安全感。

第四節　胎兒的保護

胎兒自極微小的受精卵開始發育，雖然看來似乎安然的在子宮內生活，在成長過程中，似乎能免於受到外界的侵害，然

而，子宮固然提供了不少保護作用，但由於受精卵、胚胎乃至於胎兒由於本身少有抵抗能力，所以常因母體的食物、感染、藥物以及外在因素的干擾，而妨礙了胎兒正常的成長，以下就可能對胎兒的傷害問題提出說明，喚起孕婦及其關係人的注意，確保胎兒的健康。

孕婦的日常生活方面

孕婦與胎兒是一體的，因此，在日常生活中的一舉一動，包括飲食、生活習慣、嗜好、心理狀況，無不與胎兒息息相關，其中對胎兒有不良影響的情況有：

一、營養不良

孕婦平日攝取的營養不足或不均衡時，會使胎兒在發育中缺乏所需要的養分，可能導致智能不足，癲癇（epilepsy）、多重障礙（Fallen & McGovern, 1978）、胎兒腦細胞較少、體重過輕、發展遲鈍（Vore, 1973），此外亦可能導致早產或死產。

二、抽煙

香煙中的尼古丁（nicotine）是有毒的物質，可使血管收縮，造成流血量減少，養分供給減少，因此，孕婦吸煙時，尼古丁可能會由胎盤傳給胎兒，影響胎兒的發育。此外，香煙的煙裏，含一氧化碳，香煙抽得多時，會使孕婦血中的一氧化碳濃度提高，如此會減少胎盤中的氧氣，因此供給胎兒組織生長的氧也相對減少了。據研究，孕期吸煙過多與早產有關，依統計無吸煙習慣的孕婦，早產的百分率為6.39％，每天吸煙三十一支以上者，早產的百分率約為33.33％，即後者為前者約五倍

左右。母親每天吸煙的支數與早產發生率的關係，如**圖2-4**所示。懷孕六個月之內孕婦吸煙會增加胎兒心臟跳動，孕婦常吸煙，會使胎兒將來易患心臟血管循環系統疾病（張木森，民65）。「美國健康、教育、福利部」（Department of Health, Education, and Welfare, 1973）曾提及抽煙的孕婦較易自然流產、死產及嬰兒猝死、體重過輕等現象。果斯坦（Goldstein, 1971）研究指出，母親在懷孕期有抽煙習慣時，會影響日後子女身高的發展，如**圖2-5**所示。就每天抽十根（或以上）的婦女比未抽煙婦女所生的孩子在閱讀及數學、一般能力也較差（Smart & Smart, 1977）。此外，在臨床上亦發現孕婦過量的抽煙，可能造成難產、先天畸形，出生後也容易罹患呼吸器官疾病。值得注意的是：孕婦在家或工作場所，因家人或同事抽煙時，若通風設備不佳，即因孕婦之呼吸而造成強迫吸煙（passive smoking），對胎兒亦會有間接的影響。而比香煙更嚴重的姊妹品——大麻（marijuana），亦有研究報告指出：孕婦抽了以後會導致胎兒缺陷（Sharma, 1972）。

三、飲酒

孕婦如果每天飲用的酒，酒精含量在四十五西西以上時，酒精可以很輕易的通過胎盤，胎兒長期與酒精接觸，在懷孕的前三個月，是胎兒各器官成形的雛期，以致易導致胎兒形成畸形，在懷孕後期，則導致體重無法增加，發展遲滯。鍾斯等人（Jones et al., 1973）研究認為在孕期飲酒過量的婦女，會導致生長遲滯、體重過輕、智力低、動作發展遲滯，在嬰幼兒期亦有些併發症，如小頭症、心臟功能缺陷、臉部及關節缺陷。張欣戊（民84）亦提及孕婦酗酒可能造成嬰兒智力偏低。值得一提

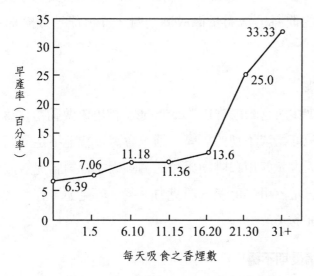

圖2-4　孕婦吸煙與早產之關係

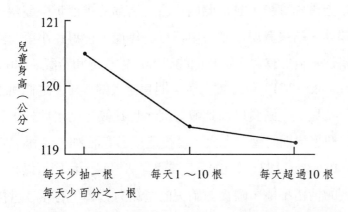

圖2-5　孕婦吸煙與其孩子在七歲時之身高的關係

資料來源：Goldstein, 1971.

的是國人嗜「補」，孕婦亦不例外，常喝一些「藥酒」或含有酒精成分的飲料，當過量攝取酒精時，亦可能造成畸形兒的產生。

四、咖啡

咖啡中所含的咖啡因（caffeine）被用來做動物實驗後，發現對胎兒亦造成不利的影響，通常會導致智能不足及畸形。不過要每天大量飲用咖啡所累積的咖啡因才會對胎兒造成傷害。此外，日常飲用的可樂、巧克力、茶、巧克力，亦含咖啡因，孕婦不宜多飲。

五、情緒長期不穩

如果孕婦本身情緒一直不穩、不愉快的婚姻關係或未婚懷孕等，常造成妊娠長期精神困擾，以致於使得孕婦內分泌失調，如此可能影響胎兒的心智發展。湯姆遜（Thompson, 1957）曾以老鼠做實驗，並以胎內小鼠之活動及排泄頻率觀察小鼠的情緒性，結果發現在懷孕中母鼠的焦慮，會導致小鼠有較高的情緒性。至於有關人類方面的研究，歐提哥和希蒙（Ottinger & Simmons, 1964）曾證實在懷孕期焦慮大的孕婦，她們所生下來的新生兒，在餵食以前比較好哭，也比較好動；此外，另一研究也證實孕期的壓力太大，日後造成過度活動的孩子（Waldrop & Halverson, 1971）。由以上二個實驗證明，我們可以相信孕婦長期的情緒不穩，確實對胎兒的情緒有影響。有學者就提及孕婦長期的心理壓力會導致嬰兒智能不足、腦性麻痺、語言障礙及多重障礙（Fallen & McGovern, 1978）。因此，孕婦本身及其家人，應注意孕婦之心理衛生，以確保身心健康的胎兒。

六、放射線（radiation）

　　人類接受放射線的輻射來源有二方面，一為自然界的（如宇宙光線），二為人為的（通常為醫學診斷用），前者每人每年所接受到的輻射量大致在安全範圍內，並無大礙。然後者輻射線的接受，對孕期中的胎兒會有較嚴重的影響，常會造成身心的缺陷。張欣戊（民84）提及懷孕婦女照射放射線時，胎兒任何一種器官皆可能受影響。而最活生生的實例，我們可以溯源至一九五四年，美國在日本投下兩顆原子彈所造成的輻射線，當時懷孕的婦女產下許多異常（anomalies）和病態（morbidity）的嬰兒（Yamazaki et al., 1954），尤其是造成許多染色體異常的現象，而生出一些唐氏症（Down's Syndrome）或稱蒙古症（Mongolism）的嬰兒（Kochupillai et al., 1976）。因此，在計劃生育之時或孕期，如因醫學上之理由如意外傷害、惡性腫瘤等而必須照 X 光時，應先徵求產科醫生之同意，以免傷害到胎兒，通常放射線對胎兒的傷害與照射的次數、量及懷孕的週數有關。

　　除以上所提外，在日常生活當中，孕婦亦應注意到污染的問題，例如重金屬污染，存在於罐頭食品、淡水海水魚蝦貝類等，其中如鉛中毒會使胎兒聽力損失（許澤銘，民68）。有機汞會引起先天性智力遲鈍、染色體異常，也會經由子宮而使胎兒受麻醉，特別是腦，極易受侵害（潘子明，民72）。此外，空氣污染、水質污染、噪音污染、食品污染、化學污染（如殺蟲劑）、預防注射（如孕婦注射天花疫苗，就有可能使孕婦流產、死胎、新生兒死亡或畸形等現象）等，對孕婦都有直接的傷害，對胎兒也有間接的傷害。

七、孕婦年齡

母親的年齡在二十歲以下或三十五歲以上，生產遲滯的嬰幼兒比例高於二十到三十五歲的婦女（Pasamanick & Lilienfeld, 1955）。婦女最理想的懷孕和分娩年齡，為二十一歲到二十八歲，因為在二十一歲以前，女性的生殖器官尚未充分成熟，或生殖有關的內分泌素尚未發育至調適的程度，以致較易導致流產、死產，或生畸形的嬰兒。約三十五歲至更年期，因生殖器官和機能逐漸退化，且在卵巢內之卵泡長期受到污染（如放射線、藥物等），也易導致流產、死產及畸形嬰兒。愈是接近更年期的婦女，產生不正常嬰兒的比率愈高。以唐氏症為例，懷孕婦女年齡在二十九歲以下，產出唐氏症嬰兒的機率約為1：3000，年齡在三十至三十四歲者為1：600，年齡在三十五至三十九歲者為1：280，年齡在四十至四十四歲者為1：70，年齡在四十五至四十九歲者為1：40（Motulsky & Hecht, 1964）。此外，較年輕的母親似乎有更多的體力和精神來照顧孩子，蘇建文、侯碧慧（民72）研究指出，三十歲以下的母親對嬰兒說話次數較多，讚美、批評及微笑亦均較多，此乃由於年輕的母親，其本身較為活潑，或是初做母親較為興奮，故親子互動語言亦較頻繁。

孕婦感染到疾病

孕婦感染到疾病時，其病毒亦可能傷害到胎兒，以下就列舉一些對胎兒影響較大的疾病。

一、德國麻疹（German Measles 或 rubella）

德國麻疹是大家所熟悉的病名，是因為孕婦在懷孕的前期受到感染，病毒經過胎盤傳給組織器官正在發育的胚胎，而造成危害。根據研究，大約有12%的胎兒在懷孕前三、四個月染上德國麻疹病毒時，可能導致盲、聾、心臟畸形和智能不足，嚴重時，亦可能導致多重的障礙（Mussen, Conger & Kagan, 1979）。另二位學者亦有同樣的看法，認為先天性德國麻疹會導致嬰幼兒白內障、青光眼、聽力喪失以及心臟缺陷（Johnston & Magrab, 1976）。

以血清檢查方式發現，台灣地區孕婦約19.35%～29%沒有德國麻疹抗體（黃奕燦，民85），這是相當危險的事。預防德國麻疹最簡便的方法是避開患者或預防注射，但孕婦、免疫不全、急性感染症等病人不能注射，且打過預防注射後三個月內不宜懷孕。孕婦如果不慎接觸了德國麻疹的病人，或有類似後天性德國麻疹的皮疹，則應儘快就醫，才能避免胎兒感染先天性德國麻疹。

二、梅毒（syphilis）

梅毒是由梅毒螺旋體所引起的傳染病，傳染的方式幾乎全是在性接觸時，經由皮膚或黏膜進入體內。在懷孕的前三個月，母體如感染到梅毒，病菌會很快的在胎兒體內繁殖，而擴散到其他的組織，大部分會造成死產，但在後三、四個月感染，則會導致嬰兒之先天性梅毒，這些小孩除了嚴重之智能不足外，也會引起生理上的缺陷（Dippel, 1945）。威廉遜（Willemsen, 1979）亦提及婦女患梅毒而懷孕，會造成新生兒心

臟病、聽力喪失、皮膚異常，甚至造成腦傷、骨骼及關節問題、視覺喪失等。

由於梅毒是一種性病，預防之道乃在夫妻雙方不要有不正當之婚外性行為，避免與患有此病的人接觸，以免被傳染。此外，婚前健康檢查及懷孕後之梅毒試驗，有助於早期發現，即早做處理。

三、淋病（gonorrhea）

懷孕婦女罹患淋病的機會似乎比梅毒高。淋病為奈氏淋病雙球菌（Neisseria gonorrhea）感染所引起。通常淋病由黏膜處侵入，可經由性接觸或由淋病病人使用過之器具，如洗浴用具及坐廁等而得到傳染。患有淋病的孕婦對胎兒直接的影響較小，主要是在生產時，胎兒經過產道為淋病菌侵入眼睛，四十八小時內，角膜便會產生潰瘍，造成永久性瞎眼。

預防淋病感染之道，一如梅毒，首要在夫妻雙方避免有婚外不正常性交，在孕期接受檢查及早治療。此外，產科醫師也通常在新生兒剛出生時，替他在雙眼各點上一滴1％的硝酸銀溶液（Ziegel & Van Blarcom, 1964）或金黴素，大大降低了眼盲的機會。

四、疱疹（herpesvirus）

疱疹是由一種稱為單純疱疹病毒（HSV）所引起，在生殖器上的疱疹主要由不潔的性接觸而來，孕婦在懷孕前半期感染到生殖道的疱疹，可能會造成自然流產的增加與早產，並於生產時，胎兒經過產道而傳染給胎兒。較嚴重的侵害到幼兒，會影響中樞神經，得腦炎，甚至於胎兒畸形，如小頭症、水腦症、智力障礙等，及眼盲、死亡（葉道弘，民72；黃建蘭，民

73）。

　　疱疹病毒的治療，至今仍無特效藥，所以應避免和得到疱疹的人做性接觸。如果產婦患有疱疹，可採用剖腹生產，以減少新生兒被感染的機會。

五、弓型原蟲病（toxoplasmosis）

　　弓型蟲對人體的傳染途徑很多，口腔、鼻孔或破損的皮膚黏膜接觸到中間寄主都可能造成感染。而家中的貓、狗都是弓型蟲的宿主之一，所以孕婦玩弄小寵物具有潛在的危險性。此外，生食或吃未熟肉類也可能感染此病。孕婦在懷孕期感染此蟲時，會在孕婦血液中繁殖，最後由胎盤進入胎兒體內，然後侵入胎兒的中樞神經系統，故經常造成死胎或流產；若胎兒被產下，會造成新生兒腦傷、盲或死亡（Papalia & Olds, 1975）。

　　預防之道就是孕婦避免吃未熟的肉，不要與人握手，不去挖土，因為可能有大便被埋在土裏，最好不要新飼養貓狗，如已飼養時，應找獸醫檢查此貓狗有無患弓型原蟲病。

　　其他會影響孕婦懷孕、傷害胎兒的病很多，已被證實的有：天花、肝炎、猩紅熱、心臟病、腎臟病、糖尿病、AIDS等，一方面孕婦在準備懷孕時應做健康檢查，二方面醫學界亦更努力的研究防治及治療之道，期使孕婦與胎兒的傷害減低到最少。此外，有些不明原因的新生兒傷殘或死亡，亦應繼續去研究它們的原因，以有效的控制劣質人口的產生，確保人類健康的下一代。

孕婦服下藥物

孕婦因生病、止吐、鎮定、麻醉、補充維他命等原因而服藥時，藥物大多會直接或間接的影響胎兒，藥物對胎兒的影響主要有三種不同的途徑：

- ·藥物通過胎盤直接影響胎兒。
- ·藥物代謝（drug metabolite）而影響胎兒。
- ·藥物改變母體生理和子宮內環境而間接影響胎兒。

雖然每一種藥物有它使用的目的和優點，但是也有它的缺點和併發症，尤其是懷孕初期，正值胚胎形成，各組織、器官正在發展之時，其抵抗力相當弱，對外來藥物的侵害，影響很大，常會使胎兒造成畸形及各種病變。藥物對胎兒的影響可能是短暫的——使胎兒造成輕微的不適，藥效失去後即去除；也可能是永久的——使胎兒造成較重的傷害，而永遠無法彌補此一傷害；就藥物對胎兒影響的時間而言，有些是急性的——胎兒接受藥物後，立即產生反應；而有些則是慢性的——胎兒長期的接受某種藥物，而對身體的影響是緩慢、漸進的。很顯然的，懷孕的愈早期藥物造成畸胎率也愈大，畸胎形成和胚胎的器官形成有關，在妊娠的第二週服用藥物，可能會造成胚胎的死亡因而流產，但不會造成畸形；於第三週時，可能和中樞神經系統的發育畸形有關；第四週時，可能是和骨骼肌肉的發育畸形有關；於第五、六、七週時，則和眼睛、心臟及下肢有關；第八、九週時，和器官的分化有關，一般而言，在第十三週之後，很少會和先天畸形有關（黃建蘭，民73）。由於研究

上的困難，對大部分的藥物而言，它們對胎兒的影響如何，我們所知有限，許多研究類推均來自動物實驗，但將其結果應用在人類並不盡然適用；此外，有些藥物不一定在使用後馬上顯現出來，可能須經過一些年代，例如DES（一種女性荷爾蒙）可能造成女嬰未來的陰道癌。儘管研究的限制很多，但人類仍不斷在做這些研究，**表 2-2**即說明國內外部分研究結果。

除此之外，對胎兒可能造成不良後果的藥劑尚有止痛劑（analgesics）、抗凝血劑（anticoagulants）、抗發炎劑（antiinflammatory agents）、抗甲狀腺劑（anti- thyroid）、抑制劑（depressant）等，孕婦在治病時，宜注意用藥。由此可知，孕婦服用藥物不得不謹慎，否則一失足將成千古恨，對自己、對兒女、對國家社會都是一種損失。預防之道大致可由下列幾個措施著手：

· 計劃懷孕前三個月，對某些藥物要節制，如避孕藥等。
· 對懷孕與否之確知要迅速。
· 確知懷孕後，不得亂服成藥，如須服藥，應讓醫生知道已懷孕，醫生將減少或避免一些對胎兒有害之藥物。

丈夫的因素

前已述及，孕婦因本身生理上的因素、外界的污染、藥物而影響胎兒的情形，在許多研究報告及臨床上都是司空見慣的，然而丈夫的因素往往被忽略，事實上生兒育女是雙方的責任，新近科學家已漸漸由動物的實驗證實了不良的精子也會造成畸型的後代，例如當睪丸先天性發育不全、流行性腮腺炎併

表2-2　孕婦服下藥物後可能對胎兒造成的影響

藥品名稱	主治婦女症狀*	可能對胎、嬰兒造成之影響	資料來源
雄性素 androgen	手術前後 發育遲延 經痛、經前緊張	女孩男性化 女嬰生殖器異常	Grumbach & Ducharme（1960） 李鎡堯（民69）
女性素 estrogen	乳房發育不全 月經異常、困難 冷感	男孩顯示較低的攻擊性和運動力 所生男孩個性偏向女性 所生女孩男性化	Yalom, Green & Fisk（1973） 李鎡堯（民69） Grumbach & Ducharme（1960）
黃體素 progesteron	月經過多 子宮出血、發育不全 習慣性流產	男孩顯示較低的攻擊性和運動能力 男孩陰莖及陰囊過度發育 女孩之資賦較高	Yalom, Green & Fisk（1973） Papalia & Olds（1975） Dalton（1968）；Ehrhardt & Money（1967）
口服避孕藥 oral contraceptives	避孕	染色體異常	Garr（1970）
歸寧 quinine	抗瘧藥	聽力智障	Smart & Smart（1977） 李鎡堯（民69）
沙利竇邁 thalidomide	安眠	懷孕前三個月胎兒的分化與成長有傷害 缺上肢（或下肢）、上肢發育不全（海豹型四肢）	Newman & Newman（1979） Taussig（1962）；Smart & Smart（1977）；Mussen, Conger & Kagan（1979）；Bee（1981）
鎮靜劑 tranquilizers	惡心、嘔吐、麻醉 精神神經症	畸形	Milkovich & den Berg（1974）

（續）表2-2　孕婦服下藥物後可能對胎兒造成的影響

藥品名稱	主治婦女症狀*	可能對胎、嬰兒造成之影響	資料來源
精神安定劑 chlordiazepoxide （Librium）	緊張 恐懼 憂鎮	畸形	Milkovich & van den Berg（1974）
巴比妥鹽類 barbiturates	鎮靜 催眠 麻醉	過度安靜、呼吸困難 腦傷、心跳減慢	Mussen, Conger & Kagan（1979） Taussig（1962）； Scheinfeld（1965） ；Bowes（1970）
麻醉劑 anesthetics	麻醉	引起母體血壓降低，導致給胎兒氧氣減少	Bowes（1970）
四環黴素 tetracycline	消炎 惡心 嘔吐	骨骼發育異常 乳牙被染成黃色	蔡培斌（民84）
阿斯匹林 aspirin	感冒、頭痛、肌肉痛、關節痛	畸形	蔡靖彥（民74）
降血糖劑 antidiabetics	降血糖	先天性低血糖症 四肢、外耳畸形 死產、早產	蔡靖彥（民74）
抗癲癇劑 antiepileptics	癲癇、子癇、痙攣	畸形	蔡靖彥（民74）
抗腫瘍劑 antineoplastic	惡性腫瘤	催畸形作用	蔡靖彥（民74）
利尿劑 diuretics	增加尿量	高膽紅素血症 血小板減少症	蔡靖彥（民74）

* 主治婦女症狀之資料來源：蔡靖彥，民74。

發睪丸炎、X光照射引起睪丸組織破壞、煙酒中毒空氣污染、噪音等，都會影響精子的形態，進而影響受精卵。此外，另一情形就是藥物，就男性的因素而言，藥物可能造成畸形兒的情況有：

· 藥物損傷了精子（尤其是染色體）。
· 藥物進入了精液中，通過陰道壁而進入了子宮、輸卵管。
· 藥物作用於男性的結果，使血漿中的睪丸激素含量降低以及性功能減退，這是間接的影響。

參考書目

· 臺北市政府勞工局。《全民健康保險手冊》。自印,第33頁,（民84）。

· 李鎡堯。〈性愛的結晶〉（引自《生之慾——性、愛與健康》）。健康文化事業公司,第133、141頁,（民81）。

· 李鎡堯。《人之初——宮內二百八十天》（三版）。健康文化事業公司,第26、27、40頁,（民70）。

· 柳立言。〈胎教〉,《空大學訊》第185期,國立空中大學發行,第40頁,（民85）。

· 張木森。《兒童保育與保健》。健華出版社,第3、4頁,（民65）。

· 許澤銘。《聽力保健學》。國立台灣教育學院特殊教育系,第79頁,（民68）。

· 張欣戊。《發展心理學》。國立空中大學印行,第100頁,（民84）。

· 葉道弘。〈疹狂〉,《嬰兒與母親月刊》第85期,第57頁,（民72）。

· 黃友松。《兒童發展與輔導》（第一章）。正中書局,第1、23、36、37頁,（民73）。

· 黃建蘭。〈孕婦的禁忌〉,《嬰兒與母親月刊》第87期,第45、46頁,（民73）。

· 黃奕燦。〈德國麻疹——腹中胎兒的大敵〉,《自由時報》85年3月2日,第38版。

· 黃建蘭。〈在懷孕時可以服藥嗎〉,《嬰兒與母親月刊》第

94期，第16、17頁，（民72）。

· 潘子民。〈食品之重金屬污染〉,《文藝復興月刊》第144
期。中國文化大學出版部印行,第15頁,（民72）。

· 蔡培斌。〈孕婦尿路感染之處理〉,《嬰兒與母親月刊》第
223期,5月號,第130頁,（民84）。

· 蔡靖彥。《常用藥品手冊》。杏欣出版社（嘉義）,（民
74）。

· 盧素碧。《幼兒發展與輔導》。文景書局,第2頁,（民
82）。

· 謝孟雄。《懷孕與育嬰》（第二版）。台灣新生報出版部,第
20頁,（民70）。

· 謝孟雄。《婦女衛生保健》。台北市立社會教育館印行,第
24頁,（民73）。

· 蘇建文　候碧慧。〈嬰兒年齡、性別、出生序、母親照顧方
式、母親年齡與親子互動關係之研究〉,《家政教育》,
第九卷第一期。師大家政系出版,第30頁,（民72）。

· Anderson, J. E.（1960）. Behavior and Personality. in E.
Ginzberg（ed.）. *The Nation's Children*. Vol. 2, Development
and Education, N.Y.: Columbia, 43-69.

· Bee, H.（1981）. *The Developing Child（3rd ed.）*. San
Francisco: Harper & Row, 58.

· Bowes, W. A.（1970）. Obstetrical medication and infant
outcome: A review of the literature. Monographs of the
Society for Research in *Child Development*, 35（4）, 137, 3-
23.

· Bühler, K.（1930）. *Mental Development of the Child*. Harcourt

Brace Jovanovich.

· Carmichael, L. （1954）. *Manual of Child Psychology （2nd ed.）*. N.Y.: Wiley.

· Carr, D. H. （1970）. Chromosome Studies in Selected Spontaneous Abortions: 1, Conception after Oral Contraceptives. *Canadian Medical Association Journal*, 103, 343-348.

· Cooper, R. M. & J. P. Zubek. （1958）. Effects of Enriched and Restricted Early Environments on the Learning Ability of Bright and Dull Rats. *Canadian J. Psychol.*, 12.

· Coursin, D. B. （1972）. *Nutrition and Brain Development in Infants.* Merrill-Palmer Quarterly, 18, 177-202.

· Dalton, K. （1968）. Ante-natal Progesterone and Intelligence. *British Journal of Psychiatry*, 114, 1377-1382.

· Dippel, A. L. （1945）. The Relationship of Congenital Syphilis to Abortion and Miscarriage and the Mechanism of Interuterine Protection. *American Journal of Obstetrics and Gynecology*, 47, 369-379.

· Dobzhansky, T. （1973）. Differences are not Deficits. *Psychology Today*, 7（7）, 96-101.

· Ehrhardt, A. A. & J. Money. （1967）. Progestin-induced Hermaphroditism: IQ and Psychosexual Identity in a Study of 10 Girls. *Journal of Sex Research*, 3, 83-100.

· Fallen, N. H. & J. E. McGovern. （1978）. *Young Children with Special Needs.* Ohio: A Bell & Howell Company, 7-27.

· Gesell, A. （1952）. Developmental Pediatrics. Nerv. *Child*, 9,

225-227.

· Goldstein, H. （1971）. Factors Influencing the Height of Seven-year-old. Childern: Results of the National Child Study. *Human Biology*, 43, 92-111.

· Grumbach, M. M. & J. R. Ducharme. （1960）. The Effects of Androgens of Fetal Sexual Development. *Fertility and Sterility*, 11, 157-180.

· Havighurst, R. J. （1972）. *Developmental Tasks Education （3rd ed.）*. N.Y.: McKay.

· Hurlock, E. B. （1968）. *Developmental Psychology （3rd ed.）*. N.Y.: McGraw-Hill Inc., 5.

· Hurlock, E. B. （1978）. *Child Development （6th ed.）*. N.Y.: McGraw-Hill Inc., 24, 54.

· Johnston, R. B. & P. R. Magrab. （1976）. *Developmental Disorders: Assessment, Treatment, Education*. Bal-timore, Md.: University Park Press.

· Jones, K. L. et al. （1973）. Patten of Malformation in Offspring of Chronic Alcoholic Mothers. *Lancet*, 1 （7815）, 1267-1271.

· Koch, R. & J. C. Dobson. （1976）. *The Mentally Retarded Child and His Family （revised ed.）*. N.Y.: Brunner／Mazel Publishers, 11.

· Kochupillai, N. et al. （1976）. Down's Syndrome and Related Abnomalities in an Area of High Background Radiation in Coastal Kerala. *Nature*, 262, 60-61.

· Milkovich, L. & B. J. van den Berg. （1974）. Effects of

Meprobamate and Chlordiazepoxide on Human Embryonic and Fetal Development. *New England Journal of Medicine*, 291, 1268-1271.

· Motulsky, A. G. & F. Hecht. （1964）. Genetic Prognosis and Counseling. *Amer. J. Obst. and Gynec.*, 90: 1227.

· Mussen, P. H., J. J. Conger & J. Kagan. （1979）. *Child Development and Personality（5th ed.）*. N.Y.: Harper & Row.

· Newman, B. M. & P. R. Newman. （1979）. *Development Through Life: a Psychosocial Approach（revised ed.）*. Illinois: The Dorsey Press, 59.

· Ottinger, D. R. & J. E. Simmons. （1964）. Behavior of Human Neonates and Prenatal Maternal Anxiety. *Psychological Reports*, 14, 391-394.

· Ounsted, M. （1971）. Fetal Growth. In D. Gairdner & D. Hull （eds.）. *Recent Advances in Pediatrics*. London: Churchill.

· Papalia, D. E. & S. W. Olds. （1975）. *A Child's World-Infancy through Adolescence*. McGraw-Hill Book Company, 56, 59, 103.

· Passmanick, B. & A. M. Lilienfeld. （1955）. Association of Maternal and Fetal Factors with Development of Mental Deficiency. 1. Abnormalities in the Prenatal and Paranatal Periods. *J. Amer. Med. Ass.*, 159, 155-160.

· Pineau, M. （1970）.（轉引自 Papalia & Olds, 1975, 103）.

· Potter, E. L. （1975）. Pregnancy, in Fishbein, M., & Kennedy, R. J. R.（eds.）. *Modern Marriage and Family Living*. Fair

Lawn, N.J.: Oxford University Press. 378-386.

· Scheinfeld, A. （1965）. *Your Heredity and Environment*. Philadelphia: Lippincott.

· Sharma, T. （1972）. Marijuana: Recent Research and Findings, *Texas Medicine*, 68:10, 109-110.

· Simpson, W. J. （1957）. A Preliminary Report on Cigarette Smoking and the Incidence of Prematurity. *Amer.J. Obstet. Gynaec.*, 73, 808-815.

· Smart, M. S. & R. C. Smart. （1977）. *Children: Development and Relationships （3rd ed.）*. N.Y.: Macmillan Publishing Co., Inc., 31, 54.

· Taussing, H. B. （1962）. The Thalidomide Syndrome. *Scientific American*, 207 （2）, 29-35.

· Thompson, W.R. （1957）. Influence of Prenatal Maternal Anxiety on Emotionality in Young Rats. *Science*, 125, 698-699.

· Thoms, H. （1954）. New Wonders of Conception, *Woman's Home Companion*, Nov. 7-8, 100-103.

· U.S. Department of Health, Education, and Welfare. （1973）. *The Health Consequences of Smoking*. Washington.

· Verny, H. & J. Kelly. （1982）. *The Secret Life of the Unborn Child （in Families）*. N.Y.: The Reader's Digest Association, Inc., 55-56.

· Vore, D. A. （1973）. *Prenatal Nutrition and Postnatal Intellectual Development*. Merrill-Palmer, Quarterly, 19, 253-260.

· Waldrop, M. F. & C. F. Halverson, (1971). Minor Physical Anomalies and Imperative Behavior in Young Children. In J. Hellmuth (ed.), *Exceptional Infant: Studies in Abnormalities* (Vol.2). N.Y.: Brunner／Mazel.

· Willemsen, E. (1979). *Understanding Infancy.* San Francisco: W. H. Freeman and Company, 5, 17-18.

· Yalom, I. D., R. Green & N. Fisk, (1973). Prenatal Exposure to Female Hormones. *Archives of General Psychiatry*, 28, 554-561.

· Yamazaki, J. N. et al. (1954.). Outcome of Pregnancy in Women Exposed to the Atomic Bomb in Nagasaki. *American Journal of Diseases of Childern*, 87, 448-463.

· Ziegel, E., C. Van Blarcom. (1964). *Obstetric Nursing.* N.Y.: Macmilan.

第 3 章
嬰兒保育

個體在母體內由微細的受精卵到胚胎，由胚胎再成為胎兒，在此漫長的生命歷程中，均在母體子宮的保護下成長，此時胎兒與母體禍福與共，息息相關。若母體的身心狀況不錯，胎兒自然蒙其利；相反的，若母體有恙，心理不太平衡，或受到許多污染，則胎兒亦將是一個受害者。然自呱呱墜地以後，新生兒脫離母體，開始過著自己的生活，由於此時新生兒特別脆弱，抵抗力差，又無法獨立，保育工作自然就顯得更重要了。

第一節　新生兒的發展與保育

生活的改變

　　從子宮到這個世界裏，新生兒的生活環境幾乎天壤之別，以往不論營養、排泄、呼吸等，均由母體間接或直接負責，而

表 3-1　出生前後新生兒生活的比較

項　　　目	出生前	出生後
環　　　境	羊　水	空　氣
溫度變化	母體溫度（變化不大）	隨氣溫而變（變化較大）
溫度高低	母體體溫	室　溫
光　　　線	黑　暗	室內光線
外在刺激	很　小	人為、環境均大
營　　　養	依賴母體的血液供給	依賴外在食物及自己的消化系統
氧氣供給	由母體之血液經由胎盤供給	由呼吸器官供給
排　泄　物	由母體血液排出	由腎、腸道、皮膚排出

現在必須樣樣「自己來」，以往子宮內的光線，與出生後的光線也大大的不同，由**表3-1**吾人可知出生前後，新生兒之生活狀況有何不同。

新生兒對於如此變化，自然有調節和適應的能力。當然，如果成人能給他一個較適合生長的新環境，如室溫不要太低或太高，溫差變化小、室內光線柔和，人為或環境的不良刺激少等，這樣他會更快適應的，否則如果溫差太大，室內光線太強，閒雜人抱來抱去，噪音太多等，可能會影響他的身心發展，這小生命對於此一新世界，也不會有好感。

新生兒生理狀況

新生兒生理狀況迥異於一般嬰幼兒，由下列幾項吾人可以瞭解確有特異之處。

一、頭部

新生兒出生時容貌多半不太漂亮，頭部由於經過產道時，被擠壓而略長，這些狀況要到半個月以後才會有所改善。身體各部分的比例亦與成人不同，頭部的長度約占身長的四分之一，又因未長牙，臉部寬而短（Hurlock, 1978）。**圖3-1**顯示胎兒至成年頭部與身體生長的比例。此外，新生兒頭蓋骨尚未完全接合，所以頭部的正前方和後方，隔著頭皮用手摸，也會發現軟軟的似乎沒有頭骨。尤其頭頂上的一個空隙，特別容易看到，稱為囟門（fontanel），如**圖3-2**所示。囟門具有減輕液體滯留腦部所造成過度壓力的功能。囟門又分為二，一在頭頂上前方，兩塊顳骨和兩塊頂骨之間，呈菱形的空隙，是為大囟門或

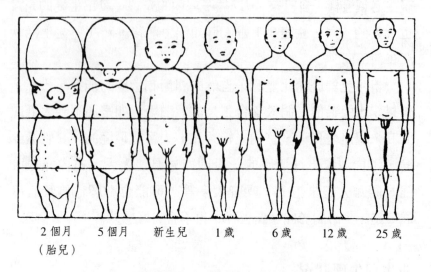

2個月　5個月　新生兒　1歲　6歲　12歲　25歲
（胎兒）

圖3-1　胎兒至成年頭部與身體生長的比例

資料來源：Simpson, 1957.

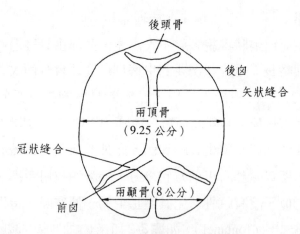

後頭骨

後囟

矢狀縫合

兩頂骨
（9.25公分）

冠狀縫合

兩顳骨（8公分）

前囟

圖3-2　嬰兒頭部之囟門

資料來源：Eastman & Hellman, 1966.

前囟，約於嬰兒長到十二至十八個月時方告閉鎖。另一在頭頂後下部，在兩塊頂骨和一塊後頭骨的中央，呈三角形的空隙，是為小囟門或後囟，約於嬰兒生後六至八星期閉合。

頭蓋骨的空隙為順應腦的發育，因為嬰兒時期腦的發育甚快，另一為生產時便於通過狹窄的產道，智能發育遲的嬰兒往往早於閉鎖或遲於兩年以上。其他如果陽光不足或缺乏維他命D時，就會發生佝僂病，囟門的閉合也隨之發生困難（盧素碧，民82）。

二、體溫

新生兒一出生後，體溫會下降華氏二至五度，約八小時後，才又回升到正常體溫——華氏九十八至九十九度（約攝氏三十七度）（Smart & Smart, 1977），因新生兒在皮膚上失掉的水分很少，且身體表面甚大，體溫容易受外界溫度的影響，生理體溫調解也不完全。通常內在保持體溫的方法是靠皮膚下的脂肪層；外在方面，則有賴穿衣及棉被和墊被了，當然，在嚴寒的冬天，如有暖氣是最好不過了。

三、心跳

在生產過程，心跳減慢，出生以後，心臟跳動速率則顯著增加，在出生後二分鐘達到最高，每分鐘跳一百七十四次（Vallbona et al., 1963）。而後又慢慢遞減，新生兒的心跳平均每分鐘約一百二十至一百六十次。

四、呼吸系統

胎兒出生後臍帶即被剪斷，此時無法藉助臍帶獲得氧氣，而必須呼吸空氣，新生兒的啼哭，是因為吸入空氣而使肺部膨

脹的原因。正常的新生兒第一次呼吸約在出生後十秒鐘，如果在生後一兩分鐘內還沒有呼吸，那就有麻煩了，若在出生五分鐘內還沒有呼吸，會因缺氧而導致永久性的腦傷（Papalia & Olds, 1975）。新生兒呼吸的速度比成人要快一倍以上，在初生的五天之內，平均每分鐘呼吸的速率約在四十六次（Tarlo, Valimaki, & Rautaharju, 1971）。最初的呼吸是不完全或不規則的，三公斤體重的新生兒，呼吸的空氣量在安靜時約二十西西，此一數量不夠新生兒所需（盧素碧，民82），所以他必須用打呵欠、喘息、打噴嚏、咳嗽等方法來調節他需要的空氣量。

五、消化系統

消化系統主要的器官為胃和大小腸，由於新生兒的胃近於圓形，且呈水平的位置，胃的容量剛出生時為三十至三十五西西，第四天為四十五西西，至二週為九十西西（盧素碧，民82），至一歲時，胃容量約200～360西西。一個健康的新生兒，他有吸吮的本能，有能力吸收母乳或牛奶了。母乳大約在生產後的第二至三天才湧出，在此之前，產婦的乳房會分泌一種淡黃液體，稱為初乳（colostrum），初乳是最適合新生兒需要的食品，除含高蛋白外，尚有免疫體，可保護新生兒腸道（Gerrard, 1974）。

六、排泄系統

出生以前，腎臟排出少量的尿液，出生以後，由於進食乳汁或開水，排尿次數顯著增加，自出生第二天以後，平均每天排尿二十次左右，不過個別差異很大（Smart & Smart, 1977）。新生兒初次大便叫胎便，出生一、二天內排出，呈黑褐色富黏

性，無臭味，胎便是妊娠後期積存於胎兒體內的，內含疸色素和腸細胞屑等。

七、循環系統

循環系統主要的器官為心臟和血管，由於新生兒的心跳是快速而不規則的，所以他的血壓也就不穩定，這種狀況要到出生十天才會有所改變（Papalia & Oids, 1975）。

八、體重

新生兒剛出生幾天，大約會減輕他自己體重的 7％～10％，約五天以後會回昇，直到第十天至第十四天左右會恢復原來的體重，體重較輕的新生兒失去的重量比較重的新生兒少，第一胎所失去的體重比第二胎以後為少（Timiras, 1972），至於體重減輕的原因不外乎：

‧胎便排出。
‧水分少量消失。
‧對新生活的不適應。
‧吞嚥反射尚未發展完全，以至於不能獲取每日所需的營養素。

新生兒的醫學評估

剛生下來的新生兒，其健康狀況如何？生命力如何？從子宮內環境到子宮外生活的調適如何？這一直是婦產科醫生、小兒科醫生以及父母所關切的問題，為了用比較客觀的方式來評量，美國哥倫比亞大學麻醉學家亞培格（Dr. V. Apgar）於一九

五三年設計一簡單的量表，來評定新生兒的適應能力，「亞培格量表」（Apgar Scale）在美國各醫院已廣泛的被使用，它共有分五個測驗，包括外表（膚色）、脈搏（心跳速度）、臉部表情（反射興奮力）、活動（肌肉緊張度）和呼吸（呼吸速度）。每項給0、1、2分，五種分數加起來成為一總分，可能從0至10分，90％的正常新生兒得分約在7分以上，如果得分在4、5、6分的新生兒，可能需要一些急救來改善他們的情況；得分在0～3分之間通常有嚴重的窒息，每分鐘心跳在八十次以下，需馬上急救。此量表之評量時間為生下來一分鐘、五分鐘或十分鐘各評量一次，據研究此分數與新生兒日後的罹病率及死亡率有密切的關係。而此一分數，早在胎兒時期，從測量胎兒的心跳速度就可預測出，也就是說胎兒的心跳速度正常者，將來出生後，「亞培格量表」的分數就高，而不正常的心跳速度，有時亦能預測出生後在此量表有較低的分數（Schifrin & Dame, 1972）。「亞培格量表」介紹如**表3-2**。

表3-2　亞培格量表（The Apgar Scale）

得分 症狀	0分	1分	2分
心跳速度	無（無法發覺）	每分鐘少於100次	每分鐘多於100次
呼吸速度	無	不規則，慢	好，哭聲規則
肌肉緊張度	軟弱　無力	虛弱不活動	強壯而活動的
膚　色	發青或蒼白	身體淡紅，四肢發青	全身呈淡紅色
反射興奮力	無反應	皺　眉	咳嗽、打噴嚏、哭

資料來源：Apgar, 1965.

新生兒保育

新生兒剛來到這個世界，他們可以說處處在調適自己的生活，時時處於危機中，適當的保育工作是有絕對的必要，保育的範圍說明如下：

一、護理人員對新生兒的照顧

做好新生兒的保暖工作。

照料纖弱嬌嫩的新生兒，動作要柔和。

呼吸：在第一次呼吸開始前，清除新生兒口腔內的黏液、羊水等，必要時可用導管吸出咽部積液，預防吸入肺部，使呼吸道暢通。嬰聲初啼，輕輕拍打背臀，有助初次深呼吸。倘超過二分鐘，自然呼吸延遲，則須插入喉管，並給予氧氣。

眼睛：為免新生兒感染淋病雙球菌，導致失明，可用1％硝酸銀溶液或金黴素點眼，點後以生理食鹽水或蒸餾水沖洗，因其濃度與吾人體液相近。用盤尼西林（penicillin）二千五百單位生理鹽水點眼亦可。

臍帶護理（umbilical cord care）：出生後，先以血管鉗夾著臍帶，俟臍帶搏動停止，結紮剪斷，然後消毒斷端，用消毒紗布裹紮，再用絨布束腹帶包紮之。在初二十四小時內，查看臍帶是否出血，予以適當處理，此後，當注意臍部的清潔與乾燥，直至臍帶脫落，臍窩完全長好為止，臍帶脫落約在四至十日期間。

嬰兒室：嬰兒室內所用的毛巾、被單等物，最好要消毒，室內空氣要新鮮，溫度以20℃～25℃為宜，空氣亦要做適當調

節。出入嬰兒室工作人員，均須注意無菌問題，個別處理嬰兒時，事前事後，注意清潔手部。

皮膚：出生後以消毒溶液或橄欖油擦拭新生兒皮膚，用無菌溫水拭潔全身後，應保持乾燥。俟臍帶脫落後，方可盆浴。

包莖（phimosis）：新生兒若包皮過長者，可用力翻弄數次，使之變鬆，並告訴母親以後每隔一、二日亦如法翻弄一次。在每次翻弄之後，應即翻下，以免因包皮太緊，而影響局部血液循環，使龜頭充血漲大，則更不易翻了。若包皮十分狹窄而不易翻動，可在產後一週施行包皮環截手術（circumcision），約十日後即可痊癒。但不少泌尿外科專家都認為，包皮對幼兒的外生殖器有保護作用，因為龜頭十分脆弱敏感，包皮可以減少幼兒在地上爬行時，陰莖受傷的機會（鄭丞傑，民84）。

餵食：新生兒於出生後十二小時內任其睡眠，不予任何食物，在正式授乳以前，可餵5％葡萄糖水，每三至四小時一次。十二小時後，可試餵母乳，約每四小時一次，以刺激母乳分泌，通常生產後第二日開始授乳，若吮乳無力者，則行滴飼法或鼻飼法。

外傷：新生兒在生產過程常會造成機械性及缺氧性的傷害，這些傷害也許是因為不當或不夠成熟的技巧及注意力所致，然而縱使有純熟的技巧及適當的產科照顧也可能造成。在此所指外傷大都由於巨嬰症、早產兒、嬰兒頭部與產婦骨盆不成比例、難產、生產時間拖長，以及臀位生產等原因所造成。生產外傷包括頭部水腫塊、頭部血瘤、Bednar 氏鵝口瘡、顏面麻痺、臀癱瘓、橫膈神經麻痺、鎖骨骨折、斜頸等，凡此症狀，都需要醫生及護士加以特別照護。

二、父母對新生兒的一般性照顧

普通的新生兒都在生後的一週前後出院，以往在醫院裏面，由專業的護士做細心妥善的保育工作，父母當可放心。出院後，對新生兒的照顧責任就落在父母的身上了，父母在保育新生兒時，應注意以下幾點事項：

要給予親情：胎兒在母體內可以說是「母子一體」，其親密程度可想而知。出生以後，變成兩個個體，對於軟弱、無法獨立的新生兒來說，應是充滿了孤獨感，在這個時候，父母親不要忘記時時去關懷他，除了睡覺以外，盡可能的和他說話，摸摸他的頭，拍拍他的胸，哺乳的時候不要忘了更要親切的抱住他，如果將奶瓶塞到搖籃內的小嘴巴裏，就無異於在餵養家中的小寵物（pet）。歐納特（Allnutt, 1979）曾研究指出，即使是醫技發達的二十世紀，一般棄嬰收容機構如果僅滿足棄嬰的生理需求而忽視其心理需求，棄嬰的死亡率幾達100％，可見親情的給予是多麼重要。

要給予適當的生長環境：新生兒初到這個世界，吾人應該給予適合他生長的環境，如此對他身心發展將會有裨益，在環境方面要注意的很多，比較重要的有：

· 溫度：室溫要適當，太冷或太熱對他都不太適合，此外溫度的調節對他亦很重要，因為新生兒身體運動量少，所以體內所產生的熱不夠充分，再加上皮膚的外表面積，和體重比較大都不相稱，因而發散的熱較多，身體非常容易著涼，所以室溫要平穩，不能忽冷忽熱，尤其冬天不要讓冷風直接吹到他身上，以免著涼。

．空氣：要注意室內空氣的流通，以保持新鮮的空氣，對於空氣品質的管制亦應注意，在外界的社區環境，儘量避免有空氣污染的現象，在家裏的空氣除了要保持與外界暢通外，不良的空氣如成人吸煙、廚房的瓦斯，也要儘量遠離新生兒，以免污染到他的呼吸系統。

．環境衛生：應注意居住環境衛生，就住宅周圍要保持乾淨，不要堆積垃圾，排水溝也要保持暢通，以免細菌滋長。至於室內的衛生，更與新生兒息息相關，應注意屋內的整齊清潔，尤其是嬰兒室更爲重要，上至天花板、牆壁，下至地板都要事先打掃消毒乾淨，擺設宜簡單，不必要的東西應清理搬走，如此看來，不但乾淨、衛生、清爽，且較不會被細菌所感染。

哺乳：產婦應儘量親自哺乳，萬一不得已需要餵哺牛奶時，應注意容器的衛生，因爲新生兒的抵抗力相當弱，容易被細菌感染，有關哺乳問題，將在第五節再詳述。

衣服和被褥：對新生兒而言，衣服以及被褥以保溫爲主，裝飾在其次，要選擇穿起來方便又不刺激嬰兒肌膚的爲最重要。

睡眠：一般而言，平躺仰睡的新生兒全身肌肉可以放鬆，心、肺、膀胱等臟器不易遭到壓迫，可以睡的舒服。不過仰睡時放鬆的舌根後墜，容易阻塞呼吸道，讓新生兒呼吸費力。同時新生兒的胃是水平的，喝奶時灌入的空氣必須排出，因此，吐奶是經常有的情形。如果仰睡，溢出的乳汁可能會吸入氣管造成窒息，因此，剛餵奶後的新生兒不適宜仰睡。至於趴睡的優點是日後可能會有比較漂亮的頭型，也比較不會嗆奶。缺點則是新生兒可能會因爲撥不開被褥而窒息，同時趴著睡對心

肺、腸、胃、膀胱的壓迫較重,可能較不舒服。新式側睡法是一種折衷式的睡眠姿勢,將大毛巾捲成軸狀塞在側睡的新生嬰兒背部與床墊之間,其優點是不易嗆奶,比較不會被被子悶住,內臟也不易被壓迫。不過要記得常翻身讓新生嬰兒變換體位以免把頭睡成變形。同時要注意不要把耳輪壓向前方,以免睡出一個變形的招風耳。

新生兒加護中心

新生兒由於剛從子宮來到這個世界,內外環境變化太大,且身體抵抗力弱,因而死亡率高。近年來,歐美先進國家的研究已明白的告訴我們,如能早期發現產婦及新生兒問題,加以適當的處理及治療,可以大大的減少新生兒的死亡率,而且即使一個病重的新生兒,只要能夠接受適當的處理及治療,對長大後的身心發展並不會產生多大的影響,因此在台灣有必要儘速成立新生兒醫學加護中心,其任務如下:

· 自國外引進新穎、精密之新生兒科設備。
· 派遣醫生至國外學習、研究新生兒科。
· 研究新生兒科學,例如新生兒適應、營養、疾病預防、死亡原因等等。
· 高危險性懷孕之處理及診斷。
· 普遍建立新生兒科,加強加護病房之醫護人員訓練。
· 成立遺傳諮詢機構。
· 集結加護病房護士、呼吸器專門人員、營養專家、社會工作員、小兒傳染病科、血液科、神經科、遺傳資料、

物理治療、腦神經、外科等人員集思廣益，各盡職責，
共謀我國新生兒醫護科學之發展。

第二節　早產兒與過熟兒

在新生兒之各種狀況中，較特殊的就是早產兒（pre-
maturity）和過熟兒（postmaturity），本節就將此二種情況提出
討論：

早產兒

一、定義

所謂早產兒是指懷孕期少於三十七週，而體重在二千五百
公克以下之新生兒（Palfrey et al.,1995），然新近公共衛生工作
者以體重做為衡量是否為早產兒的標準，亦即新生兒出生時體
重不足二千五百公克，而不論其懷孕期之多寡，即使是足月生
產亦稱為早產兒。早產兒又稱為未熟兒，顧名思義是依據懷孕
期之多寡而定名，然已不合時尚，不過無論如何，早產兒是指
先天發育的不足，而在產後需要特別護理的新生兒。第一次生
產比以後出生的新生兒較易早產，且男嬰比女嬰易早產
（Crump, Wilson-Webb & Pointer, 1952），發生在社經地位較低的
家庭比高的為多，且有色人種比白種人多（Wortis & Freedman,
1965），個子較小的婦女比個子大的較常生早產兒（Rider,
Taback & Knobloch, 1955），多胞胎的數目愈多的，早產的機會

也就愈大，例如，在比例上，雙胞胎與三胞胎早產的情形，便遠較單胞胎的情形為多（Eichenlaub, 1956）。隨著醫療科技的提升，以及全民健保的嘉惠，一千五百公克以下的早產兒，存治率已經從二十八年前的百分之二十，提升到百分之九十到百分之九十四（夏成淵，民88）。

二、原因

早產兒之發生原因，通常可分下列三種情形：

多胞胎生產（multiple births）：多胞胎孕婦往往比預產期早三星期以前分娩。

誘導分娩：由於母親疾病或胎兒狀況不好而做的有意之終止妊娠。

其他原因：由於前位胎盤、胎盤過早分離，先兆驚厥或驚厥、高血壓、心臟病以及先天性缺陷而早產。

三、早產兒的特徵及一般生理現象

· 身體軟弱，大多時間是沈睡的。

· 由於呼吸中心發育不全，呼吸通常較微弱不規則，肺部不能完全擴張，極易發紺（cyanosis），且持續較久，有時達六星期。

· 在頭顱上可看見囟門軟大，骨縫軟。

· 體溫容易隨著外界氣溫高低變化而升降，因其調節體溫的中樞發育不全，脂肪層薄及身體表面積大，故不易維持正常的體溫，但若給予外熱時，沒有特別留意，很容易引起發燒。

· 胃腸的消化能力不良，若不小心及有規律的餵乳，會常

嘔吐及腹瀉。

· 易感染疾病，且對一般疾病的抵抗力弱。

· 生理黃疸（physiologic jaundice）較一般正常的新生兒普遍。一般而言，大約60％的足月兒以及80％的早產兒在生下來一週之內會有黃疸出現，其中大約15％需要治療，黃疸是因為肝功能不正常所引起的症狀，其特徵是會使皮膚及眼睛變黃（林衡哲，民87）。

· 肌肉緊張力較弱，皮下脂肪較少，因而皮膚皺紋多並顯紅色，毳毛很多。

· 吸乳能力薄弱，有時甚至不會吸乳和下嚥。

· 早產兒產後三、四天之生理體重喪失，也較足月兒厲害，恢復體重所需的時間也較長。

四、早產兒之護理

· 動作要很輕柔，因早產兒很容易受傷出血。

· 保持體溫，在醫院嬰兒室內，通常將早產兒置入育兒箱，提供適當的溫度及氧氣。但在保育箱太久的早產兒，因缺乏人際間之接觸，可能造成日後社會行為的問題。

· 環境務必保持安靜。

· 儘量少接觸外人，護理者必須健康且有好的清潔習慣，以免被感染。

· 各種用具必須清潔，食器要消毒。

· 適度之運動有助於早產兒，但操作應小心而輕柔，時間也不能太久，以免過度疲倦。

· 能夠吮吸之早產兒可用一般之餵養法，但要用較小瓶子

及較小奶嘴。不能吮吸者,則要用管餵法(gavage),將乳汁灌入胃中,如有需要,亦可注射葡萄糖,以補充營養。

· 早產兒較易得某些營養缺乏疾病,尤其是佝僂症和手足搐搦(維生素D缺乏)以及貧血(鐵缺乏),故在約一週後餵食開始正常時,可給予服用維生素A、C和D,鐵則約在二個月時開始服用,有時較早。

· 呼吸道如因黏液及其他分泌物阻塞而發紺時,可輕輕將之吸引出。必要時,可供給濃度約30％的氧氣來治療,使用氧氣時,一定要經醫生指示,且時常檢查濃度,過高的氧氣濃度,會引起新生兒之視覺障礙。

· 若有嘔吐的現象,可能是餵食過量或餵食後搖動太多,應減少餵食量或防止餵食後的搖動。

過熟兒

約80％的胎兒在懷孕第三十七週到四十二週之內出生,在四十二週以後才出生的新生兒稱過熟兒。過熟兒大約占新生兒中的6％(尹長生,民73),妊娠延長之原因至今仍不明白。過熟兒可能會由於胎盤的老化,而有營養不良的現象,稍有不慎就會胎死腹中。過熟兒往往沒有毳毛,指甲很長,頭髮也多,皮膚較白,有脫皮現象,此乃由於有保護作用的胎脂大量減少之故。過熟兒之死亡率約三倍於正常新生兒,有些產科醫生建議使用人工誘導分娩,以防止妊娠延長。

由於醫學的進步,過期生產並不可怕,只要定時門診及做必要的檢查(如胎盤功能、孕婦併發症等)即可,對過熟兒本

身的危害會減到最小。而值得注意的,是孕婦的心理問題,由於十月懷胎而期待胎兒出世,至今仍未有動靜,將促使孕婦更加焦慮,如此可能間接的影響到胎兒的「安寧」。

第三節　嬰兒的生理發展與保育

　　要做好嬰兒的保育工作之前,先要瞭解嬰兒的生理發展狀況,以此為工作的基礎,如此才能依照嬰兒的需要做好保育工作。就以生理生長週期而言,人生早期大致可分為四期:從產前期一直到出生後六個月,為快速生長期;約一週歲後生長逐漸緩慢下來一直到青春期前(約八至十二歲)為生長緩慢期;而自青春期開始,生長又加速,一直到十五至十六歲左右,是為第二生長快速期,以後生長又逐漸慢下來(Meredith, 1975)。由此可知,嬰兒期正處人生第一快速生長期,為奠定良好的發展基礎,保育工作就不能忽略了。本節擬分別就嬰兒之生理發展加以說明,並述及保育方法。

嬰兒身高、體重、頭圍和胸圍的發育

　　民國七十一年,行政院衛生署與台灣省婦幼衛生研究所公布了一項研究報告,由**表3-3**顯示了台灣區零至六歲嬰幼兒身高、體重、胸圍及頭圍的平均數,在身高方面,一直呈規律的增加,前六個月增加的速度似乎比後六個月來得快些;在體重方面,增加的速度也相當快,不論是男嬰或女嬰,第十二個月的平均體重為第一個月的二點四倍以上;其他在胸圍及頭圍方

表3-3　民國71年台灣區0～6歲嬰幼兒身高、體重、胸圍、
　　　　頭圍之平均數統計表

年（月）齡	身高		體重		胸圍		頭圍	
	男	女	男	女	男	女	男	女
0月～未滿1月	53.08	51.92	3.82	3.64	35.54	34.42	35.81	35.08
1月～2月	55.19	56.04	4.64	4.64	37.73	37.92	37.35	37.27
2月～3月	59.68	57.73	5.83	5.20	40.96	39.43	39.50	38.25
3月～4月	61.80	60.97	6.43	6.05	41.68	41.07	40.66	39.66
4月～5月	64.29	63.11	7.01	6.58	42.91	42.26	41.74	40.76
5月～6月	66.43	64.59	7.68	6.92	43.94	42.77	42.73	41.38
6月～7月	68.16	67.19	8.04	7.49	44.77	43.39	43.29	42.22
7月～8月	69.99	68.16	8.37	7.69	45.08	43.49	43.85	42.75
8月～9月	71.36	69.83	8.77	8.05	45.59	44.04	44.35	43.23
9月～10月	72.90	70.89	9.03	8.36	45.71	44.34	44.95	43.66
10月～11月	73.77	72.10	9.27	8.53	46.38	44.75	45.48	43.86
11月～12月	74.50	73.10	9.48	8.78	46.56	45.25	45.77	44.37
1歲～1歲3月	76.39	75.21	9.86	9.35	47.22	45.96	46.36	44.94
1歲3月～1歲6月	80.04	78.86	10.64	10.19	48.17	47.12	47.15	45.96
1歲6月～1歲9月	82.66	81.74	11.17	10.63	48.76	47.54	47.49	46.39
1歲9月～2歲	84.64	83.74	11.48	11.24	48.64	48.29	47.53	46.62
2歲～2歲6月	88.04	86.75	12.59	11.86	50.12	48.81	48.53	47.32
2歲6月～3歲	91.08	90.34	13.21	12.78	50.69	49.82	48.66	47.86
3歲～3歲6月	95.36	94.27	14.25	13.73	51.60	50.40		
3歲6月～4歲	98.67	97.56	15.02	14.61	52.52	51.09		
4歲～4歲6月	102.29	101.16	15.97	15.37	53.14	51.87		
4歲6月～5歲	104.66	103.69	16.51	15.81	53.40	52.14		
5歲～5歲6月	108.56	107.69	17.72	16.95	54.64	53.10		
5歲6月～6歲	111.54	109.95	18.32	17.70	55.04	53.93		

註：身高、胸圍、頭圍單位為公分、體重單位為公斤。
資料來源：行政院衛生署，民71。

面，也由第一個月至第十二個月，保持持續的增加，而且增加的速度有先快後慢的現象，亦即前六個月的發展較快速，此與李鍾祥（民71）、鍾志從（民73）的研究結果相同。在性別方面，從表可看出男嬰的體重、身高、頭圍和胸圍都一直比女嬰占優勢，此點鍾志從（民72）所做之研究，亦得相同之結果；國外，史透曲等人（Stoch et al., 1982）曾做二十年的長期追蹤，探討影響嬰兒發展的因素，結果發現營養因素與嬰兒發展有關，尤其在極端營養不良的情況下，其頭圍、體重、身高均與同年齡營養正常嬰兒有顯著差異。聯合國兒童基金會（U.N. Children's Fund, 1985）亦曾發表一統計數字，說明國家發展情形與出生嬰兒體重的關係如下：在新生兒出生時，體重超過二千五百公克的比例中，已開發國家占93％，開發中國家占83％，未開發國家占70％，這可能與孕婦營養、健康及衛生保健有關。而黃奕清、高毓秀（民88）也引述相關文獻，認為影響台灣兒童身高體重發展的因素有：經濟發展、教育水準、衛生水準、營養狀況。

感覺器官的發展

感覺器官（sense organs）又稱受納器，能接受體內或體外環境理化性質改變的刺激，產生神經衝動，經由感覺或傳入神經纖維達於各神經中樞，發動反射反應。感覺器官自胚胎期、胎兒期就慢慢發展，直到嬰兒期大都還沒有發展到成熟的階段，不過各器官的發展速度仍有個別差異，有快有慢，然而在嬰兒期感覺器官的發展非常迅速，其速度的快慢，可能與胎兒期的發展基礎有相當的關係，而出生後，可能與營養和刺激有

關，吾人除了給予適當的營養外，早期成人給予生活上的適當
刺激，將是嬰兒感官發展的重要條件。以下就分別描述幾個感
官發展情形：

一、視覺

　　新生兒一誕生，視覺就開始發生作用，在他生命的前幾
週，對光線的刺激反應最強，可能一直注視光源（例如窗子、
電燈），也可能隨光源的移動而轉動眼球，當頸部成熟到某一階
段時，甚至於可以隨目標物的移動而轉頭；三、四個月後的嬰
兒，也隨著動作的發展，會配合眼睛的注視，用手去抓取，更
甚者，身體會想爬往所注視的目標物。在視覺距離方面，由於
視覺尚未發展成熟，對於太近或太遠的物體，他都會感到模
糊，對一個新生兒而言，他的最佳視覺距離在八至十二吋（約
20至30公分），而對於二至三個月的嬰兒，其視覺焦點已可調
整到四至六吋（約10至15公分）（Chase & Rubin, 1979），以後
隨著視覺器官的成熟，對於更近或更遠的目標，也漸能適應
了。對於目標物的大小，嬰兒是先能注視較大的目標，而後漸
漸發展能注視小目標。在視力方面，嬰兒期並未有多大進展，
從新生兒期幾乎只能分辨明暗的視力，三個月大時僅有0.01，
到六個月大也只有 0.05，周歲約0.2，二歲約為0.3，到四、五
歲時才達1.0。值得注意的是媽媽的臉部，這可能是新生兒最早
「注視」的面孔，對母親認知的開始，媽媽應在餵奶的時候和他
說話、對他笑，這種刺激是親子關係的第一步。當然，爸爸應
做的也和媽媽一樣，要做一個稱職的爸爸，也唯有時時抱他和
他說話，如此在他的小生命裏，就能「認識」一個關照他的
「爸爸」。隨著嬰兒的成長，許多親子遊戲就可展開，時時的接

觸，才不至於讓嬰兒對父母的面孔太陌生了。

　　為了滿足嬰兒的視覺刺激，嬰兒寢室的布置，我們可能注意到光線的問題，太亮或太暗都不適宜。德國幼兒教育專家福祿貝爾（Froebel）在他所設計的恩物中，特為嬰兒設計了六個毛線球（紅、橙、黃、綠、藍、紫六種顏色），不但漂亮，而且顏色鮮艷，吊在嬰兒搖籃上，給他醒來的時候看，大人動一下球，球就會擺來擺去，提供良好的視覺刺激，目前坊間有些顏色鮮艷的塑膠玩具，都是嬰兒床頭不錯的視覺目標物。媽媽不但要以乾淨、清爽、笑容的臉色來面對嬰兒，同時也要穿著顏色鮮艷的衣服讓他欣賞，因為他與媽媽相處的時間最多，距離最短，這是最好的色覺刺激；黑色、藍色、灰色的衣服，恐怕會影響他對這世界的看法（黃志成，民72）。

二、聽覺

　　嬰兒在出生以前，就有聽覺，媽媽心跳的聲音，胃部蠕動的聲音，血液的流動聲，講話的聲音都可以聽見，聽到這些聲音可以幫助他發展聽力（Chase & Rubin, 1979）。但剛出生的嬰兒因中耳內充滿羊水，故聽覺仍不甚清楚，幾天後聽覺即可發生作用。嬰兒在清醒、睡眠、餵哺、哭泣的時候，對聲音的反應並不相同，當他清醒的時候，聽到聲音，他會將眼睛甚至於頭部轉向聲源；當他睡眠時，較大的聲音會吵醒他，甚至於受到驚嚇而哭泣；當他正吃奶時，聽到聲音會停止吸吮或變得緩慢的吸吮；當他哭泣時，聽到聲音可能會停止，然後再哭（除非身體不舒服）。此外，嬰兒對不同的聲音也有不同的反應，例如嬰兒對一般聲音的刺激，可能會使他改變活動或臉部表情；對於一個突來高頻率的聲音，可能會使他的表情僵硬或啼哭；

當他聽到別的嬰兒哭時，他可能也跟著哭；當他聽到喜歡的聲音時，會一直靜靜的保持某一姿勢而聆聽。在人為的聲音中，媽媽的聲音應該是第一個接觸者，從媽媽不斷的與他談話中，一方面建立親子關係，另一方面是學習語言的開始，隨著嬰兒的成長，他漸漸瞭解各種聲音的意義，這也是社會化的開始，他也漸能認知家中成員的聲音。值得一提的是：對於一個五、六個月大的嬰兒，餵飽後，在搖籃內滿足的拳打腳踢時，也常從嘴裏發出一些無意義的聲音，而這些聲音是他自己樂於聽見的，因此，偶而會因聽到自己美妙的聲音而發笑。

在聽覺的刺激方面，可以在搖籃上掛個音樂玩具、風鈴，選擇一些柔和的音樂在嬰兒房輕聲播出，只要他醒來的時候，就有如此好聽的音響，經由他的耳朵傳到大腦，當他要睡眠時，這麼悅耳的音樂伴著他入夢鄉。人為聲音的刺激是最重要的，媽媽、爸爸應不時的和他說話，雖然他無法領悟你的意思，但都是不能忽略的，當媽媽抱著他吃奶時，除了享受母親給他的溫暖外，特別是頭在左邊的心房前，他可能聽到媽媽的心音，如此可謂心心相印（黃志成，民72）。

三、味覺

嬰兒在出生時，舌頭表面都是味蕾（taste buds），味蕾為味覺的主要器官，為一種化學受納器（chemoreceptors），食物被口腔中之液體溶解後，由舌前方或中間的味蕾透過舌顏面神經傳入中樞，或由舌後方的味蕾透過舌咽神經傳入中樞。嬰兒在出生時，味覺已經發展很好，對甜的反應產生吸吮，而對鹹、酸、苦的刺激，產生臉部皺眉或吸吮反應。餵母乳最能刺激嬰兒味覺的發展，同時給予嬰兒副加食物，如菜湯、肉湯等，最

好不要使用鹽，因為食鹽是由鈉和氯兩種元素構成。由於嬰兒的腎臟還沒有發展到完全成熟階段，沒有能力從體內排出過多的鈉，因此很容易受食鹽的損害。嬰兒愈小，損害愈嚴重，而且很難恢復（謝美君，民80）。

四、嗅覺

嗅覺的器官為鼻子，是嬰兒期感覺器官當中較差的一個，嬰兒聞到不好的味道或嗆鼻時，起初的反應不但散亂且沒有組織，只類似輕微驚嚇的表現，以後漸漸變為順利的、有效的逃避行為，先是翻轉整個身體，以後只把頭轉過去。嬰兒較靈敏的嗅覺是對「奶味」的尋找，這是嬰兒尋找母親乳房的線索，基於此，他可以很快的找到乳頭。

嬰兒出生後，有兩種運動和鼻子有關係，即呼吸和吸吮，所以對嬰兒的鼻子要特別注意清潔，同時注意室內溫度的調節，保持室溫在攝氏二十至二十五度，注意室內空氣的流通，以促進嬰兒鼻子的健康；同時要勤換尿布，以免造成嬰兒長期生活在惡臭的生活中，影響其嗅覺發展變為遲鈍（盧素碧，民82）。

五、皮膚感覺

包括皮膚的接觸、壓力、溫度、疼痛的感覺等，而癢覺是屬痛覺的一種。有些感覺在出生時已很明顯，有些則較為遲鈍。如唇、鼻黏膜、舌、手掌、足底的感覺較為靈敏；而肩、胸、腹、背及腿部的感覺則較為遲鈍。至於痛覺在出生時較為遲鈍，至嬰兒二、三個月時才有痛覺（盧素碧，民82）。

在嬰兒期有關皮膚的刺激要注意勤沐浴，保持皮膚的清潔，並利用天氣晴朗的早晨或黃昏做空氣浴、日光浴。此外，

可藉遊戲中的玩具，訓練嬰兒的觸覺，而最重要的是父母親溫暖的手、身體，隨時與嬰兒接觸，讓他得到溫暖，父母親的體溫，可以溫暖到嬰兒的心；在他的嬰兒床擺設，應該是柔軟的被褥，而不是冰冷的床架和硬硬的床板，這對他皮膚的刺激，也是相當重要的。

腦的發育

腦的發展在胎兒期相當快速，出生以後仍繼續快速的成長，初生時，腦重為成人的四分之一，九個月後為成人的二分之一，滿週歲時為成人的四分之三。而事實上，腦的重量多寡，並無法決定嬰兒的聰明或愚笨，對於人類資質的決定，主要在於腦細胞的數目、性質以及視腦細胞間結合配對的情形，分工是否恰到好處。

影響腦的發展可能與營養有關，曾有學者以老鼠做實驗，即以營養不夠的食物餵食懷孕中的母鼠，生下來後發現小鼠的腦細胞數比正常的老鼠要少。此外，在家庭的社會經濟地位較差，文化刺激不足，亦會使智能發展遲滯，亦即文化家庭性智能不足（cultural-familial mentally retarded）（郭為藩，民82）。

由此可知：在嬰兒期給予適當的營養及人為的刺激，有助於嬰兒之智能發展。張欣戊（民73）曾提及在嬰兒出生後一星期，就可以帶嬰兒出去外面，讓他多看看、多聽聽外面的世界；此外，可每天給嬰兒適度的按摩，以提供嬰兒複雜的刺激，發揮嬰兒大腦最大的潛能。

牙齒

　　牙齒的發展從懷孕的第三個月起就開始，而在第五個月開始鈣化（calcitication），到出生時，二十顆乳齒的根基都發育齊全。至於第一顆牙齒何時開始長出，則有個別差異，快的在出生後六個月內即長出，慢的可能到十個月（甚至更晚）才長出，但平均長出的時間約在六至八個月，長出時間的快慢，與健康、遺傳，出生前後的營養、種族、性別和其他因素有關（Hurlock, 1978）。嬰兒長牙的順序，普通在出生後六至八個月，下顎門齒二顆開始長出，八至十個月上顎門齒二顆長出，其次是上顎側門齒。平均在九個月的嬰兒有三顆牙齒，而在週歲的嬰兒有六顆牙齒，乳齒的發展順序如圖**3-3**。

嬰幼兒口腔保健的方法（劉居平，民84）：

　　·嬰兒在出生後的前六個月，由於牙齒尚未長出，只需在

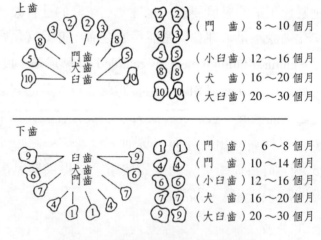

圖3-3　嬰兒的乳齒及出牙時間

餵乳後，給予開水，並用濕紗布、毛巾或棉棒擦拭牙床、舌頭上的奶渣，以維護口腔的清潔。

· 一歲以下嬰兒在剛長牙時仍依上述方法清潔口腔。

· 超過一歲幼兒，可選用軟毛、圓頭、刷毛至少三至四列，長度約二至三顆乳牙大小的牙刷幫幼兒刷牙。

· 二至三歲的幼可開始教他們獨立刷牙，但仍須由父母負起清潔之責，因此時幼兒仍無法徹底刷乾淨。

骨骼

骨骼組織的發生是從胎兒第二個月起，發生的起點，從組織關係上可分爲二種：一是管狀骨（如四肢骨）先發生了一種軟骨組織，漸次化成硬骨；二是「頭蓋骨」等，先發生結締組織，其後逐漸骨化（ossified），到了出生的時候，只有各骨片的縫合線和集合點，成爲膜狀，其他全部骨化了。嬰兒出生時，頭蓋的高度，大約相當於身長的四分之一，後來逐漸地減少比例數，到成人時，便約相當於身長的八分之一了。骨骼發育以嬰兒期爲最快，第二年逐漸減慢，一直要到青春期才會再快速成長。初生嬰兒全身有骨二百七十塊，以後先增後減，至成年期，骨骼融合骨化結果變成二百零六塊。

骨骼具有保護內臟的作用，成人的骨骼主要成分大都爲鈣、磷等無機物及其他礦物質，少量的蛋白質及水分。嬰兒期的骨骼恰好相反，鈣質少而膠質多，韌性大而容易彎曲，骨質很鬆，如海綿狀，所以嬰兒的身體柔軟易曲，可以擺出許多奇奇怪怪的姿勢出來。此外，也因爲嬰兒骨軟，所以較不會有骨折、骨裂的現象。隨著嬰兒的長大，骨化就愈來愈明顯。骨化

的骨骼組織吸收鈣、磷及其他礦物質的歷程，骨化進行的過程，由於身體各部分骨骼的不同而有不同，女嬰較男嬰骨化爲早，大骨架（broad-framed）比小骨架（narrow-framed）的嬰兒骨化較早。此外，骨化亦與種族、遺傳、營養、疾病有關（Watson & Lowery, 1958; Mussen, Conger & Kagan, 1979；盧素碧，民82）。

在骨骼保健方面，應注意有關的營養素如鈣質、磷質的攝取，而在嬰兒期最重要的是不要對他尚未骨化的骨骼施以不正當的壓力或姿勢，例如成人長期背著嬰兒工作，讓嬰兒雙腿過於分開，可能造成日後「O」字形的雙腳，不能讓嬰兒提早學坐或站，甚至於走路。此外，嬰兒用的枕頭應柔軟，中間可有一小凹度，有利頭骨發育。如果枕頭太硬或不用枕頭，可能會使嬰兒頭骨骨化變成「扁頭」或「歪頭」。

肌肉

嬰兒之所以能增加體重，主要爲增加肌肉組織以及脂肪。肌肉可分爲兩大類：一爲粗大的肌肉或稱基本肌肉，手腳及軀幹的肌肉均屬此類；另一種爲細小的肌肉，或稱附加肌肉，手指上及臉面之肌肉均屬之。嬰兒期之肌肉發展主要爲前者，而事實上此種粗大的肌肉在胚胎期即已相當發達，出生後發展迅速至三歲左右已完全成熟。嬰兒肌肉柔軟而富彈性。隨著年齡的長大，肌肉逐漸堅實，肌腱的長度、寬度和厚度也漸增加。

新生嬰兒的肌肉纖維雖已長成，但尚未健全，以後肌肉的發達除靠遺傳外，後天的營養也是很重要的，例如蛋白質和脂肪的攝取，對肌肉發展都有直接的幫助。

此外運動可促進肌肉的結實，並有鬆弛情緒，恢復疲勞的效果。黃志成、邱碧如（民67）曾提出嬰兒體操的順序如下：

（一）足部運動（附握腳的方法）

　　　　主要訓練期：二至四個月

（二）手部運動（附握手的方法）

　　　　主要訓練期：三至四個月

（三）伏體運動（或頭部運動）

　　　　主要訓練期：四至六個月

（四）胸、腹運動

　　主要訓練期：五至七個月

（五）上起運動

　　主要訓練期：六至八個月

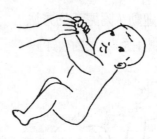

（六）坐立運動

　　主要訓練期：七至九個月

（七）站立預備運動

　　主要訓練期：七至九個月

（八）站立運動

　　主要訓練期：八至十個月

（九）倒立運動

主要訓練期：七至十二個月

呼吸器官

　　胎兒呼吸器官的發展前六個月就開始，肺臟在六個月以後開始急速發展，到出生時其肺的重量約五十至六十克，出生後嬰兒肺部擴張，開始呼吸，血液通過肺部，使肺部重量增加。嬰兒每次呼吸的時間很短，為了獲取必要的氧氣量，所以每分鐘呼吸的次數比成人多，約三十至四十五次，而成人每分鐘只呼吸十六至十八次左右（盧素碧，民82）。在呼吸容量方面，新生兒在安靜時，每次約二十立方釐，六個月的嬰兒約二十四至四十二立方釐，滿一年之後，才達到一百三十六立方釐。至於呼吸的方式，嬰兒是行橫隔膜式，即腹式呼吸。

　　有關呼吸器官之保健，當然是要讓嬰兒呼吸新鮮的空氣，室內溫度不要改變太大，仰睡有助於嬰兒呼吸，如嬰兒行俯睡姿勢時，墊被要厚一點，此外，蓋被不可蓋住嬰兒的頭部，以免妨礙嬰兒呼吸。

循環系統

　　循環系統主要器官是心臟和血管。心臟的重量隨身體的發育而增加，而以嬰兒期增加的速度最快，以後逐漸減慢。嬰兒脈搏比成人跳得快，而且容易變化，脈搏次數每分鐘約一百二十至一百四十次，成人則約七十二次。嬰兒期心臟與血管的比例與成年人不同，嬰兒血管占的比例較大，心臟較小，血管較粗，而且靜脈比動脈粗，因此血壓低。全身的血液重量，新生兒約為體重的十九分之一，而成人約為體重的十三分之一；血液的分配，成人多在筋肉、肝臟等處，而嬰兒則大部分是循環於皮膚。

　　在循環系統的保健方面，應注意不要讓嬰兒過於劇烈的運動或太興奮，應在運動後有適度的休息。在血液方面應重營養，尤其是鐵質的攝取，有助於造血。

消化系統

　　新生兒的胃底尚未完全發育成熟，胃的小彎，處於將近水平的位置，凹陷的部位是向後的。到了起立步行的時候，他的胃便成垂直的位置，胃的容量由新生兒大約九十立方釐到嬰兒滿週歲時約三百立方釐。嬰兒由於幽門與賁門的作用尚未完全，因此乳汁常常逆流於食道上，而造成溢乳或嘔吐。食物從幽門到小腸的排出時間，母乳為 2.5 小時，牛奶為 3.5 小時，含脂肪性多時，排出時間則較遲，換句話說，在胃的停留時間較長。一歲以後，稀飯在胃停留的時間大約四小時，不易消化的

蔬菜爲四至五小時（盧素碧，民82）。

　　嬰兒的腸在出生時即能發揮它的功能，腸的長度和身長相比，約六至八比一（成人約五比一），大腸和小腸的容積隨年齡之增加而增大。

　　關於消化系統的保健最重要的是注意食物的清潔，以免有細菌的感染，對於所攝取的食物，要柔軟不能太硬，以免增加胃和腸的負擔，嬰兒無法消化的食物，又會隨大便排出。

第四節　嬰兒的動作發展與保育

　　動作發展始於胎兒時期，一般孕婦在懷孕的第四個月起，就可以感覺胎動，此時由於胎兒浮游羊水中，可謂活動自如，胎兒的活動包括移動軀體，轉動臀部、動手、伸腿、踢腳等。這些動作必須要到懷孕末期，由於身體的發育，漸漸的被「固定」在子宮內，胎兒的活動才稍微「收斂」一點。新生兒由於神經系統尚未發展成熟，儘管他已無子宮的束縛，活動的次數和幅度較胎兒期爲多、爲廣，但仍然是無意義而且無目的的動作，以後爲了適應現實的環境而活動，等到身體逐漸成熟再加以學習的交互運用，遂使動作漸成有意義。

發展的方向

　　儘管人類有個別差異，但經過研究結果，不論胎兒期及嬰幼兒期都發現在動作發展上，遵循一定的發展方向，此發展方向爲：

一、頭尾定律（cephalocaudal law）

　　動作發展由頭部為先，一直到軀幹，最後到達腳部。在胚胎期，發展的重點可以說大都在頭部，到了胎兒期才漸漸發展到身體及四肢圖3-4，出生以後的嬰兒，如將嬰兒俯臥，他先會抬頭，然後才會坐，到了週歲才學走路，這都是頭尾定律的明證。

二、近遠定律（proximodistal law）

　　動作發展是由軀幹開始，然後向四肢發展。在胎兒前期，頭部及軀幹已發展時，四肢尚屬胚芽狀態；出生後，嬰兒先會翻滾、會坐，然後才會站及走路，至於手部的粗細動作，甚至於到幼兒期才漸發展，這都是近遠定律的明證。

　　嬰幼兒動作發展除遵循以上二定律外，還有一重要原則就是「由整體到特殊的發展」，即全身的、籠統的動作發展在先；局部的、小肌肉的活動發展在後。動作的發展是分化與統整的

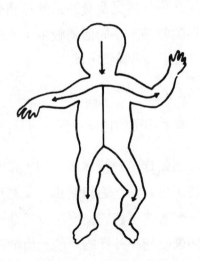

圖3-4　發展的方向
資料來源：Vincent & Martin, 1961.

過程，換言之，局部的活動是由全體分化出來的，然後再重新組織，造成一個新型的或較精細的動作。

動作的發展按一定的模式進行，而且在發展過程中，前一個階段的發展是後一個階段發展的基礎，亦即前一階段如有良好的發展，必可爲下一階段打下良好的基礎，有利下一階段的發展，如此循序漸進才可以使嬰幼兒發展達到極至。

嬰兒動作發展過程

新生嬰兒所表現的動作及其發展情形大致描述如下：

一、全身的活動

新生嬰兒身體上任何一部分受刺激時，往往會引起整個身體的運動。如當新生嬰兒的左手臂受到刺激時，不僅是左手臂會動，右手臂也會動，此外還會踢雙腿，扭動身體，頭還會轉來轉去。又在一天之中，嬰兒全身的活動量也有很大的差異，清晨體力旺盛，活動較多，午間活動較少；小睡之後，體力恢復，活動量便又增加了（洪靜安，民73）。

二、特殊活動

包括身體某些有限部位的特殊反應，可分以下兩種：

反射動作：反射動作是對特殊刺激的一種固定反應，並未受到腦意識的指導，這些動作的特點爲：反應和刺激都比較單純而固定，即同一刺激常引起同一反應；爲遺傳傾向，非經學習的，有覓食、防禦及適應外界的功能。由於神經的發展，尤其是腦皮質（cortex of the brain），大多數的反射會在新生兒出

生後的幾週或是幾個月內消失（Minkowski, 1967）。但有少數的反射則終身存在，如瞳孔反射（光線射入眼睛時瞳孔縮小）。新生兒期較重要的反射動作有：

・巴賓斯基反射（Babinsky reflex）：又稱足底反射，若輕輕撫摸新生兒腳掌，其腳趾便向外伸張，腿部也搖動，這種反射在出生時就會出現，到四個月以後才逐漸減弱，而要到兩歲以後才慢慢消失（Bee, 1981）。

・達爾文反射（Darwinian reflex）：又稱為拳握反射，幾乎每一個新生兒都以手掌抓握一物，懸起身體的重量，這種能力從出生即出現，在出生一個月以後開始減退，數月後消失（Smart & Smart, 1977）。

・摩羅反射（Moro reflex）：又稱為驚嚇反應，當新生兒突然受到痛、光、強音的刺激，或失去支托時，會引起四肢衝擊運動，兩腳舉高兩手腕向內側彎曲做擁抱狀。此種反射從出生開始，到四個月以後逐漸消失（Mussen Conger & Kagan, 1979）。

・退縮反射（withdrawal reflex）：以大頭針輕輕的刺激新生兒的腳掌，新生兒就會把雙腳縮回（Prechtl & Beintema, 1964）。

・搜尋反射（rooting reflex）：在新生兒出生一、二週時，以手指撫摸他的嘴邊，他會把頭轉向手指的方向，用嘴去吸吮手指頭，這種現象在新生兒飢餓時尤其顯著。隨著新生兒的成長，以後只有把刺激物放在嬰兒的嘴邊，他才會吸吮（Schell et al., 1975）。

・頸緊張反射（tonic neck reflex）：胎兒的姿勢須適應著子宮內的情形，胎兒俯首彎背，腿臂屈曲，占著最小的

空間，初生期最常見的姿勢，是仰臥著頭部轉向一邊，軀幹也隨著微側，相對方面的臂從肘節緊張，手握拳靠近腦後（Smart & Smart, 1977）。頸緊張反射約在生下來六個月大時消失（呂子賢，民81）。

　　一般性反應：一般性的反應於出生時即出現，對外來的或內在的刺激產生直接的反應。其牽涉到身體的部位，比反射動作廣。最常見的有視覺停滯作用、眼球自主的轉動、流眼淚、吮吸、吞嚥、打哈欠、打嗝、皺眉、舉頭、轉頭、軀幹的翻轉、腿部的舞動、踢伸及身體的痙攣等。這些動作既不協調，也漫無組織，更沒有什麼目的，但是卻十分重要，以後的協調動作，就是奠基於這些動作之上的（Pratt, 1954）。

三、坐

　　就一般而言，三、四個月的嬰兒能在成人的扶持下，坐上一分鐘左右；而如果沒有人扶持，嬰兒可以單獨坐好，則要到七、八個月左右，一旦會坐以後，發展就快了，一個九個月的嬰兒單獨坐十分鐘是沒有問題的（Gesell et al., 1941）。這與身體的成熟及練習有關，父母應把握這個關鍵期，讓其有發展的機會。

四、爬

　　艾美斯（Ames, 1937）曾分析二十個嬰兒學習爬的動作，如**圖3-5**所示。他將整個動作分成十四個階段，但在不同嬰兒的發展時間卻有很大的個別差異，不過所有嬰兒大都依循著這個發展順序。第一個階段嬰兒伸出一個膝蓋向前方準備移動，時間大約在二十八週（或更早）（第一圖）；而平均會爬（此時腹部仍與地板接觸）的時間大約是在出生後的三十四週，在這

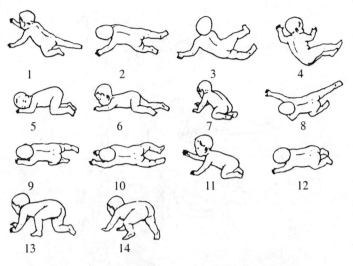

圖3-5　嬰兒「爬」的發展的十四個階段

資料來源：Ames, 1937.

時期軀幹、手臂、腿部的肌肉尚無法支撐整個身體的重量（第六圖）；到嬰兒的手和膝蓋能夠協調，保持身體平衡而爬行大約要到四十週（第十三圖）；而到最後嬰兒可以俯伏前進（prone progression）則要到四十九週（第十四圖）。在整個十四階段中，嬰兒爬行的學習過程可能會跳過一兩階段，但大致仍按照這個次序。

五、站立

　　扶持著即會站立的動作發展，可能是和爬行的發展同時進行的。嬰兒會交互轉換坐著的姿勢和爬著的姿勢時，即可扶著東西站起來。十到十一個月的嬰兒，曾試著不憑藉任何支柱獨自站起來。剛開始會站時，兩腳分開，腳趾向外，頭與肩前傾以保持平衡。嬰兒由躺的姿勢而練習自行站起來時，中間經過的動作姿態不盡相同，表現出個別差異的情形。**圖3-6**顯示四

圖3-6　四種立姿發展的過程

資料來源：McGraw, 1935.

個嬰兒站立的發展過程（McGraw, 1935）。

六、行走

　　嬰兒會站以後，即有邁步前進的動機，靠著成人的扶持而學步。等到動作更靈活而腿部更成熟以後，便想要嘗試自行舉步了。初學走路，兩腳常是分開的。腳趾外張、手臂張開，或緊靠身體，頭部稍向前傾，以保持身體的平衡。步履顛躓，常會跌倒。經過練習，嬰兒逐漸學會預防跌倒，覺得不穩時就馬上停止，雙臂張開，身體前傾，平衡以後，再站直身體，繼續前行。嬰兒在學走路進步之快慢，須視其體力、興趣、勇氣和成人的態度而決定（洪靜安，民73）。至於嬰兒何時才會獨自行走呢？根據盧素碧（民82）在民國六十年至六十三年對台北

市二百四十五名幼兒的研究中得知：在一足歲的嬰兒有46.93％
會獨自行走，而到一歲半已有97.95％的幼兒會獨立行走，如**表
3-4**所示。

　　行走是大肌肉的基本動作發展中最主要的一個階段，薛來
（Shirley, 1933）曾對二十五位從初生至十五個月的嬰幼兒研究其
會走路以前的主要動作發展過程為：胎兒臥姿（零月）、下顎提
起（一月）、胸部提起（二月）、拿取不到（三月）、輔助起坐
（四月）、坐膝抓物（五月）、拉住搖晃的懸掛物（六月）、獨坐
（七月）、扶助起立（八月）、手扶桌站立（九月）、爬行（十

表3-4　嬰兒獨自行走之年齡

年　　齡	人　數 （人）	百分比 （％）	累積人數 （人）	累積百分比 （％）
9月	4	1.63	4	1.63
10月	15	6.12	19	7.75
11月	28	11.43	47	19.18
1歲	68	27.75	115	46.93
1歲1月	39	15.92	154	62.85
1歲2月	55	22.45	209	85.30
1歲3月	18	7.35	227	92.65
1歲4月	9	3.67	236	96.32
1歲5月	1	0.41	237	96.73
1歲6月	3	1.22	240	97.95
1歲7月	1	0.41	241	98.36
1歲8月	2	0.82	243	99.18
1歲9月				
1歲10月				
1歲11月				
2歲	2	0.82	245	
總　　計	245	100.00	245	100.00

資料來源：盧素碧，民82。

月）、牽引而行（十一月）、扶家具而立（十二月）、爬梯（十三月）、自立（十四月）、獨自行走（十五月），如圖**3-7**。

七、拿取動作的發展

　　拿取動作的發展有賴於手和眼的協調，手部最初期的協調動作，是當臉部受到刺激時，所發生的自衛反應。哈柏森（Halverson, 1931）研究嬰兒有目的拿取動作的發展過程為重複地用手腕和手掌心去觸壓，而進步到能用掌心去抓握，再進步到應用手指去拈撮，如圖**3-8**。

　　‧十六週：觸物不到。

　　‧二十週：觸物。

　　‧二十四週：用腕握取。

　　‧二十八週：用手掌握取。

　　‧三十二週：用手掌握穩。

圖3-7　嬰兒時期主要動作的發展

資料來源：Shirley, 1933.

．三十六週：用指抓取。

．五十二週：用指抓取，輕巧、靈活地拈撮。

八、動作發展保育

　　前已述及，嬰兒動作發展與成熟及學習有關，為此吾人從事動作發展保育工作就要從此二點著手，關於成熟方面，除秉承先天的條件外，在後天就要注意營養問題，除了均衡的營養外，更要注意蛋白質、礦物質的攝取，將有助於肌肉及骨骼的

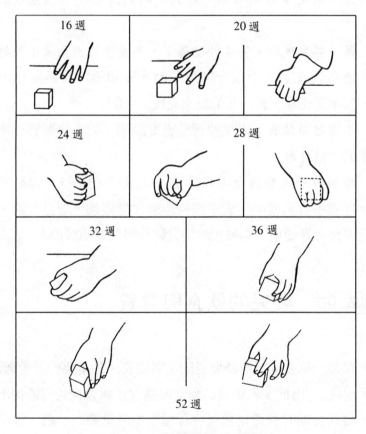

圖3-8　拿取動作的發展

資料來源：Halverson, 1931.

發育。在學習方面，就是父母要給嬰兒充分練習的機會，亦即掌握各發展階段（如坐、爬、站）的關鍵期，給予訓練，在訓練時必須注意以下幾點：

提供好的環境及空間：如此才不致於將嬰兒圍於一個小房間，限制他活動的機會，並要收拾一些可能造成危險的東西，如刀子、剪刀、藥等。

嬰兒衣著要寬鬆：不要有太大束縛而限制他的行動。

應提供更多的刺激物：如嬰兒玩具或家中可讓他玩的東西。

萬一嬰兒跌倒，甚至於受傷了，不要表現出大驚小怪的樣子：應故作沈著，予以安撫及鼓勵。要知道成長必須付出代價，被保護在溫室裏的花朵是永遠長不大的。

不要揠苗助長：過早練習或過度訓練，如此會影響到嬰兒動作的正常發育。

增加親子互動機會：蘇建文、陳淑美（民73）曾研究指出：在親子互動當中，親子間的距離、母親趨近嬰兒次數、提供玩耍機會等變項，均屬預測嬰兒動作發展之重要因素。

第五節　嬰兒的飲食與營養

在第一章吾人已提及嬰兒的發展需要，最重要的是「營養」和「健康」。因此，本節我們特別要為飲食與營養的問題提出討論，嬰幼兒期的營養是整個發育過程中最重要的一環，也是未來智力及體格發展的基礎（Alfin-Slater & Kritchevsky, 1979），

若營養缺乏會影響正常發育，特別是熱量、蛋白質、鈣質、維生素D等引起發育不良、體格矮小、骨骼形成不全等。此外，營養不良間接的容易感染各種傳染病，如急性呼吸道疾病、腸胃炎、結核病等，並且生病時較嚴重，預後（prognosis）較壞。因此，為了嬰兒能奠定此一良好基礎，飲食與營養問題似乎是嬰兒期最重要的課題之一。

嬰兒期的營養素

根據行政院衛生署（民75）建議國人每日營養素之攝取量表，嬰兒期熱量，依月份及體重之不同，平均大約需攝取五百八十七～九百七十卡，蛋白質約需十三～二十公克，其他營養素如礦物質、維生素等，如**表3-5**所示。

母乳

因初生之嬰兒，消化器官尚未發育完全，又無牙齒以司咀嚼作用，故須餵以流質性食物，而母乳是嬰兒最好的天然營養食品。假如母親身體健康，均應親自哺餵嬰兒。根據研究：選擇哺餵方式與下列因素有關，亦即產婦之教育程度高者、非職業婦女、第一胎及自然生產者、男嬰較傾向於以母乳餵哺（詹秀妹、陳群英，民76）。餵哺母乳的優點說明如下：

一、餵哺母乳的優點

具免疫力：母乳（尤其是初乳）具免疫力，嬰兒期吃母奶

表3-5　每日營養素建議攝取量

營養素 年齡(1)	身高 公分(cm)	體重 公斤(kg)	熱量(2) 大卡(kcal)	蛋白質(3) 公克(g)	鈣 毫克(mg)	磷 毫克(mg)	鐵(4) 毫克(mg)	碘 微克(μg)	維生素 微克(μgR.E.)	維生素A 國際單位(I.U.)	維生素D 微克(μg)
0月～	57	5.1	115／公斤	2.6／公斤	400	250	7	30	420	1400	10.0
3月～	63	7.2	100／公斤	2.4／公斤	400	250	7	35	420	1400	10.0
6月～	71	8.9	95／公斤	2.2／公斤	500	330	10	40	400	2000	10.0
9月～	74	9.7	100／公斤	2.0／公斤	500	330	10	50	400	2000	10.0
1歲～	91	13.0	1300	30	500	500	8	65	400	3000	10.0
4歲～	男112 女110	男19.0 女18.0	男1700 女1550 (5)	男35 女35	男500 女500	男500 女600	男8 女8	男85 女80	男500 女500	男4000 女4000	10.0
20歲～	男170 女158	男62.0 女52.0	男 輕2400／中2750／重3250　女 輕1950／中2050／重2250	男70 女60	600 600	600 600	男10 女15	男140（120～165） 女105（100～115）	男800 女750	男6500 女6000	5.0
35歲～	男167 女156	男62.0 女52.0	男 輕2300／中2650／重3100　女 輕1850／中1950／重2150	男70 女60	600 600	600 600	男10 女15	男135（115～155） 女100（95～110）	男850 女750	男6500 女6000	5.0
懷孕期 前期			+150	+10	+200	+200	*	+10	+100		+5.0
懷孕期 後期			+300	+20	+500	+500	*	+15		+800	+5.0
哺乳期			+500	+20	+500	+500	*	+25	+400	+3000	+5.0

（續）3-5　每日營養素建議攝取量

營養素 年齡(1)	維生素E 毫克 (mg αT.E.)		維生素B₁ 毫克 (mg)		維生素B₂ 毫克 (mg)		菸鹼素 毫克 (mg N.E.)		維生素B₆ 毫克 (mg)		維生素B₁₂ 微克 (μg)	葉酸 微克 (μg)	維生素C 毫克 (mg)
	男	女	男	女	男	女	男	女	男	女			
0月~	3		0.3		0.3		4.0		0.3		0.5	40	35
3月~	3		0.3		0.3		5.0		0.4		0.5	40	35
6月~	4		0.4		0.5		6.0		0.5		1.0	50	35
9月~	4		0.4		0.5		7.0		0.5		1.5	60	35
1歲~	5		0.6		0.7		9.0		0.8		2.0	100	45
4歲~	6	6	0.8	0.7	1.0	0.9	11.0	10.0	1.0	1.0	2.5	200	45
20歲~	12	10	1.1 1.3 1.5	0.9 0.9 1.0	1.3 1.5 1.8	1.1 1.2 1.3	16.0 18.0 21.0	13.0 14.0 15.0	2.0	1.7	3.0	400	60
35歲~	12	10	1.0 1.2 1.4	0.8 0.9 1.0	1.3 1.5 1.7	1.0 1.1 1.2	15.0 18.0 20.0	12.0 13.0 14.0	2.0	1.7	3.0	400	60
懷孕 前期			+0.1		+0.1		+1.0		+0.2		+1.0	+400	+10
懷孕 後期	+2		+0.2		+0.2		+2.0		+0.5		+1.0	+400	+20
哺乳期	+2		+0.2		+0.3		+3.0		+0.5		+1.0	+200	+40

註：(1)年齡係以足歲計算。
(2)油脂熱量以不超過總熱量的30％為宜。
(3)動物性蛋白質在總蛋白質中的比例，1歲以下的嬰兒以占2/3以上為宜。
(4)日常國人膳食中之鐵質攝取量，不足以彌補懷孕婦女懷孕時之鐵質損失及分娩失血，建議自懷孕後期至分娩兩個月內每日另行供給20～50毫克之鐵質。
(5)「輕、中、重」表示工作勞動量之程度。

資料來源：行政院衛生署，民75。

的孩子，顯然有較少發生疾病的現象（Cumingham, 1977），有些研究也指出，母乳育嬰較不易感染腸胃炎（李鍾祥，民71；Handson & Winber, 1972），同時呼吸道感染的比例減少（李鍾祥，民71）。

所含營養素最適合嬰兒需要，且易吸收：母乳中所含的重要營養素說明如下：

- 乳糖：母乳乳糖含量多，約占母乳的42％，有利於乳酸菌的生長，乳酸菌可以抑制病原菌的滋長，刺激腸蠕動而不易產生便祕，對於嬰兒的健康有益，且乳糖有益於嬰兒腦部發展。
- 脂肪：母乳中所含的脂肪占51％，其中不飽和脂肪酸，較容易消化吸收，更有助嬰兒腦部的發育。
- 蛋白質：母乳中的蛋白質成分，在胃中形成的凝乳塊較小，凝乳張力小，故消化迅速，吸收也較完全（Wing, 1977）。
- 礦物質：母乳中含有鈣、磷、鐵、鋅、銅等礦物質，可利用及吸收量均高，適合嬰兒所需。例如母奶中的鈣質雖不似牛奶含量豐富，但是其與磷質的比例二者在人奶中的含量，正適合嬰兒生長發育的需要（宋申番，民60）。
- 維生素：母乳中含維生素A、B_1、B_2、C、D等，由於嬰兒直接吸吮，養分不易喪失，較能完全吸收。

牛奶與母奶的營養成分比較見**表3-6**。

滿足嬰兒的吸吮本能：根據佛洛依德（Freud）的理論，出生到週歲的一段時間稱為口腔期（oral stage），以口腔一帶的活動（如吸吮）得到滿足，餵哺母乳可以滿足嬰兒的吸吮慾。若

無法滿足嬰兒的吸吮慾，可能對日後的人格發展有不良的影響。據研究，餵奶時間過短，確與幼兒期的吮指行為有關（Yarrow, 1954）。

滿足嬰兒的心理需要：餵哺母乳時，嬰兒可以得到更多親情的刺激，如摟抱、愛撫等，可增進母子親密感的發展（Maccoby, 1980），同時可讓嬰兒有安全感，而使母親有滿足感。

衛生且較不會有過敏現象：餵哺母乳毋須使用各種餵奶器具，由母親乳房直接供應，衛生較好，而且母乳較合嬰兒體質，較不會有便祕及過敏的現象。

經濟與方便：採用母乳哺餵最為經濟，不但可以節省家庭的開銷，並且也能為國家省下一大筆外匯支出。據台北市衛生局曾做過統計，如果北市乳婦能全面改餵母乳，台北市一年可以節省一億兩千萬元到二億四千萬元（《消費者報導》，民72）。此外，母乳溫度適中，不必費時沖泡，甚為方便。

表3-6 每100克中牛奶與母奶的營養成分比較

	蛋白質 （g）	脂肪 （g）	醣 （g）	灰分 （g）	鈣 （mg）	磷 （mg）	鐵 （mg）	維生素A （I.U.）	維生素D （I.U.）
牛奶	3.5	3.5	4.5	0.7	100	90	0.1	120	2
母奶	1.2 （1.0-1.5）	3.5	7	0.2	35	47	0.1	130 （70-200）	1.5

	B_1 （mg）	B_2 （mg）	菸鹼酸 （mg）	維生素C （mg）	水分 （g）	熱量 （Cal）
牛奶	0.04	0.15	0.2	0.5	87.8	64
母奶	0.02	0.03	0.2	5	87.9	65

註：不同分析表之數值稍不同。

資料來源：黃伯超、游素玲，民74。

嬰兒吸母乳比喝牛奶來得費力：如此可以使嬰兒的牙床、頜部的肌肉發育良好。

　　幫助產婦子宮收縮及代謝脂肪：當嬰兒吸吮母乳時，會刺激乳婦的腦下垂體後葉分泌催產素（oxytocin），可促進子宮收縮，幫助子宮復原。此外，哺餵母乳也可以逐漸代謝母體因懷孕所積存的脂肪（Winick, 1979）。

　　延緩乳婦排卵的時間：乳婦在餵乳期間排卵及經期會有延後的現象，羅莎（Rosa, 1976）曾提及，餵哺母乳有利於避孕。

　　乳汁分泌正常，可能會減少婦女得乳癌的機會。雖然餵哺母乳對嬰兒及母親有莫大的好處，但母乳並不是十全十美的嬰兒食品，仍有其缺點。

二、餵哺母乳的缺點

- 母乳不能無限量的取得，許多乳婦常因個人體質或其他因素，有乳汁不足的現象。
- 不能由乳婦以外的人代勞，而影響職業婦女的工作。
- 隨著嬰兒的成長，對於三、四個月後的嬰兒，母乳的營養分漸漸無法滿足嬰兒的需要，如維他命C、D及鐵質等均感不足，母乳之免疫力，亦大約在出生後六個月內較有效，過了六個月，就該加強疾病預防。
- 母乳含黃體素可能使新生兒產生黃疸病，不過此現象不常發生。
- 不易確知母奶濃度及分泌量，以致部分母親過分依賴母奶或餵法不對，而產生嬰兒營養不良。

　　除了以上所提的幾個缺點外，乳婦遇到下列幾種情形時，應停止授乳：

· 乳房發炎膿腫，乳頭裂傷。

· 急性感染。

· 外科手術。

· 乳婦患有可使本人有生命危險的疾病，如嚴重的心臟病、腎臟病、糖尿病、貧血、癌症等。

· 乳婦患有肺結核，爲避免傳染，應停止授乳。

· 發現懷孕時，應漸漸地斷乳。

· 在新生兒方面，如體質太弱小、兔唇、顎裂均不能接受哺乳。

三、餵哺母乳應注意的事項

在餵哺期間生活要安定有規律，不過分辛勞，避免有刺激性的飲料（如酒、咖啡、濃茶等）。每天應有充分的休息和睡眠，多進營養素（請見**表3-5**）及流質食物，適當的運動，並獲得陽光與新鮮空氣的機會，注意心理衛生，使精神愉快。

要注意衛生，每次哺乳前應洗手，並洗淨乳頭，每天要換洗乾淨乳罩。

哺乳時，母親一手抱著嬰兒，讓嬰兒的頭枕著母親的手臂，使乳頭很自然的送入嬰兒口中。母親的另一手托住乳房，用食指和中指輕輕壓著乳頭，不要使乳房妨礙嬰兒的呼吸，也可避免乳汁分泌太快，使嬰兒來不及下嚥，以致嗆得咳嗽，並注意兩個乳房交替讓嬰兒吸吮。

夜間哺乳，避免躺在床上餵哺，以免乳汁不慎流入耳朵，使耳朵發炎；並可防止母親自然入睡，以免發生意外。

餵哺完畢，將嬰兒抱起，使嬰兒的頭伏在母親的肩膀上，手掌微彎，由下而上，輕輕拍其背部，可以驅出嬰兒胃中的空

氣，是爲「呃氣」，以免因嬰兒賁門尚未發展成熟而容易溢奶。

　　如餵乳量及次數過多、過急或胃中有空氣時，嬰兒可能會溢奶或稱「回奶」，是在餵奶時或餵奶後約五分鐘內吐出一兩口奶，這並非疾病，只要注意哺乳時間、乳流快慢、呃氣，餵奶後輕輕移動嬰兒即可。

　　有些嬰兒在餵奶後約半小時，會劇烈地把胃內的奶完全噴出，是爲「吐奶」，吐出之奶常已變爲乳凝塊，這可能與消化不良、便祕、急性傳染病（如肺炎）、乳的濃度不宜（餵牛奶者）有關，最好請教醫師。

　　餵奶時間的問題一直爲大家所關切的事項，過去主張按時餵乳（通常每隔四小時一次），但新近有關學者、醫師則較主張彈性餵奶，或需求性餵食法（demand feeding），亦即在三小時至四小時都算適宜，視嬰兒的需要而定，如餵奶的時間不到，嬰兒啼哭不已，又非其他因素（如生病、尿濕等），則可先行哺乳。如餵奶時間已到，嬰兒仍熟睡著，就讓他繼續睡吧！餓了自然會醒來。此種彈性餵奶好處較多，較能符合嬰兒身心發展需要。但如母親沒有判斷能力，反而會弄巧成拙，學者（Krause & Mahan, 1981）提出四種餵乳的時間表如下：

· 每天餵五次，分別在早上6、10時，及下午2、6、10時。

· 每天餵六次，分別在早上2、6、10時，及下午2、6、10時。

· 每天餵七次，分別在早上6、9、12時，及下午3、6、9、12時。

· 每天餵八次，分別在早上3、6、9、12時，及下午3、

6、9、12時。

此時間表可提供母親或保育員做規則性與彈性餵奶合理調配的參考。嬰兒是否攝取充分的母乳，可由下列三點看出：

· 每次餵十五至二十分鐘後滿足。
· 餵後會安靜睡覺或遊玩一段時間。
· 定期量體重，得知有正常的體重增加。

人工哺育

當產婦身體不健康，或其他特殊情形，不能親自哺乳時，必須用其他乳汁（如牛乳或羊乳）或食物（如豆漿、米粉等）來餵養嬰兒，叫做人工哺育或人工營養法。我國產婦因為受到本身從事職業愈來愈多，台灣經濟繁榮及其他因素之影響，人工哺育有愈來愈盛行的現象，由以下我國哺餵母乳之趨勢（**表3-7**）可見一斑。

人工哺乳應是極不得已才實施，可是台灣似乎已蔚為風

表3-7　我國餵哺母乳之趨勢表

調查時間（民國）	調查地點	一個月內哺餵母乳的百分比%	參考文獻
51	台灣省婦幼中心	95.00	陳炯霖，民66
53	台大醫院兒童健康門診	75.00	陳鏒霖等，民66
58	台大醫院產科病房	48.50	余玉眉，民60
63	台北市中山區	23.95	李鍾祥，民71
67	省立護專婦幼中心	24.60	呂秀玉，民68
71	大台北區、台中市、高雄市	15.30	李寧遠等，民71
73	台北市古亭區	12.25	石曜堂等，民74

氣，對嬰兒、母親及經濟效益實不是好現象，有待有關單位多加宣導，促使產婦使用母乳餵哺，如因職業婦女而無法親自餵哺時，亦可發展「人乳庫」，以使嬰兒能吃到母乳。我國勞基法（民國85年修正公布）第52條規定，子女未滿一歲女工親自哺乳者，在法定休息時間外，雇主應每日另給哺乳時間二次，每次以30分鐘為度，且哺乳時間視為工作時間。民國87年11月11日勞委會又針對上述作成解釋令，准許一天兩次，每次30分鐘的哺乳時間合併計算，並可安排在上班或下班前一個小時，但必須親自餵哺嬰兒（人乳、牛奶不限），否則被查獲將可被視為曠職論。哺乳時間單從經濟的角度看，雖有增加雇主負擔之嫌，但站在母性保護及增進親子關係的立場，哺乳時間確實有其必要性。前已述及，母乳實為嬰兒最適合之食物，但如必須以人工哺育時，應注意選用熱量充足，營養素足夠而且易消化的食物，食器要注意消毒，以免受細菌感染生病。人工哺餵之種類很多，但絕大多數以牛奶代之，本節僅選牛奶做討論。

一、人工牛奶的種類

常見的人工牛奶因製法之不同可分為：

加糖濃縮奶：將擠出的牛奶加熱至80℃，持續十五分鐘水分減少後，加40％～50％的蔗糖而成。食用時稀釋，常使牛奶的營養稀少，而引起蛋白質及脂肪的缺乏，形成營養不良症。

蒸發奶水：牛奶加熱至95℃，持續十分鐘後，水分約減少成一半的奶水，其營養成分未損失，使用時加入等量的水即可。

全脂奶粉：以各種的溫度或時間，加熱乾燥消毒的奶粉，完全保持原來牛奶的營養分。

改質奶粉：亦稱母奶化奶粉，其成分改變的情形大致如下：

- 牛奶中蛋白質減少。
- 奶油抽出，加入植物油。
- 減少礦物質含量，以減低腎臟負擔。
- 加入蔗糖、乳糖、果糖及麥芽糖等。
- 加上多種維生素。

黃豆奶粉：以黃豆磨成粉狀做成，含植物性蛋白質及脂肪，對於有牛奶過敏症的嬰兒是種良好的人工食品。

酸化奶：牛奶加上檸檬酸或乳酸菌，使其凝塊細小容易消化，可做爲腸胃病恢復期嬰兒的治療奶品。

二、餵哺牛乳的優點

餵哺牛乳的優點恰爲母乳的缺點，它們是：

- 牛乳可充分供給嬰兒的需要，沒有不足的現象。
- 可以由別人代勞，不致影響母親因臨時有事外出或職業婦女上班。
- 在所有的人工哺餵法中，以牛乳的成分比其他食物更接近母乳。
- 每一種奶粉的品質及其各種營養素含量都是一定的。
- 可以按照嬰兒的個別需要算出其濃度及量的給予，而滿足其營養需要。

三、餵哺牛奶的缺點

- 牛奶所含蛋白質與鈣質較多，糖分較少，易引起便祕。
- 不經濟：即需花費金錢買奶粉。

- 調製的手續麻煩：即需準備用水、奶瓶，哺乳完後還要清洗、消毒，如攜嬰兒外出時，更要帶奶粉、奶瓶，甚至於還為準備熱開水而煩惱。
- 不易調節溫度：牛奶太熱時，恐怕燙傷嬰兒，要待牛奶涼了，又要大費功夫，嬰兒往往大聲啼哭，影響嬰兒及母親的情緒。
- 保存不得法，很容易腐敗發酵。
- 消毒不得法，很容易感染細菌。
- 牛奶沖泡方法及其濃度不正確時，易引起嬰兒營養及腸胃障礙。

四、餵哺牛奶應注意的事項

- 選用何種奶粉應由醫生指示，不得聽信商業廣告，並不隨便換廠牌，如因故為嬰兒換奶粉廠牌時，宜採取緩和漸進的方式，以免引起不適。
- 調乳器材應洗淨、消毒，並妥加存放，以免感染細菌。
- 餵乳時，仍應抱好嬰兒，不要忽略感情的交流。
- 選用奶粉廠牌應該注意其商譽，以免被添加其他雜質，如飼料奶粉。

副食品的添加

一、添加副食品的目的

- 供給奶類以外的食物，以適應新食物，是嬰兒步入正常飲食生活的過程。
- 為斷奶做準備。

‧ 供給乳汁中無法供應或含量較不足為嬰兒漸漸成長所需的營養素。魏榮珠（民72）曾研究此問題，認為按時添加副食品，較延遲添加副食品的嬰兒，對疾病之抵抗力較強。

‧ 添加副食物較經濟。

二、添加副食品的原則

‧ 依嬰兒本身健康狀況、月齡的需要來決定副食品的添加。

‧ 豐富的營養是副食品的主要條件，若添加得當，並不需要另外添加礦物質或維生素等營養，一歲以下的嬰兒，三大營養素所占每天總熱量的比例如下：蛋白質約7％～16％，脂肪約30％～50％，碳水化合物約35％～65％。

‧ 選擇嬰兒所喜愛的，且易消化的食物。

‧ 選擇製作簡便而衛生的食物。

‧ 選擇新鮮的食物。

‧ 每次添加一種食物，量由少漸增。

‧ 副食在兩次餵奶之間給予，需有耐心。

‧ 新食物添加後，應注意皮膚及大便的情形，如有異樣，應即停止添加。

‧ 水分的攝取，需達到每天每公斤體重約一百五十西西（Krause & Mahan, 1981）。

三、副食品添加的程序

魚肝油或多種維他命：半個月可給予，含維生素A、D，利於嬰兒骨骼及牙齒的發育。

五穀類：米粉、米湯、麵粉等五穀粉，在三至四個月添加，含醣類，可供給嬰兒熱能。

蛋黃泥：在四至五個月添加，可提供豐富的鐵質，蛋白質，修補建造嬰兒身體組織。

果汁、果泥、菜泥：在四至五個月添加，可促進嬰兒抵抗力及生長發育，防止壞血病、通便、保護皮膚黏膜。

麵包、餅乾、豆腐、肝泥：在五至七個月添加，提供嬰兒維生素A、B1、B2及鐵質的需要。

肉類：魚肉末、肉末、魚鬆、肉鬆等，在七至九個月添加，提供嬰兒蛋白質之需要。

另在**表3-8**附行政院衛生署於民國七十三年修訂的「嬰兒每天飲食建議表（民眾用）」，這是一個完全符合我國民間及國情的副食品添加程序，有些程序比上述六個程序稍晚，那是一般民眾用表之關係，如經醫生指示，部分副食品可稍微提前，如蛋黃泥等，這亦是與嬰兒個人體質有關係。

母奶的營養，在嬰兒五個月以內，較任何奶類好，質優，嬰兒出生後五至七個月的時間，母奶所能供給嬰兒的營養價值與其他奶類相等，嬰兒七個月大以後，其他奶類營養的供應較母奶為佳（宋申番，民60）。況且嬰兒自第六個月開始會長牙，長牙時牙床會癢，可能常咬痛母親的乳頭，所以自嬰兒五個月以後，應開始實施斷奶，在斷奶之前，就必須先附加一些半固體或固體食物，已如前述，使嬰兒漸能適應奶類以外的食品，如此對斷奶後的適應問題會較少，畢竟斷奶是嬰兒期的一件大事，斷奶不得體，不但妨礙嬰兒的身體發育，對日後的人格發展也會有不良的影響。

四、斷奶的方法

· 斷奶的開始，應選嬰兒健康狀況良好的時候實施，以免因增添其他食物，影響其腸胃的負擔。

· 應選擇容易消化且衛生的食物。

· 食物的種類由少漸多，以便嬰兒能吸收到所需的各營養素，且熱量要足夠。

· 給母奶的次數要漸減，增加牛奶或其他流質食物。

· 如嬰兒仍欲吸母親的奶頭，不可用強烈方法拒絕，應以緩和的態度誘導，如分散他的注意力，或以假乳頭、奶瓶代之，不要用刺激性東西，如薑片、薄荷油，塗抹母親奶頭，讓嬰兒知難而退。

· 斷奶期間，嬰兒情緒會較差，應注意疏導。

· 逐漸改用杯子盛牛奶讓其飲用，雖然飲用時較慢，且牛奶會溢出，父母親要格外有耐心。

五、斷奶後食物

斷奶後的嬰兒，其食物來源以及種類漸與一般成人相同，但由於其在發育中的內臟（如腸胃、肝臟、腎臟等）尚未成熟，所以對於攝取食品的變差耐性（tolerance for deviation）低，在食物選擇及烹調方面需予注意，以利其生長發育。至於斷奶後的食物種類、烹調等注意事項，容後在第五章「幼兒的飲食」一節中將詳予描述。

表3-8　嬰兒每天飲食建議表（民眾用）

項目＼年齡	1個月	2個月	3個月	4個月	5個月	6個月	7個月	8個月	9個月	10個月	11個月	12個月	1歲至2歲
母奶餵養次數／1天	7	6	6	5	5			4		3	2	1	—
牛奶餵養次數／1天	7	6	5	5	5			4		3	3	1	2
沖泡牛奶量／1天	90～140c.c.	110～160c.c.		170～200c.c.			220～250c.c.					250c.c.	250c.c.
奶熱量占一天嬰兒所需總熱量百分比	100%			90%～80%			70%～50%					30%	30%
主要營養素 水果類	維他命A 維他命C 水分 纖維質				果汁1至2茶匙		果汁或果泥1至2湯匙		果汁或果泥2至4湯匙			果汁或水果果泥4至6湯匙	
主要營養素 蔬菜類	維他命A 維他命C 礦物質 纖維質				青菜湯1至2茶匙		青菜湯或菜泥1至2湯匙		剁碎蔬菜1至2湯匙			剁碎蔬菜2至4湯匙	

一、稱量換算：
1茶匙＝5c.c.　1湯匙＝15c.c.
1杯＝240c.c.＝16湯匙
1台斤＝600公克
1市斤＝500公克
1公斤＝1000公克＝2.2磅
1兩＝37.5公克
1磅＝16盎司＝454公克
1盎司牛奶＝30c.c.

二、注意事項：
(1)嬰兒出生三個月內應以母奶哺餵，如有特殊情況以牛奶餵養時，應由醫護人員指導正確餵奶方法，係指定粉。
(2)表內所列餵養母奶或牛奶次數，若以母奶餵養者，全以母奶或牛奶餵養時，若母奶不足加餵牛奶時，應適當安排餵奶次數。
(3)水果應選擇橘子、柳丁、番茄、蘋果、香蕉、木瓜等皮殼容易處理、農藥污染及病菌原感染機會較少者。

(續) 表3-8 嬰兒每天飲食建議表 (民眾用)

(4) 蛋、魚、肉、肝要新鮮且煮熟以避免發生感染引起過敏現象。

(5) 每一種新添加食物開始時少量，再逐漸增加量、濃度及種類，並且以多類食物輪流餵食。

(6) 對食器消毒及食物保存應嚴加注意。

(7) 製作副食品應以自然食物為主，儘量不添加調味品。

(8) 沖泡奶粉應依照各廠牌奶粉指示沖泡。

(9) 餵食嬰兒副食品，每日可由各類建議食物中任選一種輪流餵食。

(10) 早產兒及嬰兒有任何飲食問題，可請教醫護人員。

項目		1個月	2個月	3個月	4個月	5個月	6個月	7個月	8個月	9個月	10個月	11個月	12個月	1歲至2歲
五穀類	醣類				麥糊或米糊 ¾至1碗			稀飯、麵條、麵線1¼至2碗；吐司麵包2至4片；饅頭⅔個至一個；米糊、麥糊2½至4碗		稀飯、麵條、麵線2至3碗；乾飯1至1½碗；吐司麵包4至6片；饅頭1至1½個；米糊、麥糊4至6碗		稀飯、麵條、麵線2至3碗；乾飯1至1½碗；吐司麵包4至6片；饅頭1至1½個		稀飯、麵條、麵線3至5碗；乾飯1½碗至2½碗；吐司麵包6至10片；饅頭1½個至2½個
	蛋白質													
	維他命B													
蛋豆魚肉類	蛋白質							蛋黃泥1至2個；豆腐1個、豆腐四方塊個；豆漿1½杯(360至480c.c.)；魚、肉、肝泥1至1½兩；魚鬆、肉鬆0.5至0.6兩	蛋黃泥2至3個；豆腐1至1½方塊、豆腐四方塊個；豆漿1½杯(360至480c.c.)；魚、肉、肝泥1至1½兩；魚鬆、肉鬆0.5至0.6兩		蒸全蛋1½至2個；豆腐1½至2方塊、豆腐四方塊1½個；豆漿1½杯(360至480c.c.)；魚、肉、肝泥1至2兩；魚鬆、肉鬆0.6至0.8兩		蒸全蛋1½至2個；豆腐1½至2方塊、豆腐四方塊2個；豆漿1½至2杯(360至480c.c.)；魚、肉、肝泥1至2兩；魚鬆、肉鬆0.6至0.8兩	蒸全蛋2個；豆腐2個四方塊；豆漿2杯(480c.c.)；魚、肉、肝泥2兩；魚鬆、肉鬆0.8兩
	脂肪													
	鐵質													
	鈣質													
	複合維他命B													
	維他命A													

資料來源：行政院衛生署，民73。

第六節　嬰兒的大小便及其習慣

　　嬰兒期的大小便問題，不但與生理發育有著密切的關係，而且還與日後人格發展有間接的關係。儘管嬰兒期來做大小便訓練（toilet training）仍然嫌早，因爲腸道及膀胱的擴約肌尚未發育完全，無法控制，但爲在幼兒期能有較好的教育基礎，在嬰兒期就養成良好的習慣是有必要的。

嬰兒小便

　　一個正常嬰兒的小便次數，一天二十四小時大約二十至三十次之多，他醒來的時間愈多，小便的次數也愈多；此外，小便的次數及分量也與吸乳量及流質食物（如：水果、果汁等）的攝取有關。正常嬰兒的小便是淡黃色透明的液體。如果發現小便中有沈澱而呈混濁的現象，即爲病態，應速加檢查。

　　由於嬰兒每天小便的次數頻繁，要使其養成良好的小便習慣較爲困難。最要緊的是從小常保持尿布乾爽，尿布濕了，嬰兒可能覺得不舒服會哭，應立即替他換乾的；若是在睡眠中，不必驚擾他，以免妨礙其睡眠，待醒來後再爲其換尿布，若尿布常是濕的不換，可能會使嬰兒得到尿布疹，此外亦會養成不清潔的習慣。尿布的質料須選用質地柔軟而易於吸收水分的，通常以紗布按應用之大小而剪裁，若是天天洗滌，大約兩打即可。一般最好的摺法是在承接尿部分層數較多、較厚，由於男嬰和女嬰排尿位置不同，故摺法男女有別，且需注意兩腿間的

厚度不可過大，以免讓其覺得不舒服。新式免洗尿布用後即丟，不但衛生而且方便，是父母及保育員的一大福音。在選擇紙尿布時須注意以下幾點（中華民國消費者文教基金檢驗委員會，民81）：

標示：紙尿布為易燃物，故應在標示上提出警告。

重量及吸尿量：以重量輕而吸尿量大者為佳。

乾爽性：乾爽性愈好，愈能防止尿液濕氣沾濕嬰兒的皮膚。

滲漏性：好的紙尿褲應能防止尿液滲透而弄髒衣物、床墊。

螢光物：紙尿褲常會因為嬰兒的尿濕，而成為高溫、高濕的狀況，若含有螢光物質可能會加速其滲透皮膚而滲入體內，或是刺激皮膚導致皮膚炎、皮膚過敏，故紙尿褲應不含螢光物質。

酸鹼度：紙尿褲的酸鹼度過高或過低，都會損害嬰兒的皮膚，甚或引起皮膚病，故酸鹼度以愈接近中性（PH = 7.0）為最佳。

褪色：有顏色的紙尿褲於尿濕的情況下，應該不會褪色，以免色素可能傷害嬰兒的皮膚。

尿濕標示：良好的紙尿褲在嬰幼兒尿濕褲子時，在防漏體上應有標示，以提醒帶嬰幼兒的人更換尿褲。

此外，在使用紙尿褲時，吾人仍必須注意是否合身，因太小的紙尿褲易使尿漏出，太大的紙尿褲恐會傷及嬰幼兒的皮膚。值得注意的是：紙尿褲的構成是高分子吸收體、PE 塑膠等，不易在自然中分解，造成環保的問題，仍有待研發解決。

嬰兒的大便

嬰兒的大便大致可分成六種不同的種類：

胎便：出生後兩天內之大便，是墨綠的。

正常大便：吃母乳者，大便是金黃色像軟膏似的，帶有酸臭，但無惡臭的味道。吃牛奶的大便呈淡黃色，水分少，甚至帶有固體便，有糞臭。

青便：青綠色，餵母乳者偶而會呈淡綠。但若顏色很深，且臭味濃時，便是發酵的結果。

不消化便：水分多且帶顆粒狀，色黃帶一點草綠色，有黏液，如嬰兒正常活潑偶而有此現象是沒有關係的。

饑餓便：吃得太少故大便量少水分多，很均勻但帶有咖啡色。有的是母乳餵得不夠，奶量不足；有的是牛奶沖得太稀。

赤痢便：大便中帶有血液，是嚴重的疾病。

嬰兒的大便，可以做爲其是否健康的參考，父母親要隨時觀察嬰兒大便的形狀、濃稀程度、氣味等等，如有問題，應帶大便請醫生診治。

良好大便習慣的養成可以下述幾點行之：

· 嬰兒大便後，應速爲其換乾淨的尿布，並清洗肛門附近弄髒的皮膚，擦乾並擦爽身粉，使他能區別乾淨與不乾淨，並體會乾爽的舒服與髒濕的難耐。

· 最好養成每天早晨大便的習慣，在每天早上第一次餵奶之後，基於古典制約學習的原理，在固定的地點，發出

同一個聲音，不管有無排便都要做，讓他學習這是排大
便的時間與訊號。

· 嬰兒八、九個月時，已學會坐了，可以在每天早上試著
讓他坐在便盆上，如排便了就鼓勵他，但若沒有排便，
只要保持沈默。

參考書目

·中華民國消費者文教基金會檢驗委員會。〈市售紙尿褲、紙尿布品質測試〉，《消費者報導》第135期，第44〜55頁，（民81）。

·尹長生。〈產期過了怎麼辦？〉，《嬰兒與母親》第90期。嬰兒與母親雜誌社出版，第11頁，（民73）。

·石曜堂等。〈台北市古亭區母親哺餵行為及其相關因素分析之研究〉，《公共衛生》第12卷第2期，第223〜241頁，（民74）。

·行政院衛生署、台灣省婦幼衛生研究所。《中華民國台灣地區零至六歲兒童身高、體重、頭圍、胸圍測量研究》，（民71）。

·行政院衛生署。「嬰兒每天飲食建議表」（民眾用），（民82）。

·行政院衛生署。「每日營養素建議攝取量」，（民75）。

·李寧遠、蔣見美、許瑞雲。〈城市嬰幼兒餵養現況之調查研究〉，《中華民國營養學會雜誌》第7卷1〜2期，第29〜45頁，（民71）。

·李鍾祥。《中國嬰幼兒生長、發育及養育之縱式研究》。醫學文摘出版社，（民71）。

·余玉眉。〈住院生產婦女母乳餵飼情形之初步追蹤調查〉，《國立台灣大學醫學院護理系成立15週年專刊》，第12頁，（民60）。

·呂子賢。〈漫談新生兒具備的基本反射〉，《嬰兒與母親月刊》

第190期（民國81年8月號），第146頁，（民81）。

・呂秀玉。〈公共衛生護士如何指導母親親自以母乳育兒〉，
《省立護專學報》3卷3期，第45～75頁，（民68）。

・宋申番。《實用營養學》。大學圖書公司印行，第135～138
頁，（民60）。

・林衡哲。〈新生兒黃疸的發現與處理〉，《育兒生活雜誌》第
102期（民國87年11月號），第139頁，（民87）。

・洪靜安。《兒童發展與輔導》（第二章）。正中書局，第71～
76頁，（民73）。

・夏成淵。〈早產兒存活率可望再提升〉，《國語日報》，民國
88年4月8日第15版。

・張欣戊。〈「當前嬰幼兒教保問題」座談會紀要〉，《青少年
兒童福利學刊》，第七期。中華民國青少年兒童福利學會
印行，第78頁，（民73）。

・《消費者報導》。〈有奶便是娘嗎？──推動母乳哺育幼
兒〉，第3卷1期，第20～21頁，（民72）。

・郭爲藩。《特殊兒童心理與教育》。文景書局發行，第64
頁，（民82）。

・陳炯霖等。〈母乳育兒最合乎自然且優點多〉，《健康世界雜
誌》，第17期，第39頁，（民66）。

・黃伯超、游素玲。〈母奶、牛奶與嬰兒配方奶粉〉，《健康世
界月刊》，第111期，第8頁，（民74）。

・黃奕清、高毓秀。〈台灣地區53～81學年度中小學生身高及
體重之變化趨勢〉，《公共衛生》第25卷第4期，第247
～255頁，（民88）

・黃志成。〈給新生兒學習的機會〉，摘自《爲了我們的孩子》

（《親職教育論文集》）。文化大學青少年兒童福利系印行，第37～38頁，（民72）。

· 黃志成、邱碧如。《幼兒遊戲》。東府出版社，第83～88頁，（民67）。

· 詹秀妹、陳群英。〈影響產婦選擇哺餵方式相關因素之探討〉，《公共衛生》第14卷第1期，第92頁，（民76）。

· 鄭丞傑。〈包皮何時割除較合適？〉，《自立晚報》84年5月15日21版，（民84）。

· 劉居平。〈嬰幼兒乳牙生長與保健〉，《嬰兒與母親月刊》第222期（民國84年4月號），第202頁，（民84）。

· 盧素碧。《幼兒的發展與輔導》。文景出版社，第24～73頁，（民82）。

· 謝美君。〈小兒從蔬菜中所獲取的營養〉，《育兒生活雜誌》1月號，第53頁，（民80）。

· 鍾志從。〈嬰兒動作發展與身體發展的探討〉，《家政教育》，第九卷第一期，師大家政系出版，第40頁，（民72）。

· 鍾志從。〈出生至一歲嬰兒身體發展的縱貫研究〉，《家政教育》，第九卷第四期。國立師大家政教育研究所及學系出版，第67頁，（民73）。

· 魏榮珠。〈台南地區中上階層嬰幼兒保育現況調查〉，《台南師專學報》，第16期，第234頁，（民72）。

· 蘇建文、陳淑美。〈出生至一歲嬰兒動作能力發展之研究〉，摘自《行政院國科會71學年度研究獎助費研究論文摘要》。國科會科學技術資料中心編印，第640頁，（民73）。

· Alfin-Slater, R. B., and D. Kritchevsky.（1979）. *Human Nutrition, A Comprehensive Treatise*. N.Y.: Plenum Press, 61-102.

· Allnutt, B. L.（1979）. The Motherless Child, in Joseph, D. N.（editor in chief）, Basic Handbook of Child Psychiatry, Vol. one: *Development*, N.Y.: Basic Books, Inc., 373-378.

· Ames, L. B.（1937）. The Sequential Patterning of Prone Progression in the Human Infant, *Genet. Psychol. Monogr.*, 19, 409-460.

· Apgar, V.（1965）. Perinatal Problems and the Central Nervous System. In U.S. Dept. of Health, Education and Welfare, Children's Bureau, *The Child with Central Nervous System Deficit*. Washington, D.C.: U.S. Government Printing Office.

· Bee, H.（1981）. *The Developing Child（3rd ed.）*. San Francisco:Harper & Row, 84.

· Chase, R. A., & R. R. Rubin.（1979）. *The First Wondrous Year*. Johnson & Johnson Child Development Publications, 210, 241.

· Crump, E. B., C. Wilson-Webb, and M. P. Pointer.（1952）. Prematurity in the Negro Infant. *Amer. J. Dis. Children*, 83, 463-474.

· Cumingham, A. S.（1977）. Morbidity in Breastfed and Artificially Fed Infants. *Journal of Pediatrics*, 90, 726.

· Eastman, N. J. and L. M. Hellman.（1966）. *Williams Obstetrics*. New York: Appleton-Century-Crofts, 196.

· Eichenlaub, J. E.（1956）. The Premature. *Today's Hlth.*, Dec.,

38-39,46.

· Gerrard, J. W.（1974）. Breat-feeding: Second thoughts. *Pediatrics*, 54,757-764.

· Gesell, A. et al.（1941）. *Developmental Diagnosis: Normal and Abnormal Child Development*. N.Y.: Hoeber.

· Halrerson, H. M.（1931）. An Experimental Study of Prehension in Infantsby Means of Systematic Cinema Record, *Gent. Psychology*, Monog., 10.

· Handson, L. S. & G. J. Winber.（1972）. Breast Milk and Defense against Infection in the New Born. *Archives of Diseases in Childhood*, 47, 845-848.

· Hurlock, E. B.（1978）. *Child Development（6th ed.）*. McGraw-Hill Inc., 30, 87-88, 117.

· Krause, M. V. & L. K. Mahan.（1981）. *Food, Nutrition and Diet Therapy*, Taiwan: University Book Publishing Company, 307.

· Maccoby, E. E.（1980）. *Social Development-Psychological Growth and theParent-Child Relationship*. N.Y.: Harcourt Brace Jovanovich, Inc., 63-64.

· McGraw, M. B.（1935）. *Growth: A Study of Johnny and Jimmy*. N.Y.: Appleton-Century-Crofts.

· Meredith, H. V.（1975）. Somatic Changes During Human Postnatal Life. *Child Development*. 46, 603-610.

· Minkowski, A.（1967）. *Regional Development of Brain in Early Life*. Oxford: Blackwell.

· Mussen, P. H., J. J. Conger & J. Kagan.（1979）. *Child*

Development and Personality（*5th ed.*）. N.Y.: Harper &
Row, Publishers, 147-149.

· Palfreyet al.（1995）. *The Disney Encyelopedia of Baby and
child Care（Vol. II）*. N.Y. :Hyperion, 201.

· Papalia, D. E., & S. W. Olds.（1975）. *A Child's World-Infancy
through Adolescence*. McGraw-Hill Book Company, 106,
121.

· Pratt, K. C.（1954）. The Neonate. In L. Carmichael（ed.）,
Manual of Child Psychology（2nd ed.）. N.Y.: Wiley, 215-
291.

· Prechtl, H., & D. Beintema.（1964）. The Neurological
Examination of the Fullterm Newborn Infant. *Little Club
Clinics in Development Medicine*, No. 12. London: Spastics
Society Medical Information Unit and William Heinemann
Medical Books, Ltd., 40.

· Rider, R. V., M, Taback, and Knobloch.（1955）. Associations
between Premature Birth and Socioeconomic Status. *Amer, J.
Publ. Hlth.*, 45,1022-1028.

· Robbins, W. J. et al.（1929）. *Growth*. New Haven: Yale
University Press, 118.

· Rosa, F. W.（1976）. Breast Feeding in Family Planning.
Protein Calorie Advisory Group（PAG）Bull, 5,5.

· Schell, R. E. et al.（1975）. *Developmental Psychology Today
（2nd ed.）*, N.Y.: Random House, Inc., 89-90.

· Schifrin, B. S., & Y. Dame.（1972）. Fetal Heart Rate Patterns:
Predictions of Apgar Score. *Journal of the American Medical*

Association, 219 （10）, 1322-1355.

· Shirley, M. M. （1933）. The First Two Years: A Study of Twenty-five Babies. Vol.1. Postural and Locomotor Development. Inst. *Child Welf*. Monogr., Ser. No.6. Minneapolis: Univer. of Minnesota Press.

· Smart, M. S. & R. C. Smart. （1977）. *Children: Development and Relationships （3rd ed.）* N.Y.: Macmillan Publishing Co., Inc., 56.

· Stoch, M. B. et al. （1982）. Psychosocial Outcome and CT Findings after Gross Undernourishment during Infancy. *Developmental Medicine & Child Neurology*, Vol.24, 419-436.

· Tarlo. P. A., I. Valimaki & P. M. Rautaharju, （1971）. Quantitative Computer Analysis of Cardiac and Respiratory Activity in Newborn Infants. *Journal of Applied Psysiology*, 31, 70-74.

· Timiras, P. S. （1972）. *Developmental Physiology and Aging*. N.Y.: Macmillan.

· U. N. Children's Fund. （1985）. *The State of the World's Children 1985*. UNICEF, Communication and Information Division, 19.

· Vallbona, C. et al. （1963）. Cardiodynamic Studies in the Newborn II. Regulation of Heart Rate. *Biologia Neonatorum*, 5, 159-199.

· Vincent, E. L. & P. C. Martin. （1961）. *Human Psychological Development*. N.Y.: Ronald.

· Watson, E. H., G. H. Lowrey.（1958）. *Growth and Development of Children（3rd ed.）*. Chicago: Year Book Publishers.

· Wing, J. P.（1977）. Human Versus Cow's Milk in Infant Nutrition and Health: Update 1977, *Curr, Pediatrics*. 8（1）, 1.

· Winick, M.（1979）. Breast Versus Bottle Feeding. *Modern Modicine of Asian*, Nov.

· Wortis, H., and A. Freedman,（1965）. The Contribution of Social Environment of Development of Premature Children. *Amer. J.Orthopsychiat.*, 35, 57-68.

· Yarrow, L. J.（1954）. The Relationship between Nutritive Sucking Experience in Infancy and Non-nutritive Sucking in Childhood. *J. Genet. Psychol.*, 84. 149-162.

Walker, H. C. d. Lo...(1982)...Cognitive Development...Contemporary advances in... Chicago: Year Book Publishers.

Wise, J. P. (1992)... Human Aging: Conventi... and its... Nutrition and Health. Baltimore, 1972: Contemporary...

...Walker, W. A. 1990...Infant Nutrition. Pediatric Reprinting, Boston...Little Brown and Co...

Werner, Emmy E. (Ferraminto 1989)... "The Contribution of... and Environmental Development of Premature Children... Abnormal Psychology, 19, 54-65.

...Warner, J. O. ... ... "The Prevention by Breast Feeding... feeding formula in Infants, and Prevention of Food Sensitivity in Children." Nutrition and Research, 23, 115-125.

第/4/章
幼兒心理發展與保育

一般而言，吾人從事保育工作以生理上的保健爲主，然幼兒發展，身心兩方面相輔相成，生理的健康與否，影響心理發展；心理的健全與否，也影響生理的健康；再由第一章所敍述保育的目的而言，吾人便瞭解到唯有幼兒有健康活潑的心理，將來才能成爲健全的國民，因此，談到幼兒保育問題，心理保育自然成爲一個重要課題，而要做好心理保育工作，就必須對幼兒整個心理發展有所瞭解，按照這個發展過程，以此理論架構爲基礎，按部就班的實施，如此才不會有所偏誤。因此，本章將就幼兒心理發展提出描述，進而提出輔導的方法，以使保育工作更完全。

第一節　智力發展與保育

智力的界說

　　智力（intelligence）一詞，常被心理學家、教育學家所討論，但有關智力的界說、定義仍是衆說紛紜，並無一致的看法，富里曼（Freeman, 1962）根據各家學說，將智力的界說分成以下三類：

　　・智力是個體適應環境的能力。
　　・智力是個體學習的能力。
　　・智力是個體抽象思維的能力。

　　當代著名測驗學家魏斯勒（Wechsler, 1944）復根據各家之

言，認為智力是個體有目的的行動、合理的思維以及有效的適應其環境的綜合性能量。晚近心理學者更將智力界定為「智力測驗所要測量的能力」（Ruch, 1968），智力測驗無非是將很抽象的「智力」予以量化（quantification），德國心理學家史登（W. Stern）首創以心理年齡（mental age）除以實足年齡（chronological age）之商數，來比較智力的高下，此商數即為智力商數（intelligence quotient，簡稱 IQ），推孟（L. M. Terman）採用這種辦法，再以一百乘此商數，計算公式如下：

$$\text{智商 IQ} = \frac{\text{心理年齡（mental age, MA）}}{\text{實足年齡（chronological age, CA）}} \times 100$$

智力的分布

人類智商就如身高和體重一樣，呈常態分配（normal distribution），亦即智商普通者占多數，而智商極高或極低者占少數，推孟和梅瑞爾（Terman & Merrill, 1937）曾以二千九百零四名二至十八歲之兒童和少年為受試，所測出智商的常態分配曲線如**圖4-1**，由曲線之下的面積，更清楚的顯示出：智力分配在兩極端者為數甚少，多數人集中在平均數（IQ = 100）的左右。

梅瑞爾（Merrill, 1938）復將上述樣本之智商列出智商之分布狀況，以**表4-1**示之。由此表可知：智商在一百四十以上（極優異）者，僅占1％，其次智商在一百二十至一百三十九（優異）者，占11％，而後遞增，至中材（average）後其百分比又遞減。

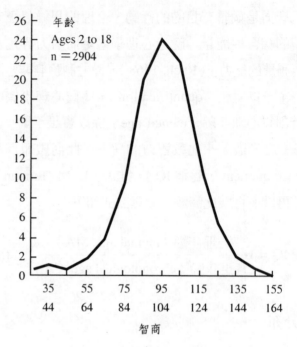

年齡
Ages 2 to 18
n＝2904

智商

圖4-1 智商常態分配曲線

資料來源：Terman & Merrill, 1937.

表4-1 智商的分布（人數：2904人，年齡：2～18歲）

智商IQ	類別	百分比
140　及其以上	極優異（very superior）	1
120～139	優異（superior）	11
110～119	中上（high average）	18
90～109	中材（average）	46
80～89	中下（low average）	15
70～79	臨界（borderline）	6
70以下	心智不足（mental retarded）	3
		100

資料來源：Merrill, 1938.

影響智力發展的因素

影響智力發展的因素不外遺傳和環境，茲分述如下：

一、遺傳

決定個體遺傳特質者為染色體中的基因，基因既來自父母雙方，可見受父母之影響，子女的智力受父母之影響究竟如何呢？學者研究同住在一起的兒童，若為同卵雙生子，其智商相關係數高達 0.87，若為非親屬關係的兒童僅 0.24（Jensen, 1969），另一研究亦估計智商與遺傳的相關係數為0.80（Schell et al., 1975），凡此均說明了智力受遺傳因素影響甚大。

二、環境

在此所謂的環境包括母體環境（prenatal environment）和外在環境（external environment）。前者胎兒之頭腦正急速發展中，如果母體營養失調、感染、放射線照射、心理壓力等，都可能造成日後嬰幼兒的智能不足（Fallen & McGovern, 1978）。至於生產後的環境對個體智力的影響如何呢？前述同卵雙生子的研究中，合住一起的智商相關係數為 0.87，若分開居住者僅為 0.75，可見環境對智力亦有影響，生產後之外在環境，則包括家庭、社區、學校等幼兒之生長學習場所。例如，在家庭方面，個體生長的環境愈好，在智力測驗上所表現的智商，將愈接近其遺傳限的上限，甚至有學者（McCall, 1984）預測家中有新生兒的誕生，也會短暫的抑制其兄姊的的智力發展。另二位學者則根據許多系列的研究，而證實在學前期，嬰兒的家庭環境對其智力及語言發展均有深深的影響（Bradley & Caldwell,

1981）。

幼兒期的智力發展

幼兒智力發展大約循著由具體而抽象、由簡單而複雜的原則發展，根據我國教育部（民66）做第四次修訂的「比西量表」（Binet-Simon Scale）之內容，按年齡之幼兒智力發展如下：

一、二歲幼兒的智力
- ·能指認身體部分如頭髮、嘴巴、耳朵、手、腳、眼睛等。
- ·在圖書上指出物件的名稱至少三種。
- ·能找出藏在盆中之小玩具。
- ·能模仿方塊建造。
- ·能瞭解語言的組合，如媽來、看貓。
- ·能由名字識別實物。

二、三歲幼兒的智力
- ·能用方塊建造一座橋。
- ·能找出看過的動物圖片。
- ·能仿繪圖形。
- ·能指出圖畫上物體的名稱至少十種。
- ·能重述三個數字。
- ·能比較球形的大小。

三、四歲幼兒的能力
- ·能指出圖畫上物體的名稱至少十四種。

· 能說出被藏起來物體的正確名稱。

· 能類推相反意義，如哥哥是男孩，姐姐是女孩。

· 能以物體的用途指出物體的名稱，如什麼是煮東西用的？

· 能找出形式相同的圖樣至少八個。

· 能從圖畫中找出相同和相異點。

四、五歲幼兒的智力

· 能補畫人形圖上缺少的部分。

· 能從三個迷津中至少通過兩個。

· 能正確的數十三個釦子，至少一次數對。

· 能說出物體的象徵性，如球是圓的、玩的、滾的、像月亮等。

· 能筆不中斷的畫方形。

· 能分辨九張圖畫之異同。

五、六歲幼兒的智力

· 能補畫至少四種圖畫中缺少的部分。

· 能正確瞭解數目的概念。

· 能類推相似意義至少三題，如鳥會飛，魚會？石頭很硬，果凍很？

· 能把二個三角形拼成一個長方形。

· 能解釋圖畫。

· 能按示範穿珠至少四個。

認知能力的發展

根據佛來維爾（Flavell, 1977）將認知（cognition）定義為：指所有高層次的大腦功能，例如知識、意識、智力、思考、創造、策劃、推理、概念化、分類、聯想、判斷，以符號表達（包括語言），與人溝通訊息等密切聯繫之智能。俞筱鈞（民71）則定義為知覺（perception）、意象（imagery）、語言（language）、聯想（associa -tion）及推理（reasoning）等能力。至於認知發展（cognitive development）的意義，俞筱鈞（民66）認為：指兒童如何從簡單的思想活動逐漸複雜化，經過分化的過程，對內在和外在的事物，做更深入的領悟，而有更客觀、系統化的認知之歷程。有關認知能力的發展理論，本書將介紹瑞士心理學家皮亞傑（J. Piaget）和美國心理學家布魯納（J. Bruner）的理論。

一、皮亞傑的認知發展理論

兒童的認知和發展，是一系列的認知結構本質演變的結果，這些認知結構的演變，是由簡單進至複雜的，每一階段的發展，都是由前一階段的內容和機能有系統地和順理地推行而成，為了便利解釋此認知發展過程，皮亞傑把人類的智能發展劃分為四個階段，這四個階段是（Piaget, 1952）：

感覺動作期（sensorimotor stage）：或稱為實用智慧期，約從出生至二歲。此期嬰幼兒的認知活動建立於感官的即刻經驗上，主要是依靠動作和感覺，透過手腳及感官的直接動作經驗以慢慢了解外界事物。

準備運思期（preoperational stage）：或稱爲前操作期，約從二歲至七歲。此期的幼兒是以直覺來瞭解世界，往往只知其一不知其二，故亦稱爲直覺智慧期。此期幼兒開始以語言或符號代表他們經驗的事物，其認知活動爲身體的運動與知覺經驗，如跑、跳、遊戲、看、聽、觸覺反應等。

具體運思期（concrete operational stage）：或稱具體操作期，約從七歲至十一歲。此期兒童已能以具體的經驗或從具體物所獲得的心像做合乎邏輯的思考，故可稱具體智慧期。

形式運思期（formal operational stage）：或稱形式操作期，約從十一歲至十五歲。此期兒童，少年之心理作用已達到高級的平衡狀態，其思考可以不藉具體實物，亦即由感覺世界進入觀念世界，能做抽象的思維，故又稱抽象智慧期。

由以上四個分期，吾人可瞭解幼兒階段正處於前二期——感覺動作期及準備運思期，知道了幼兒的認知發展，將可幫助吾人對幼兒有更進一步的認識，並可做爲教育、保育的參考。

二、布魯納的認知發展理論

布魯納特別強調表徵（representation）概念，他認爲人類經由動作、影像和符號三種途徑，將經驗融入內在的認知體系中。布魯納分別以動作表徵（enactive representation）、影像表徵（iconic representation）和符號表徵（symbolic representation）來代表兒童的三種認知模式，茲分述如下（Bruner, 1966, 1973）：

動作表徵期：這是約六個月到二歲的嬰幼兒最常用的認知方式，此期他們對物體的直接作用來解釋其所接觸的世界，所表現的行動如看、抓、握、嚼等動作。並進而與周遭事物產生

關聯，如椅子是能坐在上面的東西等。

　　影像表徵期：大約在二、三歲以後，幼兒能夠應用視覺，如觀看事物的圖片或透過事物的影像而認識、瞭解該事物，除視覺外，幼兒亦可能應用其他感官來組織認知結構，五歲至七歲之間是此期認知發展最明顯的階段。

　　符號表徵期：此期兒童已能使用符號代表他們所認知的環境，符號表徵的發展是經由語言文字的媒介，表現在人類生活經驗的各領域之中。

　　總之，布魯納以「動作表徵」、「影像表徵」和「符號表徵」來說明認知的三種模式及認知發展的三個階段。但是，這三種表徵系統是依序發展而互相平行並存，且各有獨特性，三者之間也是互補而非取代的。即每一新認知方式發展出來以後，前一階段的認知方式仍繼續發生認知作用。例如，在符號表徵階段仍包含許多動作及影像表徵的認知方式（蔡春美，民73）。

幼兒的創造能力

一、創造力的意義

　　創造能力（creativity）的定義，因學者們的看法不同，故仍未有一致的界說。巴隆（Barron, 1976）以舊有知識經驗為基礎，認為「創造能力可簡要地界定為滋生新事物的能力，……而所謂新事物，事實上就是既有事物重加組合，再造而成的新型態。」陶倫斯（Torrance, 1979）認為一個人創造能力的高低，可從能力、動機和技術三方面而推估。所謂能力，包含智力、敏覺問題、流暢性等要素；動機表示勇於面對挑戰，不懼

曖昧，喜於探索與創新，以及堅忍不拔的工作態度等；至於技術則指一些可用於構思觀念或見解的技巧。吳靜吉（民68）則認爲創造力強的幼兒具有下列五個特質：

敏感度（sensitivity）：指幼兒對問題的敏感程度。

流暢性（fluency）：指幼兒之思路流利暢達。

變通性（flexibility）：指幼兒能很快的改變思路。

獨創性（originality）：指幼兒能說出自己特有的看法。

精進性（elaboration）：指幼兒思考細密。

二、啓發幼兒創造力的原則

· 假設幼兒有多種能力，成人勿以爲幼兒年紀小，而低估其能力，應該給予各種機會，使其充分發揮潛能。

· 鼓勵幼兒考慮或想出各種問題解決的不同途徑或可能性。

· 允許幼兒獨創性的表現，而不任意加以制止，並鼓勵其創意之思想或行爲。

· 指導幼兒常用感官去觀察、探索各種事物。

· 培養幼兒客觀之思想與看法，對任何事物不存己見，應廣徵異己之見解。

· 鼓勵幼兒幻想及想像力，如此幼兒可思想新奇、特殊之事物，培養創造力。

· 突破限制，不墨守成規，鼓勵幼兒以新觀點去描述或瞭解各種事物。

· 提供幼兒有利的環境，採用民主式教育，讓幼兒在自由、安全的環境中成長，尊重幼兒發展機會。

幼兒智能發展保育

幼兒智能發展之保育可分以下幾點說明：

一、雙親應有的努力

產前期：避免生病，發高燒，懷孕時照射 X 光，以及亂服藥物，不可缺少維他命 B_6、B_{12}，貧血或疲勞過度、缺氧等。又為人父者應注意酗酒後不可立即有性行為，以免生下智能障礙的幼兒。此外，孕婦懷孕期間不能經常或大量飲酒及抽煙。

出生時：應設法避免出生時胎兒缺氧的情況及產鉗傷害，以免生出腦性麻痺和智能不足的幼兒。

出生後：嬰幼兒要有適當的營養，並避免幼兒發生意外，如跌倒或車禍傷及腦部，及疾病如腦炎、腦膜炎等，此外父母並應給予適度、正確的刺激及教育。

二、保育員（教師）應有的努力

· 注意幼兒的個別差異，儘量促使不同智能、體質、階層、人格類型的幼兒都能發展。

· 保育員（教師）應注意幼兒科學化的學習方法。

· 對於心理有偏差、行為有問題的幼兒予以輔導及矯治，以利學習。

· 儘量運用各種幼兒有興趣及喜愛的方式啟發其智慧。

· 促進與幼兒家長之協調合作，協助幼兒啟發智慧及學習。

第二節　語言發展與保育

所謂語言是指傳達思想情感或在他人身上喚起反應的任何方法，其範圍包括啼哭、手勢、顏面部表情、態度、呼喊、感嘆、有音節含字義的說話和書寫、繪畫等（王靜珠，民79）。赫洛克（Hurlock, 1978）也對語言（language）做了類似的界說，她認為語言包含許多思想和感覺溝通的意義，用以傳達意思給別人，至於溝通的方式包括寫、說、手語（sign language）、臉部表情、動作和繪畫。一般而言，語言包括兩種系統的符號，即口語和文字，然本節所要探討的只限於前者。

語言的發展

有關幼兒語言發展的研究頗多，且大都以分期方式表現出，以下根據盧素碧（民82）及王靜珠（民81）的觀點綜合歸納如下：

一、準備期

從出生至大約一歲左右，又稱「先聲時期」，主要是發音的練習和對別人語言的瞭解。

此期嬰兒的語言發展，由無意義到有意義，由無目的到有目的，由生理需求的滿足到心理需求的滿足。最早嬰兒的啼哭，是開始用肺呼吸，氣流進出聲門，振動聲帶而發出來的，它是一種反射作用，並不具有任何意義，以後嬰兒逐漸長大，

在睡醒或餵奶完畢，偶會自己發聲自娛。再由於成熟與學習的交互作用，嬰兒漸能以哭來表示生理上的不舒服，如生病、尿濕褲子、肚子餓等；而更高層次的哭聲，則希望喚來大人的陪伴，此時嬰兒表示他心理上的需求。六個月後的嬰兒，漸漸能模仿成人所發的聲音，而此種模仿聲音到八個月達到最高。往後嬰兒更能觀察別人的行為而與語言配合，更進一步瞭解他人的語言，除此之外，嬰兒在八、九個月時，便可以開始將幾句簡單的話或某些動作或事物聯合在一起，如你對他說：「讓我抱」，同時伸出手來時，他也會伸臂縱身向著你。

在嬰兒末期，自口中發出來有意義或無意義的聲音漸多，例如：會叫「爸」、「媽」或其他字，父母在高興之餘，應注意嬰兒是否完全瞭解其所發出聲音的意義，同時有意的表達自己的意思，如此才算是開始說話。

二、單字句期（one-word sentence）

大約從一歲至一歲半，是真正語言的開始，這個時期幼兒的語言發展有三個特點：

以單字表示整句的意思：如幼兒說「媽」一個字，可能代表「媽媽快來」或「要媽媽抱」等。

以物的聲音做其名稱：如「汪汪」代表狗，「嗚嗚」代表火車，「咪咪」代表貓。

常發重疊的單音：如「抱抱」、「糖糖」等。此期是幼兒學習語言的關鍵期，幼兒往往為了需要，或發音成就感，而樂於學習，父母及保育員應及時把握此一良機。

三、多字句期（several-word sentence）

　　大約從一歲半至兩歲，這時期幼兒的語言發展漸漸脫離了單字句時期的限制，由雙字語句（two-word sentence）進而為多字語句，這一時期的幼兒，語言發展有以下二個特點：

- ‧句中以名詞最多，漸漸增加動詞，而後增加形容詞。
- ‧句子的結構鬆散，不顧及語法，這是隨想隨說的結果，例如「媽媽—燙燙—不喝」，意思是說：「媽媽，這水太燙，我不敢喝。」

四、文法期

　　大約從兩歲到兩歲半，這一個時期語言的發展是注意文法和語氣的模仿，在語言方面已較能說出一個完整的句子，而不必像前一期一樣，大人須去「猜測」他所講的意思。因此，學習成人的文法，是為此期幼兒語言發展的特色，幼兒能用敘述句表達簡單的經驗，用感嘆句流露自己的情感，用疑問句向人發問。這時也學會了應用代名詞，如我、你、他代表以往說話總是用自己的名字或自稱「弟弟」或「妹妹」，而且應用得相當正確，沒有錯誤。

五、複句期（compound sentence）

　　大約從兩歲半到三歲半。這時期發展的特徵是「複句」與「好問」，茲分述如下：

　　複句：幼兒語言的發展由簡單句（simple sentence）進步到複合句，亦即能講兩個平行的句子，例如「他有娃娃，我也有

娃娃」，隨著複句層次的提高，最後進展到包含主句與複句的複雜句（complex sentence），如「媽媽不在，弟弟就哭了。」

好問：此期幼兒由於因果的思想萌芽了，對於一切不熟悉的事物，都喜歡問其所以然，故又稱為「好問期」（questioning age）。幼兒只要看到什麼？想到什麼？都會馬上提出問題來，邱志鵬（民72）認為：兒童問問題通常開始於三歲，這個年齡可視為語言與思考的爆發點，因為從這時起，兒童已能運用語言來做為獲得知識與消息的工具。成人有效的輔導，一方面可以刺激其語言發展，二方面可以滿足其求知慾，因此千萬不能用不悅的臉色以待，或隨便以話語搪塞。

幼兒語言發展到了複句期，大致與成人語言無異了，以後所需重視的，大概就是語句如何修飾得更美、更文雅了。

影響語言發展的因素

幼兒語言的發展，無論是字彙的增加或是語句品質的改良，都直接或間接地受多種因素的影響，亦即影響幼兒語言發展的因素是多元性的，茲舉其要者說明如下：

一、智力的因素

從許多研究中，可以證明智力為影響語言發展的因素。

智力高低與開始學說話的時間有關：推孟和歐當（Terman & Oden, 1947）曾研究認為資賦優異兒童開始說話的時間比普通兒童早。柯格默（Cromer, 1974）研究智能不足兒童語言發展，認為其發展速度緩慢。

智力較高幼兒，使用的語句較長：麥加西（McCarthy, 1954）

發現平均智商爲一百三十三的兒童，會話所用的語句較平均智商爲一百零九的兒童所能說的語句爲長。

智力低的幼兒，在語言使用的品質也較差：那瑞摩爾和得佛（Naremore & Dever, 1975）研究認爲智能不足兒童在使用複合句和主詞的精確度表現很差。

二、性別的因素

多數的研究結果都顯示女童在語言的發展上占優勢，茲列舉如下：

女童的字彙優於男童：麥加西（McCarthy, 1954）統計女童各年齡階層中，所使用的平均字數均優於男童，如表4-2。

女童的語言品質優於男童：女童開始說話的時間比較早，發音清晰，詞句較長，語句較多，同時在瞭解語言及運用語字的技巧方面，亦有較佳的表現（McCarthy, 1954）。

女童語言障礙比男童比例低：霍爾等人（Hull et al., 1976）

表4-2　男女幼兒語言發展情形

平均字數　　性別　年齡	男	女
1歲6個月	8.7	28.9
2歲	36.8	87.1
2歲6個月	149.8	139.6
3歲	164.4	176.2
3歲6個月	200.8	208.0
4歲	213.4	218.5
4歲6個月	225.4	236.5

資料來源：McCarthy, 1954.

研究美國男女童之說話障礙類型中，在構音缺陷（articulation disorders）、聲音異常（voice disorders）和口吃（stuttering）三方面，女童比例均比男童低。在國內，林寶貴（民73）亦研究發現男童語言或說話異常的比例比女童高，如**表4-3**所示。

三、環境因素

環境因素對於幼兒語言發展的影響，可由下列幾點說明：

家庭社經地位：家庭社經地位低的幼兒學習語言較緩慢、發音生硬、字彙少、語句短（Cazden, 1968）。這可能與社經地位低的家庭，幼兒教育機會少，生活刺激少有關係。而生活在高社經地位的幼兒，有較好成人語言的模範和刺激，有較多增強和鼓勵語言學習的機會。

親子互動：父母親與嬰幼兒互動機會越多時，嬰幼兒得到較多學習語言的機會，有利於語言發展，顏慶儀（民84）認為幼兒家庭關係良好、互動語言較多的語言發展較好。而蘇建文、陳淑美（民73）亦認為親子身體間接觸，為預測嬰兒社會反應與語言發展之重要因素，可見親子互動對嬰幼兒語言發展的重要性。

父母親教育程度：父母親教育程度愈高者，較能給正確的

表4-3　幼兒語言障礙出現率（％）

性別＼年齡	4	5	6	合計
男	7.47	4.72	4.31	5.21
女	4.96	3.22	2.83	3.47
平均	6.26	3.98	3.58	4.36

資料來源：林寶貴，民73。

方法及良好的示範，幼兒自然能學到正確的發音、文雅及高尚的語言。

　　兄弟姊妹及友伴：一個幼兒，如有兄姊或年齡稍大的鄰居玩伴，可以增加學習語言的機會；若自己是老大、獨子或無其他玩伴，自然較少學習語言的機會。

語言的輔導與保育

　　注意發音器官的保護：舉凡與發音有關的器官應善加保護，尤其聽覺、牙齒的咬合、喉嚨、聲帶等都與語言發展有直接、間接的影響。

　　提供良好的學習機會：自嬰兒期，即應給予語言上的刺激，掌握語言發展的關鍵期，父母及保育員應耐心的教導，並有正確的發音，文雅高尚的語句。

　　提供幼兒學習語言的良伴：如有兄姊是最好的機會，否則必須為其選擇適合的同輩友伴，讓其有模仿及練習的機會。

　　給幼兒充分說話的機會：採民主方式教育幼兒，讓其多發表意見，平時應注意聆聽幼兒講話，例如幼兒喜歡報告在幼稚園或托兒所的情況。此外，父母及保育員應針對其語言，加以輔導，適時糾正。

　　提供輔助語言教育材料：錄音機、錄影帶、電視節目以及讀物等，都可以以預先準備的材料，教育幼兒學習語言，例如讓幼兒聆聽兒歌錄音帶，不但可以讓其學唱歌，更有助語言發展。羅德瑞克（Roderick, 1979）亦曾提及以培養幼兒讀的興趣和技能，來加強語言發展。

　　對於少數語言障礙的幼兒，務必要設法幫他矯正：如口

吃、發音不清等，不可以嘲笑或模仿其不正確語言的態度對
之，如此只徒增其困擾。

語言障礙及輔導

一、語言障礙的定義及出現率

一個人的話語如果異於常人，達到引起別人的注意，妨礙
溝通，或使說者或聽者感到困擾時，便是語言異常（speech
disorder）（Van Riper,1978）。柏金斯（Perkings,1980）認為：一
個人說話時，不合文法，不能被了解，在文化及人格上有缺
憾，或濫用語言機能的情況，叫做語言障礙。由此可知，一個
幼兒如因生理上的缺陷、心智、情緒等原因，致使其無法發音
或發音與表達困難，無法與人做正常的溝通，稱為語言障礙
（speech impairment）。柯克和蓋格勒（Kirk & Gallagher, 1983）
根據美國傳統的估計及報導，認為語言障礙兒童的出現率占學
童總數的5％。我國學者林寶貴（民73）統計我國四至六歲幼
兒語言障礙之出現率為4.36％（見**表4-3**），所以兩者甚為相
近。

二、語言障礙的分類

構音異常（articulation disorder）：語言障礙中比例最多
者，常見的情形是音的替代、省略、添加、歪曲及齒音不清。

聲音異常（voice disorder）：說話時在音調、音量和音質
不合乎要求的情形，如聲音沙啞、過於低沈或尖銳刺耳。

語暢異常（rhythm disorders）：說話節律不順暢，夾雜重
複字音等，如口吃。

失語症（aphasia）：因腦部受傷而致言語功能失常，不能瞭解語言，亦不會應用語言。

語言發展遲滯（delayed language）：即延遲學說話（起步太晚）和語言發展緩慢（進程較慢）。

三、語言障礙的輔導

早期診斷及治療：在幼兒期如發現發音異常時，應及早送醫診斷，確定病因，及早治療，以免增加日後矯治的困難。

行為改變技術的應用：利用行為改變技術原理，細心耐心而有計劃的輔導，代幣或其他增強物的利用是有必要的。

鬆弛情緒：如係心理因素所造成，對情緒的鬆弛，有助於語言的訓練。

缺陷矯治：如係口蓋裂、兔唇、齒列不整、舌頭太大所引起的語言障礙，亦應延醫矯治，如整型外科醫生做整型手術，齒科醫生做齒列矯正。

聽力矯治：如係聽力障礙，以致無法有較好的學習模仿說話機會，應做聽力矯治或配戴助聽器。

實施專門訓練：送請語言治療師或有關醫護人員做專業上的訓練。

第三節　情緒發展與保育

情緒的意義與分化

　　情緒（emotion）是個體受到某種刺激後所產生的一種激動狀態；此種狀態雖爲個體自我意識所經驗，但不爲其所控制，因之對個體行爲具有干擾或促動作用，並導致其生理上與行爲上的變化（張春興、楊國樞，民73）。由此可知，當情緒反應時，對個人而言是由「靜態」到「動態」的過程，其表現在生理上的變化，如血壓升高、心跳加速、血醣增高、呼吸加速等；而表現在行爲上的變化，如拍手叫好、哈哈大笑、嚎啕大哭、低聲哭泣等。

　　嬰幼兒情緒是成熟和分化的結果，根據布雷吉士（Bridges, 1932）的研究，初生嬰兒除了恬靜（quiescence）的狀態外，所謂情緒，只不過是一種激動（excitement）的狀態而已，飽暖及睡醒無事時，呈現安靜的狀態，受到強烈刺激時，呈激動的狀態，此時情緒是未分化的。薛爾曼（Sherman, 1928）曾用四種不同情境試驗初生嬰兒，即：

　　　・針刺。
　　　・過時不餵奶。
　　　・束縛其手足的運動。
　　　・從高處驟然落下。

結果嬰兒一律是大哭。由此可知，嬰兒原始的情緒是未分化的、籠統的、無特別形式可辨的。

布雷吉士將幼兒情緒概分為三個階段，各階段都有其特點：

第一階段

由激動的情緒分化出苦惱（distress）和愉快（delight）兩種情緒。苦惱的情緒主要是在反應嬰兒的飢餓、痛及其他不舒服的感覺，約於一個月大左右產生；愉快的情緒則是用以反應出需求得到滿足，或當成人逗著他玩時也會表現出愉快的樣子，約於三個月大時出現。

第二階段

從苦惱的情緒下再分化出憤怒（anger）以及恐懼（fear）、厭惡（disgust）和嫉妒（jealousy）；愉快分化出得意（elation）、親愛（affection）和快樂（joy）三種情緒。一般而言，幼兒長到三至四個月時開始會以「憤怒」來表達內心的不滿足；到了五至六個月，遇到較陌生的人或環境時，他會顯得害怕，便是恐懼情緒的表現；當成人對著一個七個月左右大的嬰兒讚美時，他會因此感到成功，而樂於一再重複這件事，並表現出得意洋洋的樣子；稍長約至八個月時，嬰兒對於成人撫愛的動作會有親愛的反應。到了十二個月左右時嬰兒漸漸懂得主動地去向成人表示親愛，而對於其他幼兒的親愛反應約要到十四至十五個月大時。至於嫉妒的情緒約要在十八個月才開始發生；而快樂的情緒更晚，約於十八個月以後才會分化出來，這種情緒反應要比愉快更為積極而興奮些了。從初生到兩歲情緒分化過程如**圖4-2**。

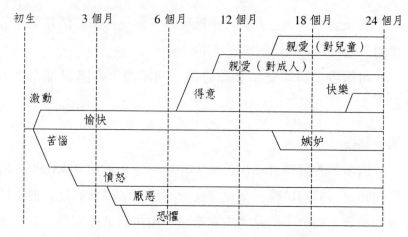

初生　　3個月　　6個月　　12個月　　18個月　　24個月

親愛（對兒童）

親愛（對成人）

得意

激動

快樂

愉快

苦惱

嫉妒

憤怒

厭惡

恐懼

圖4-2　從出生到兩歲情緒分化過程

資料來源：Bridges, 1932.

第三階段

此階段約值幼兒二至五歲之間，此時會由恐懼中分化出羞恥（shame）與不安（anxiety）；由憤怒分化而產生失望（disappointment）及羨慕（envy）；更由快樂中而分化出希望（hope）。

影響情緒發展的因素

情緒自原始的基本狀態經過不斷的分化後，產生了多種具有特殊意義的情緒。但是幼兒如何從未分化的激動狀態而發展為各種情緒呢？或許有些媽媽偶會提出「小寶以前不會怕狗的，最近怎麼見了狗便會嚇得又哭又鬧呢？」諸如此類情形，都和幼兒情緒發展有關。以下就針對幾個影響幼兒情緒發展的因素加以探討：

一、身心成熟的因素

生理方面的成熟：幼兒之神經器官及內分泌腺逐漸發展，才有能力反應情緒。例如神經系統之成熟方能幫助控制面部表情、發音器官及身體各部分的動作，使內在的情緒得以藉外在的表現反應出來；至於內分泌方面，亦可用來應付緊急的生理反應，與情緒發展有密切之關係。

情緒成熟因素：幼兒由於機體成熟加以情緒分化、發展而達圓熟，其成熟的程度亦會影響到情緒的發展。格塞爾（Gesell, 1929）曾將一嬰兒放於很小的圍欄內，十個星期大的嬰兒處此情境內並無特殊反應；到了二十週大時，處此情境會感到不自在，常會回頭找人，顯出有些懼怕；到了三十週時，只要將他一放入欄內，他就會大哭，由此研究，格塞爾認為這乃由於機體成熟的結果。

二、學習的因素

幼兒的情緒可以經由學習的歷程而得來，習得的方法有下列數種：

由直接經驗而形成：由於幼兒本身經驗的某些事物或情境中學習到的情緒反應。例如幼兒原本不怕狗，有一次到鄰家作客，此家之狗突然對其狂吠，把他嚇哭了，從此以後，他就一直怕狗。

由制約反應（conditional response）作用形成：將一個原不能引發個體反應的制約刺激，伴隨在一個能引發其反應的非制約刺激之前出現，重複練習的結果，終能使制約刺激和制約反應之間建立聯結，幼兒的情緒亦賴此種學習方式而得。茲舉湯

姆遜（Thompson, 1962）對嬰兒恐懼情緒的制約學習實驗結果說明之，如圖**4-3**所示。

由類化（generalization）作用形成：在制約刺激可單獨引起制約反應之後，與該制約刺激相類似的其他刺激均能引起反應，說明如下：

· 在制約學習之前，嬰兒對白兔無恐懼，且伸手撫摸之。
· 突然大聲與白兔兩者相伴出現。
· 嬰兒見白兔而驚避之。
· 嬰兒見白色毛髮亦起恐懼的情緒反應。

從未在制約過程中伴隨增強刺激出現，但也可以引起個體的制約反應。例如上述湯姆遜所做的實驗，嬰兒不但看到白兔會怕，而且看到有毛的白色動物都會怕，如白鼠、白狗等，這種把白兔的制約反應又轉移到其他相似的東西上去，叫做驚懼

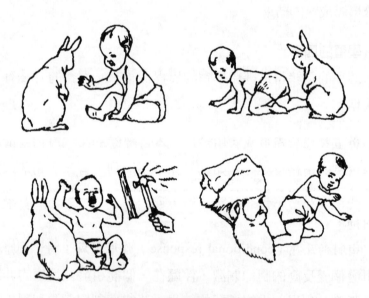

圖4-3　嬰兒恐懼的制約學習
資料來源：Thompson, 1962.

反應的遷移。

　　由成人的暗示養成：幼兒情緒的反應，往往由於成人直接或間接、有意或無意的暗示形成。例如幼兒通常在聽完故事後，開始懼怕巫婆或鬼，事實上他根本沒見過巫婆也沒見過鬼，他之所以懼怕，完全由成人或較大的兒童學習而來的。根據哈格曼（Hagman, 1932）研究幼兒與母親恐懼所恐懼事物的相關係數爲0.667，可見幼兒恐懼行爲受母親暗示者頗多。

幼兒的情緒困擾

　　由於早期不愉快的感情經驗，在人格發展上或多或少流於偏差，以致未能維持適當的人際關係，經常感受心理衝突、焦慮或恐懼的壓迫，因而無法善用其心智能力於建設性工作，造成生活適應的困難，凡此稱爲情緒困擾（emotional disturbance）（郭爲藩，民73）。

　　幼兒早期不愉快的感情經驗以家庭方面的因素爲多，例如破碎家庭（父母雙方或一方去世、離婚、分居等）、父母管教態度不當（管教態度不一致、拒絕、虐待等）、低社經地位（貧窮、父母教育程度低等）；凡此等情況均可能使幼兒在早期感情經驗受到不良影響，而導致情緒困擾。肯納德（Kinard, 1980）曾以三十名被虐待兒童爲研究對象，發現其情緒發展有許多不良徵候，例如：自我概念、社會化及人際關係差，且有攻擊性，和母親有分離的跡象。

　　情緒困擾的幼兒，在行爲上會有明顯的特徵，茲以下列數點說明之（王靜珠，民73）：

．坐立不寧、東張西望。

．拍桌踢桌、亂摔東西。

．面部肌肉緊張或呈現痙攣。

．口吃和吃力的深呼吸。

．咬指甲和亂抓頭。

．睡眠不穩，常做惡夢，說夢話。

．其他神經質的表現。

．過分白日夢的傾向等。

可見幼兒一有情緒困擾時，其外顯行為很容易識別，這是父母、教師、保育員必須及早發現，早期治療的，如此可達到事半功倍的效果。

情緒發展的輔導與保育

情緒是一種心理狀態，它更是生活感情的表現，情緒發展是否適當，會直接影響到幼兒生活，所以輔導與保育的問題就不可忽視。為了培養幼兒良好的性格，在情緒發展的輔導應注意下列幾項：

提供良好的家庭生活：幼兒期的生活以家庭為重心，是故愉快、和諧的家庭生活經驗、親情的給予，對其情緒發展有莫大的影響。劉可屏（民74）曾指出：嬰幼兒通常與母親產生依戀關係（specific attachment relationship），母親為其依戀對象，和依戀對象分離時，嬰幼兒會大哭大叫顯現不安，而與依戀對象共處時，立即明顯地會降低嬰幼兒的焦慮。由此可見，家庭、母親與幼兒情緒的重要。

情緒的宣洩：每一位幼兒在生活中都可能遭到衝突、挫折，而表現不良情緒反應，成人應給予幼兒發洩情緒的機會，否則一味的積壓可能產生更嚴重的困擾。此外，幼兒亦可從歌唱、遊戲、運動中，得到情緒的宣洩、疏導和昇華。

　　注意幼兒身體健康：健康的身體，間接可以促進良好的情緒發展；不健康的身體可能會導致幼兒發怒、恐懼、退縮等；至於身體上的殘障、缺陷更會使幼兒產生自卑的心理。

　　成人要有良好的情緒示範：幼兒的模仿力強，若成人常顯示出不良情緒時，可能讓幼兒在無意中加以學習，所以成人應能收斂、控制自己的情緒，做好情緒管理。

　　良好的管教態度：父母應有公正、一致的管教態度，對於子女不可過於嚴厲，應該仁慈和藹，實施愛的教育。

　　注意新情境的調適：如遇搬家，或上托兒所、幼稚園時，幼兒面對此新環境，可能會產生恐懼或其他不適應狀況，父母及保育員應即時予以疏導。若家中新添弟妹時，不可忽視對他的愛，不要讓幼兒有被冷落的感覺。學者曾研究幼兒在其母親住院生產時，被看顧的生理、心理反應發現，此期對幼兒的活動、心跳、夜間睡眠及啼哭次數都有不良影響（Field & Reite, 1984）。可見新情境對幼兒之影響是很大的。

　　情緒的整理：當幼兒接受情緒方面的指導後，成人應給予整理情緒的時間，亦即留給幼兒考慮「反應方式」的時間。

　　耐心的瞭解幼兒的需欲：幼兒有生理上的需欲，也有社會心理的需欲。為謀求幼兒良好的情緒發展，父母及保育員對於幼兒的言行，有仔細觀察、耐心分析的必要，以能滿足他的需求，避免情緒困擾產生。

第四節　遊戲發展與保育

　　遊戲是幼兒的第二生命，也就是說，幼兒生活即是遊戲，舉凡幼兒的身體發育、動作發展及人格心理的塑造，都在遊戲中進行，幼兒的生活可說是「飢則食，飽則嬉，倦則眠」，吾人常看幼兒即使在吃飯時，也是邊吃邊玩，如此說明遊戲在他們生活中所占的分量了，這是將遊戲以廣義視之。邱志鵬、林嘉芬（民73）則稍將遊戲之範圍縮小，他們認為工作（work）、競賽（game）和探索（exploration）都不是遊戲，真正的遊戲是依據能力所及，理想所至，環境所許；兒童本能的、自願的、自立的去表現他的慾求與需要，並從中獲得快樂。

遊戲的功能

　　遊戲對於幼兒的影響是很大的，它不但是一種休閒遣興的活動，而且被認為是一種良好的教育方式，更具體的說，幼兒可以從遊戲中學會做人處事的道理，同時也學會了生活的藝術，足以輔助家庭教育的不足，凡是幼年時代能有充分的遊戲機會，而且和許多良伴一齊遊玩的幼兒，對將來長大以後，身體和心理發展都可能較健全。一般而言，幼兒遊戲的功能可以歸納為下列幾點（黃志成、邱碧如，民67）：

　　增進身體發育：幼兒遊戲中，無論爬、跑、跳，都是一種運動，他可以從各種運動中，活動筋骨，促進血液循環，增進

身體的發育。

　　學習生活技能：幼兒在遊戲中，可以學習到許多生活上的技能。例如幼兒扮家家酒，可以從吃飯的項目裏，練習拿碗筷，再大一點可以學習餐桌上的禮節。

　　培養創造力：幼兒可以利用玩具，憑自己的想像力，創造出各種圖形、建築以及各種屬於自己的遊戲，發揮了想像、創造的能力。

　　促進心理健康：幼兒遊戲時，一定很快樂，天天生活在快樂的氣氛裏，有助心理的健康，人格也得以正常的發展。

　　加速社會化：幼兒發展至某一階段以後，就喜歡和同伴一起玩耍，有了玩伴以後，就開始學習與人相處，逐漸和團體中的每一份子發生交往，幼兒也就從這個階段開始社會化了。

　　培養守法精神：不同的團體遊戲，訂有許多不同的規則，當幼兒玩各種團體遊戲時，必須遵守遊戲規則，將來長大也能具有守法的精神。

　　增加教育機會：幼兒在遊戲中，可以得到許多受教育的機會。例如數數遊戲，可以使幼兒認識數字或培養一些數的概念；猜謎遊戲，可以增進幼兒的知識以及聯想力等作用。另有學者也提及：對嬰兒而言，遊戲和學習是一體的，在遊戲活動中，可促進他的求知慾，也在學習中得到樂趣（Sparling & Lewis, 1979）。

　　訓練感官：幼兒遊戲可以訓練幼兒感官，如圖片、顏色球可以訓練視覺；音樂、歌唱可以訓練聽覺；用手觸摸各種玩具物件可以訓練觸覺；在遊戲中，聞到各種味道，可以訓練嗅覺。

　　建立道德觀念：幼兒在遊戲時可以學得團體對善惡、是非

之評價以及標準，進而建立良好的人格特質，諸如公平、誠實、眞誠、自制，以及優秀運動員的氣質——勝不驕，敗不餒的精神。

影響幼兒遊戲的因素

遊戲的種類很多，包羅萬象，但是並非每一種遊戲所有的幼兒都喜歡，而且每一個幼兒喜歡遊戲的程度也不相同。幼兒遊戲常受各種因素的影響，茲分述如下：

性別的影響：有些遊戲會受到性別因素的影響，大致來說：男童所喜歡的遊戲，多是些較活潑、劇烈、消耗體力多、含競爭性，以及有組織的遊戲，例如槍戰、電動玩具、官兵捉強盜等；而女童所喜歡的遊戲，則是比較文靜、柔和、不耗體力、細巧而富於模仿性的，如碰猜、彈珠子、丟手帕、拍皮球、唱歌、洋娃娃等。

年齡的影響：從嬰兒期到幼兒期，其心理、人格、認知、身體動作的發展都很快，由此其遊戲的內容也隨之不同，遊戲的品質也不同，例如以捉迷藏而言，對一個七、八個月的嬰兒，只要將手蒙住臉部，身體不需移動，就可以和其玩得很開心；隨著年齡的增長，在遊戲時，必須跑去躲起來或把眼睛蒙起來才能滿足其需要，這都是與年齡有關。

智力的影響：聰明的幼兒比一般的幼兒喜歡玩耍，也能在遊戲中表現他的機智、應變、領導及活動性，此外，所從事的活動也比較複雜，對新的活動較容易接受，且富創意及想像力。相反的，對於智力較差的幼兒，則表現出呆板、缺乏創

意、缺乏適應群體的能力等等。

　　健康的影響：健康關係著幼兒的活力，愈是健康的幼兒，活力愈大，喜歡從事比較耗費體力的遊戲；而身體健康較差的幼兒，則比較喜歡從事耗費體力較少的遊戲，例如搭積木、玩玩具、玩沙等。

　　家庭社經地位的影響：家庭社經地位高的幼兒，其遊戲的內容多、品質高，例如家中有各式各樣的玩具，父母亦能教導其玩各種遊戲；至於家庭社經地位低的幼兒，只能撿些不用的木塊、碎布、空瓶、石頭來玩玩，而父母亦較少有時間和他們一起玩。

　　文化背景的影響：幼兒遊戲與文化背景有關係，《禮記·學記》一文中論及：「良冶之子，必學為裘；良弓之子，必學為箕。」孟母三遷，傳為美談，在台灣幼兒遊戲內容中，也常出現拜拜、迎神等宗教活動，這都與文化風俗有關係。

　　自然地理環境的影響：幼兒遊戲也受自然環境（如山地、濱海、城市、鄉村）的影響。寒帶的幼兒玩堆雪人，熱帶的幼兒可能可以經常泡在水裏玩；城市的幼兒居住公寓者多，活動範圍多所限制，鄉村的幼兒則田野樹林，處處可玩。

遊戲的種類

　　依場所來分，幼兒遊戲可分為室內及室外遊戲；依參加的人數來分，幼兒遊戲可分為單獨及群體遊戲；依使用的工具來分，幼兒遊戲可分為器械、球類、跳繩、樂器等遊戲；內政部在民國六十二年頒行的《托兒所設施標準》中，將遊戲按內容分成以下八種：

· 計時遊戲（如：搬運豆囊、拋擲皮球等，可兼習計數）。
· 表演遊戲（如：故事表演、歌唱表演等）。
· 律動遊戲（如：音樂發表之各種動作，如：鳥飛、馬跑、蛙跳等）。
· 感覺遊戲（如：閉目摸索、聽音找人等遊戲，練習觸覺、視覺及其他感覺器官）。
· 模仿遊戲（如：兵操、貓捉老鼠等模仿動作）。
· 猜測遊戲（如：尋物、聽琴等）。
· 競爭遊戲（如：爭座、燕子搶窩等）。
· 我國各地方固有之各種良好遊戲。

遊戲的發展分期

儘管幼兒期在整個人生的歷程中，算是一個短暫的時期，然而此期在身體動作、心理上發展都極為迅速，由此也因身心之不同，而有差異，綜合多位學者論點，幼兒遊戲發展的分期說明如下：

單獨遊戲（solitary play）：二歲以前的幼兒在發展上自我中心很強，所以在遊戲活動時，均以自我為基礎，既無意與其他幼兒共同玩耍，也不想接納其他友伴，此期幼兒往往一面遊戲，一面自言自語，自得其樂的活動著。

平行遊戲（parallel play）：從二歲到三歲的幼兒，遊戲活動已突破個人單獨的行為，進入群體，但這並不意味著群體活動的開始，因為此期幼兒雖在群體中玩耍，然而大都各玩各的，彼此間少有溝通。

連合遊戲（associated play）：自三歲開始，幼兒漸漸社會化，開始與周圍的玩伴談話，共同遊戲，人數以二人或少數人為主，他們並無特殊組織，只是做相同或類似的活動而已。

團體遊戲（group play）：約從六歲開始，幼兒的遊戲開始變得複雜，由無組織變為有組織，例如騎馬打仗，已能分成兩組展開活動，遊戲的結構，亦隨年齡的增加，漸漸分化。

以上的分法，僅是籠統的區別，事實上年齡的描述亦僅能供參考，因為幼兒發展有個別差異，但依發展的模式而言，這些遊戲的發展順序，是無須置疑的。

玩具

談到幼兒遊戲，如果不對玩具有所描述，似乎有所欠缺，因為幼兒拿什麼，玩什麼；對他們而言，可謂無所不拿，而無所不玩。因此在此所稱之玩具，僅能廣義定之：凡是被利用為遊戲對象的物體，皆可稱為玩具。因此，舉凡運動器械、樂器、空罐、洋娃娃、木塊等等，都可算是玩具。由於玩具美觀、好玩、新奇、種類多，故一直為幼兒所深愛，而且百玩不厭，幼兒在入學以前，不論在托兒所或家庭裏，均應提供足夠的玩具讓幼兒操弄、學習、探索。泰勒（Taylor, 1973）曾列舉十二種玩具、教具以及教材，說明其對幼兒的價值，特列舉如**表4-4**。

幼兒玩具既然對幼兒有如此大之貢獻，故吾人必須注意給幼兒選擇玩具。選擇玩具除了應考慮不同階段之需要外，尚須注意以下幾點一般性原則（俞筱鈞，民70）：

表4-4　幼兒玩具的價值

	感官訓練	探險性	滿足感及快感	自我表現	操作	情緒鬆弛	想像力及創造力	良好習慣	學習經驗	技巧及注意力	手眼聯絡	協調、韻律、平衡	自我感受	大肌肉發育	小肌肉發育
積　木		·	·	●	·	·	●	·	·	●	·	●	·	·	●
粉　筆	·	·	·	·	·	·	·	·	·	·	·	·	·	·	·
黏　土	●	·	·	●	·	●	·	·	·	·	·	·	●	·	·
拼　貼	●	●	·	·	·	·	●	·	·	·	·	·	·	·	·
蠟　筆	·	·	·	·	·	·	·	·	·	·	·	·	·	·	·
剪　貼	·	·	·	·	·	●	·	·	·	·	·	·	·	·	·
娃娃角	·	●	·	·	·	·	●	·	·	·	·	·	●	·	·
繪　畫	·	·	●	·	·	·	·	·	·	·	·	·	·	·	·
手指畫	·	·	●	●	·	·	·	·	·	·	·	·	●	·	·
沙	·	·	·	·	●	·	·	·	·	·	·	·	·	·	·
樂　器	·	·	·	·	·	·	·	·	·	●	·	·	·	·	·
水	·	·	·	·	·	●	·	●	·	·	·	·	·	·	·
木　工	●	·	·	●	·	·	●	·	●	●	·	·	·	●	·

資料來源：Taylor, 1973.

‧新奇，足以吸引幼兒的注意力。

‧使幼兒能操作或專注。

‧具有多方面的刺激。

‧提供多種的活動。

‧經久耐用。

‧設計良好及顏色鮮艷。

‧安全：不要細小的可以吞下去；不可有銳邊或尖角；不可有彈簧；不可有外層易脫落的漆。

‧結構堅牢，不易破碎。

‧可洗。

‧不會使父母覺得聲音太響或不易收拾。

遊戲之輔導與保育

幼兒對各種活動的參與是盲目的，只要他認爲有趣的、奇異的，都會想去試一試。他們不但沒有正確的方法，甚至有些不適合自己玩的，或是具有危險性的，都無法知曉，因此，幼兒遊戲之輔導與保育就愈顯得重要了。

一、遊戲的指導原則

大致而言，指導幼兒遊戲必須根據以下幾個原則：

· 注意幼兒心理，瞭解其個性、志趣之所在，因勢利導，並引導其具有奮發向上的精神。
· 藉著遊戲，來培養正確的生活習慣，和與人和諧相處的美德。
· 不要一味的教導，使幼兒處處模仿大人，應重視幼兒的創造力，給予創造的機會，並獎勵他的創造結果。
· 注意遊戲環境的布置，安排適當活動時間和機會。
· 講述良好、正確的方法，以及著重滿足幼兒需要，和富教育價值的內容。
· 遊戲之前要使幼兒瞭解遊戲的內容、規則和應注意的事項。
· 提供幼兒許多新奇有趣的遊戲，使幼兒遊戲的內容不流於枯燥。
· 態度必須和藹親切，爲幼兒樂於接受。
· 不要以大人的眼光來看幼兒的遊戲行爲，應以幼兒的心理來瞭解幼兒遊戲，並加以指導。

・對幼兒遊戲的全部經過，包括事前準備、活動的進行、玩具道具的使用，以及事後的影響，都應做全盤檢討，以為下次指導之依據。

・幼兒遊戲後，應給予休息、吃點心的機會，以免過度消耗體力。

・注意遊戲中的安全措施，以免發生意外事件。

・玩具、器械使用完畢後，應讓幼兒歸回原位，妥善管理，並定期保養，一方面可使幼兒養成清潔的習慣，二方面可使幼兒養成守秩序的習慣。此外，並可延長玩具、器械的壽命。

・父母或教師指導活動時，應儘量參與遊戲，除了可以實際體驗外，也可使幼兒產生認同感。

・應使幼兒徹底遵守遊戲規則，並防止幼兒在遊戲中投機取巧或舞弊，使幼兒養成守法的精神。

・對於幼兒的表現應多給讚美，對於犯過的幼兒以勸導代替責罰。

・要尊重幼兒的意見，大人只能從旁協助以利進展。

・在競爭性的遊戲中，避免太過讚揚勝利者，對於失敗者應給予撫慰。

以上為指導幼兒遊戲的基本原則，雖詳細條例，亦恐有疏漏之處，但是綜合言之，指導幼兒遊戲的原則應該根據教育學、兒童心理學、生理學及社會學的知識行之，則幼兒才能在遊戲中，得到最大的好處。

二、遊戲的指導方法

任何工作，都有其工作方法，讀書有讀書的方法，彈琴有

彈琴的方法，至於指導幼兒遊戲，當然也必須要有方法。如果指導幼兒遊戲的方法正確，幼兒不但易懂，玩起來也快樂，所收到的效果當然就大；反之，方法不對，幼兒不但無法接受，還會收到反效果。所以對於幼兒遊戲的指導，我們不得不加以注意，而且必須更進一步地研究遊戲的方法，大致來說，幼兒遊戲的指導方法可分以下幾個步驟：

決定遊戲的項目：幼兒遊戲的種類很多，項目較難決定，但是只要合於某種目的，以及符合幼兒身心發展即可。例如：身體衰弱的幼兒，就應該選擇比較能鍛鍊身體的遊戲；不合群、適應力差的幼兒，就應該選擇團體遊戲，讓他從中學習；如果要教導餐桌禮節，就來個進餐遊戲；要幼兒瞭解交通問題，就可以把玩具汽車、火車都搬出來，並指導交通安全問題。

遊戲前的準備：遊戲前的準備足以決定遊戲的成敗。準備充足，則進行順利，準備不足，則進行中會有障礙。所以事前的準備很重要。事前準備必須注意以下幾點：

- 確定時間：有些遊戲在某些特定時間進行會比較適合，如季節性、白天或晚上，甚至在白天的某一時段裏就要有所區別；例如早晨宜做須動腦筋的遊戲，飯前飯後不宜做激烈遊戲等等。
- 確定場地：遊戲之前要先確定場地，是室內？還是戶外？假如是室內，那是在客廳？還是臥室？遊戲的場地假如能預先布置，效果會更好。
- 確定玩具：遊戲中需要用到那些玩具，事先都要有所準備。例如剪紙遊戲需要紙張、剪刀等，假如事先沒準備

好，臨時找不到剪刀，找不到紙，那是多麼的掃興。

細心觀察：大人對於遊戲的進行，應該細心觀察，以為指導的根據。例如：幼兒進行團體遊戲時，就要觀察他的行為類型，對同伴有無興趣？如何與同伴接觸？與同伴在一起時，行為如何？對其他的玩伴，他的感覺如何？他和整個團體的關係如何？擔任什麼角色？地位如何？有無特殊問題或傾向？遊戲前後有無成長。如此對幼兒的整個遊戲行為觀察後，再予以研判，將有利於指導。

檢討：從決定遊戲項目到遊戲結束，整個過程中，必須詳細加以檢討，有無得失，做為下次指導的參考，這是一項非常重要的過程。較小的幼兒不會檢討，只好由大人行之，四、五歲的幼兒已稍可理解，可參與檢討，一方面可培養他對遊戲的興趣與認識，另一方面更可培養他的處事能力。

除了以上說明的方法之外，指導幼兒遊戲要多示範，要經常變換遊戲的種類和方式，以符合幼兒的心理需要，因為他們好模仿，他們喜歡變化之故，如此才更能提高他們的興趣。

第五節　社會行為發展與保育

社會行為的意義

一個人與外界的社會環境接觸時，一方面影響別人，一方面也受別人影響，所產生的人與人之間在生理上或心理上的交

互作用（interaction），就是「社會行為」（social behavior）（陳青青，民73）。人是社會的動物，自幼即應培養社會行為發展，以便日後獨立於此一社會，是故幼兒的社會行為發展是不容忽視的。朱敬先（民81）在論及幼兒成熟的社會行為（social maturity）時曾舉出三項條件：

- ·幼兒與他人共同生活、工作與遊戲的能力，並從這些活動中得到快樂。
- ·有效的、創造的生活，給予愛的能力，以自尊、努力、成功為樂。
- ·與人為善的社會行為，如：友善、合作、助人、容忍、服從團體及熱心公益。

基於上述三點，吾人不難知道幼兒期之社會行為訓練目標，這是值得父母及保育員參考的。

社會行為的發展

初生的嬰兒，完全處於「自然人」的階段，隨著成人不斷的給予擁抱、撫摸、對他說話、餵他食乳，以及替他處理身體的不適（如換尿布、清除糞便），如此漸漸地得到回饋——嬰兒漸漸有反應於成人了，此後漸由單向的溝通而成雙向溝通，亦即社會行為逐漸萌芽。而此社會行為也因為身心的成熟及學習的作用，表現在日常生活中的發音、動作、情緒及其他可能表現的外顯行為。

一歲以後的幼兒幾乎是社會行為發展的關鍵期，因為此期身心發展都有顯著的進展，例如此期幼兒已逐漸掙脫母親的懷

抱，而漸漸自己學走路，他已開始跨出人生的第一步了，他開始探索新奇的世界，再加以語言的學習已開始（進入單字句期），如此更具體的表現他的社會行為，周遭的人也喜於見到此一小生命擴展他的生活環境，而基於欣賞、保護，更樂於處處與他為友。

二歲以後的幼兒在社會行為發展方面將有突破性的進展，主要是語言方面的表現有十足的進步，雖然表達上無法達到理想，但語言的應用較能隨心所欲，大人也能完全領悟，不必再像過去一樣去「猜測」了。而此期幼兒跑跳自如，只要有正常的身心發展，在社會行為方面大致可採取主動，發展社會行為的對象除了父母親之外，如有兄姊將是一個很好的機會，因為兄姊將會表現出他對弟妹的社會化行為，而弟妹也無形中增加一個認同（identification）的角色。

三歲以後幼兒的社會行為發展有了新的變化，因為此時期幼兒大都已上托兒所或幼稚園，無形中，他們的玩伴增加了不少，而且又都是年齡相仿的。因此，他社會化的對象已不再僅限於家庭成員了，老師和同儕團體都可能給他正向及負向的刺激，他漸漸的要學習什麼是受歡迎的特質，以及什麼是不受歡迎的特質了，而學習的場合，應以遊戲活動中最好，根據前節所述，此期幼兒遊戲已進入連合遊戲期，因此，在遊戲活動中，可以完全獲得學習的機會。

四歲以後的幼兒開始發展自我意識（self-consciousness），因為此期正值幼兒個性的發展期，成人應讓其有表現自我的機會，以免將來沒有自己獨特的個性。有了自我意識，幼兒才能設身處地站在別人的立場上看自己，考慮到有關社會團體對自己作為的態度，這些都是發展社會行為所必須具備的。

五歲以後的幼兒是一個小大人，此時能說能行而且也很聽話，對於成人的教導與訓示，他完全能接受，這是一個相當需要「社會讚許」（social approval）的時候，成人和他講道理將有助於他的學習，幼兒期行將結束，正常的社會行為發展，將有助於他去迎接另一個時代——兒童期，入了小學，進入幫團年齡（gang age）的階段，又將是人生一大挑戰。

影響社會行為發展的因素

　　影響幼兒社會行為發展的因素頗多，本節將歸納整理分下列幾項來說明：

一、個體因素

　　智力：智力高者，社會適應力強（Barbe, 1967），反之則否。

　　健康：健康的幼兒，富於活力，樂於參加各種活動，喜與幼兒相處，表現積極的社會行為。而發育不良或生理有缺陷的幼兒，則在行為表現上有畏縮遲鈍的現象，往往因此影響社會行為發展。

　　社會技巧：邱志鵬（民74）認為社會技巧亦是影響社會行為重要的因素。缺乏社會技巧，會交不到朋友，被孤離、被拒絕。至於影響社會技巧的因素可包括語言及非語言的項目，如人格、情緒等。

二、家庭因素

　　父母的感情：父母感情融洽，家庭氣氛必定和諧，幼兒在此有利的環境下學習社會行為，必有所獲；若家庭氣氛不好，

幼兒易養成退縮、粗暴等個性，將不利於社會行為發展。

親子手足間的關係：在「兄友弟恭」的和睦感情中，有益於社會行為的進展；相反的，若在家庭中，兄弟姊妹間充滿了競爭、猜忌、攻訐，將會影響社會行為的發展。

三、學校因素

保育員對幼兒的態度：在托兒所或幼稚園裏，若保育員和老師採民主式的教育方式，幼兒較易建立安全感及自信心，同時也富於合作性，有助於培養良好的社會關係。

同伴間的友愛：同一學前教育機構的同儕團體，如果大家都互助、友愛，則有利於社會性的發展。

機構的設備：教育機構裏如有充裕的遊戲設備，無形中使幼兒接觸的機會增加，大家玩成一片，而增進彼此互助的機會，將可促進幼兒社會行為正常的發展。

社會行為的輔導與保育

幼兒社會行為的輔導，將有助於日後發展良好的人際關係；適切的保育工作之進行，亦可避免產生一些非社會行為或反社會行為，因此有效的輔導及保育工作是幼兒期的重要課題之一，吾人可從下列幾方面著手：

一、在幼兒本身方面

提供幼兒良好的遊戲場所及玩具，從小培養其合群的觀念，讓其在與友伴的相處中，習得符合社會規範的社會行為以及判斷是非善惡的概念。如偶遇幼兒出現不良的社會行為，一定要瞭解原因，進而選擇最有效、最適合他的方式加以治療，

千萬不能施予打罵等不當的懲罰行爲。

二、在家庭方面

要提供美滿的家庭環境及家庭氣氛，讓幼兒從小在父母兄姊的愛護中長大，如此幼兒必能愛護周遭的人；讓幼兒體會家庭生活中祥和、溫暖、合作、互助的一面，必有利於將來社會行爲的發展。

三、在學前教育機構方面

托兒所或幼稚園要實施愛的教育，不要在學前教育中做過多的競爭活動，或給幼兒太多的壓力，讓幼兒愉快、活潑的生活在園所中，教師以及保育員的態度要和藹、慈祥，並鼓勵幼兒間互助合作的行爲，平日之單元教學中，亦注重於社會化活動的教學目標。

四、在社區方面

「里仁爲美」，要選擇良好的社區環境；「守望相助」，讓幼兒感染到成人間合作的精神，如此耳濡目染，幼兒從小生活在這種環境，對日後社會行爲發展當有助益。此外，在生活閒談中，在講故事中，多告訴幼兒社會的光明面，讓幼兒體認人群關係的可貴，進而發展社會行爲。

第六節 人格發展與保育

人格的意義

　　人格（personality）乃是個人在對人、對己、對事物等各方面適應時，於其行為上所顯示的獨特個性；此種獨特個性，係由個人在其遺傳、環境、成熟、學習等因素交互作用下，表現於身心各方面的特質所組成，而該等特質又具有相當的統整性與持久性（張春興、楊國樞，民73）。由此可知，幼兒期的人格特質，除受先天的遺傳因素所影響外，主要是後天環境的影響，大致而言，年齡愈小的嬰幼兒，其可塑性愈大，是故如何掌握嬰幼兒期之可塑性，去塑造幼兒良好的人格特質，實是重要的課題。

　　嬰兒剛誕生，在自己個性的表露、對他人的態度，或是對各種事物的適應，幾乎是一片空白，即使有所反應，也僅偏向一些「生物性」，或是所謂的「自然人」，如此而已，隨後由於身心的逐漸成熟，在生長環境中不斷的學習，自我概念（self-concept）逐漸形成，而漸漸有自我（ego）的存在，往後的幼兒，無論在對人、對己，都逐漸出現自己獨特的一面，而這種獨特的人格特質，也往往代表他個人，絕對沒有第二個人與他有完全一樣的人格特質。

人格的發展

幼兒的人格發展理論一直爲心理學家所興趣研究者，本節將以新舊二學說來說明：

一、佛洛依德（Freud）的人格發展論

佛洛依德根據獲得愉快之身體器官而將發展分成四個時期，即口腔、肛門、性器官及生殖器官（genital）（Hall & Lindzey, 1957）。按照佛氏的看法，個人人格的基本結構大致在六歲以前即已形成，而其發展亦以上述之器官所獲得的滿足爲主，茲分述如下：

口腔期（oral stage）：按照佛氏的理論，初生到週歲的一段時間爲口腔期。因爲在這一段期間內，嬰兒的活動，大部分以口腔一帶爲主，嬰兒從吸吮、吞嚥、咀嚼等口腔活動，獲得快感。若嬰兒的口腔活動受到限制而得不到滿足，將來性格的發展，可能偏向悲觀、依賴、被動、退縮，甚至對人仇視等。唇顎裂嬰兒若給予鼻餵法長期餵食，會影響口慾的滿足。

肛門期（anal stage）：從一歲到三歲左右，幼兒的人格發展由口腔期轉入肛門期。其愉快得自父母在爲其大小便訓練後能自行控制排泄行爲，很多幼兒以此贏取母親之歡心。若在此期訓練不當（如過於嚴格），將來在人格發展上，可能導致其性格冷酷、無情、頑固、暴躁，甚至於破壞等人格特質。

性器期（phallic stage）：三歲至六歲的幼兒，常從性器官獲得快感，因而常有自慰行爲。此期在行爲上最顯著的現象，是一方面開始模擬父母中之同性別者，另方面以父母中之異性

者爲愛的對象。換言之，男童在行爲上模仿父親，但卻以其母親爲愛戀的對象，是爲戀母情結（Oedipus Complex）；女童在行爲上模仿母親，但卻以其父親爲愛戀對象，是爲戀父情結（Electra Complex）。

緊接性器期之後是一個性潛伏期（latency stage），此期約有五至六年之長。青春期是生殖器官期（genital stage）之開始，佛洛依德認爲一般青少年能學習控制其性衝動，如何建立愛情關係，並爲將來之職業及家庭做準備工作（Powell, 1983）。

佛氏之學說由於缺乏研究上之印證，曾受多方面之批評。但奇怪的是，佛洛依德從未直接觀察幼兒，其學說乃仰賴成人病患回憶兒時經驗，但他所創立之多項基本概念卻仍爲今日心理學者所用（俞筱鈞，民73）。

二、艾力克遜（Erikson）的心理社會學說

在二十世紀末期的名心理學家中，艾力克遜之人生周期學說影響力至鉅，其基本概念爲每人從嬰兒期至老年期必經過八大時期（如**表4-5**），在每個時期中須解決其重要之衝突及完成其應有之成長任務，如果成功的度過每個時期，特殊之適應力必定加強。本書討論之範圍僅限於幼兒期部分，而艾氏學說之前三期爲本書所要探討的，以下就分別說明之：

嬰兒期：相當於出生後的第一年，又稱信任對不信任期（trust vs. mistrust）。嬰兒如能獲得各種需要的滿足，能持續受到成人的關愛，必然會覺得這個世界安全可靠，則會發展信任感。若成人的照料不持續、不適當，或缺少時，則會向另一極端發展爲不信任感。因此，在本期之發展任務就是要發展信任

表4-5　艾力克遜學說之人類八大發展周期

發 展 期	發展上的衝突	完成之主要任務	導致之適應力
嬰 兒 期	信任與不信任	信任性格	有希望
幼 兒 期	自主與羞恥、懷疑	自主能力	意志
遊 戲 期	自動與內疚	自動性格	有目標
學 齡 期	勤奮與自卑	勤奮性格	勝任能幹
青少年期	自我認同與認同混淆	自我認同	忠誠
成年初期	親密關係與孤立	能與人建立親密關係	愛與被愛
成 年 期	生產建設與自我中心	生產、建設性工作	關懷
老 年 期	身心統整與失望	身心統整	智慧

資料來源：Erikson, 1976.

的性格，可導致富於希望的人生觀。

　　幼兒期：相當於生命中的第二與第三年，又稱自主對羞愧、疑惑期（autonomy vs. shame, doubt）。幼兒在此時期中已具有行走、攀爬、推拉等動作能力，這些動作有助於幼兒建立自信，使其願意自己來從事每一件事情。若在此期成人缺少耐心，常幫幼兒做每一件事，他無意中就會發展懷疑自己能力與羞愧無能的感覺。因此，在本期之發展任務就是要建立自主的能力，此種能力可導致個體堅強的意志。

　　遊戲期（play age）：相當於幼兒四歲到五歲，又稱為自動對內疚期（initiative vs. guilt）。此時幼兒自己會主動發動各種活動，而不是對其他幼兒的動作反應或模仿。如果幼兒能有充分的機會自動的活動，他就會養成自動自發的特質。反之，若幼兒缺少此種機會，或有此機會但常遭遇挫折，則可能向相反的另一極端發展，而構成內疚感。因此，在本期的主要發展任務就是要建立自動的性格，如此必定有工作目標，且願為此目標全力以赴。

影響人格發展的因素

根據多數心理學家研究的結果，認為個人的人格，有些是受先天遺傳的影響，有些則受後天環境的影響，今分為兩大類加以說明：

一、遺傳與生理的影響

遺傳因素的影響：到底遺傳因素對人格做何種程度的影響，至今仍無法確定，但由學者的研究，吾人確可得到證明：

- 智力：推孟（Terman, 1925）曾比較智商一百三十以上的兒童與普通兒童的人格特質，發現智力高者均得到較高的人格分數。克拉克（Clark, 1992）綜合各家研究，提出資優者的人格特質為：多樣興趣、好奇心、敏感性、幽默感、具領導能力。蔡阿鶴（民70）則分析智能不足兒童的人格特質為：惟我中心、缺乏機變、情緒不穩、失敗心理、仰求外助。

- 體型：奎池邁（Kretchmer, 1925）認為體型會影響人格，肥胖型（phknic type）者性格外向，善與人相處；瘦長型（asthenic type）者性格內向，喜批評，多愁善感；健壯型（athletic type）者性格較外向，活力充沛。

- 精神疾病：考爾曼（Kallmann, 1958）氏研究，精神分裂症（schizophrenia）之病發率與血統間有密切的關係，據他研究，父母均患精神分裂症者，其子女之平均病發率為68.1％；父或母一人患精神分裂症者，其子女之平均病發率為16.4％；而家族中無精神分裂症者，平均病發

率為0.85％。

生理因素的影響：生理因素的影響，係指個體生理功能對其人格發展的影響。在生理功能方面，以內分泌腺的功能對人格的影響最為顯著，當內分泌失常時，個體的外貌、體格、性情，甚至於智力都會發生影響。例如在嬰幼兒期中甲狀腺分泌不均時，身體和智力的發展都會受到阻礙，嚴重時會成為智能不足（盧素碧，民82）。

二、環境與社會的影響

家庭的影響：家庭因素對幼兒人格的影響很大，舉凡幼兒生理與心理需要的滿足、家庭中的地位、父母的管教態度、家庭氣氛、父母的職業、教育程度、社會地位等，無一不影響幼兒的人格發展。茲舉要者說明如下：

· 早期經驗：在嬰兒時期所得到情緒上的傷害，比以後任何時期所獲得的類似傷害，對未來人格發展有著更不良的影響。若嬰兒期缺乏母親持續的照料，或缺乏被關愛的感受，都會促使在未來人格發展上構成缺陷。不過，若此種缺乏照料或關愛時間較短，則所發生的影響較少，且亦較不持久。

· 家庭氣氛：若家庭氣氛不和諧，父母之間缺乏愛，父母對子女有拒絕感等，都會導致幼兒情緒的不穩定，使幼兒缺乏對社會良好的適應能力。

· 父母對子女的管教態度：父母對子女有良好的管教態度，則有利於子女的人格發展，如誠實、合作、開朗、樂觀。若父母對子女管教態度不當時，易使子女形成不良的人格特質，如對人敵視、依賴、缺乏自信、悲觀

等。

- 出生序：老大的人格特質比較傾向於獨立、支配、自我滿足、高成就和領導性；家中排行較小的幼兒則較為同儕團體接受，但缺乏順從性（Baskett, 1984）。

學前教育機構的影響：

- 教保人員的人格特質：教保人員的個性如熱情、溫暖，則幼兒在和諧的環境中學習，不僅心情愉快、學習情緒高，而能充分發揮潛能。反之，有神經質或不健全人格的教保人員，則幼兒的人格難免也受到干擾。
- 教保人員的管教態度：通常可分為民主型、專制型與放任型三種。民主型的教學方式，是師生共同參與，對幼兒不嚴加管制，可培養幼兒自動自發自治的人格特質；專制型的教學方式使幼兒在行為上顯示情緒緊張，不是表情冷淡，就是懷有攻擊性，缺乏自治能力，做事被動，較缺乏進取；放任型的態度，使幼兒易於形成無目標、無組織、無紀律的狀態。

社會文化的影響：社會文化對幼兒人格的影響是多方面的，舉凡各種社會習俗、規範、價值觀念與道德標準等均將成為個人的行為準則，而直接影響及人格發展。

人格發展的輔導與保育

對幼兒人格發展的輔導與保育之首要目的乃在促使其人格的和諧與協調，其次在能適應所處的環境，並能依自己之人格特質，在所處的環境發展自我。為此，對幼兒期人格輔導與保育之原則說明如下：

一、提供良好的胎內環境

維護孕婦之身心健康，使胎兒有舒適之子宮內生活環境，如此胎兒在母體內可得到良好的刺激，將有助於日後人格之健全發展。

二、適當的管教方式

從出生後的餵哺方式、嬰兒的護理、大小便訓練，以及日後對幼兒的教保問題，都應保持適當、合理的態度，如：親情的施與、對幼兒的接納、細心及耐心的照護等。

三、提供幼兒良好的示範

父母及保育員對幼兒的人格發展具有直接的影響力，因為他們是幼兒言行模仿的對象，因此成人如期望幼兒能發展良好的人格特質，則必須以身作則，發揮示範作用。

四、培養優美的情操

平日居家生活，多讓幼兒接觸音樂美勞、健身活動、積木造型、遊戲玩具等育樂活動；假日多帶幼兒參觀、郊遊及旅行，讓幼兒多接觸大自然，期使胸襟開朗，有助於優美情操的培養。

五、培養獨特的人格特質

依幼兒的人格發展，消極的消除以及矯治一些不良的特質，如殘忍、攻擊、自私、孤僻等；並積極的鼓勵及培養一些良好的人格特質，如仁慈、同情、友愛、合作、善良等。如此除可導正幼兒人格發展外，並可發揮幼兒本身獨特的人格特質。

參考書目

· 王靜珠。《兒童發展與輔導》（第五章）。正中書局，第220
　　　頁，（民73）。

· 王靜珠。《幼稚教育》。自印，第96～101頁，（民81）。

· 朱敬先。《幼兒教育》。五南圖書公司印行，第196頁，（民
　　　81）。

· 吳靜吉。〈了解幼兒的創造力〉，《學前教育月刊》第1卷第
　　　10期。信誼基金會出版，第4頁，（民68）。

· 邱志鵬。〈了解與問答：學齡前兒童的疑問〉，《青少年兒童
　　　福利學刊》第六期。台北市青少年兒童福利學會印行，
　　　第19頁，（民72）。

· 邱志鵬、林嘉芬。〈遊戲是什麼〉，《心炬》第10期。文化
　　　大學青少年兒童福利系出版，第35頁，（民73）。

· 邱志鵬。〈兒童的社會技巧訓練〉，《大家健康季刊》創刊
　　　號。董氏基金會發行，第19頁，（民74）。

· 林寶貴。〈我國四歲至十五歲兒童語言障礙出現率調查研
　　　究〉，《國立台灣教育學院學報》第九期，第132頁，
　　　（民73）。

· 俞筱鈞。〈皮亞傑認知發展學說之過去、現在與未來〉，《心
　　　炬》第三期。文化大學青少年兒童福利系出版，第1
　　　頁，（民66）。

· 俞筱鈞。《發展性的嬰幼兒玩具》。自印，第1～2頁，（民
　　　70）。

· 俞筱鈞。《皮亞傑》。允晨文化公司，第26頁，（民71）。

· 俞筱鈞。《適應心理學》。中國文化大學出版部印行,第120
　　　頁,(民73)。

· 郭爲藩。《特殊教育名詞彙編》。心理出版社,第153頁,
　　　(民72)。

· 郭爲藩。《特殊兒童心理與教育》。文景書局,第186頁,
　　　(民73)。

· 陳青青。《兒童發展與輔導》(第七章)。正中書局,第259
　　　～260頁,(民73)。

· 張春興、楊國樞。《心理學》(第六版)。三民書局,第
　　　106、401頁,(民73)。

· 張春興。《現代心理學》。東華書局,第437頁,(民84)。

· 教育部。《比奈西蒙量表第四次修定本指導手冊》。中國行爲
　　　科學社,第31～45頁,(民66)。

· 黃志成、邱碧如。《幼兒遊戲》。東府出版社,第23、24
　　　頁,(民67)。

· 劉可屏。〈由職業婦女幼齡子女的托育談家庭心理衛生〉,
　　　《青年問題與心理衛生學術研討會會議手冊》。中國心理
　　　衛生協會出版,第37頁,(民74)。

· 蔡阿鶴。《特殊兒童教育》(第五章)。正中書局印行,第
　　　158、159頁,(民70)。

· 蔡春美。《兒童發展與輔導》(第四章)。正中書局出版,第
　　　143、144頁,(民73)。

· 盧素碧。《幼兒的發展與輔導》。文景書局,第94～97、
　　　318頁,(民82)。

· 顏慶儀。〈誘導語言發展的五種技巧〉,《嬰兒與母親月刊》
　　　第222期,民國84年4月號,第198頁,(民84)。

· 蘇建文、陳淑美。〈出生至一歲嬰兒動作能力發展之研究〉，摘自《行政院國科會71學年度研究獎助費研究論文摘要》。國科會科學技術資料中心編印，第640頁，（民73）。

· Barbe, W. B.（1967）. Identification of Gifted Children. *Education*, 88, 11-14.

· Barron, F.（1976）. The Psychology of Creativity. in A. Rothenberg and C. R. Hausman（eds.）, *The Creativity Question*, Durham, N.C.: Duke University Press.

· Baskett, L. M.（1984）. Ordinal Position Differences in Children's Family Interactions. *Developmental Psychology*. Vol. 20, No.6, 1026.

· Bradley, R. & B. Caldwell.（1981）. The Home Inventory: A Validation of the Preschool Scale for Black Children. *Child Development*, 52, 7.

· Bridges, K. M. B.（1932）. Emotional Development in Early Infancy. *Child Development*, 3, 324-341.

· Bruner, J. S. et al.（1966）. *Studies in Cognitive Growth*. N.Y.: Wiley.

· Bruner, J. S.（1973）. *Beyond the Information Given*. N,Y.: Norton.

· Cazden, C. B.（1968）. Three Sociolinguistic Views of the Language and Speech of Lower-class Children with Special Attention to the Work of Basil Bernstein Develop. Med. *Child Neurol*. 10, 600-612.

· Clark, B.（1992）. *Growing up gitted: Developing the potential of children at home and at school*（4th ed.）. N.Y.: Macmillian Publishing Co.

· Cromer, R. F.（1974）. Receptive Language in Mentally Retarded: Processesand Diagnostic Distinctions. In R.L. Schiefelbusch & L. L. Lloyd（ Eds. ）, *Language Perspectives-retardation, Acquistition, andIntervertion.* Baltimore: University Park Press.

· Erikson, E.（1976）. Reflections on Dr, Borg's Life Cycle. *Journal of the American Academy of Arts and Sciences.* Vol. 105, No.2, Spring, Boston,22.

· Fallen N. H. & J. E. McGovern.（1978）. *Young Children with Special Needs.* Ohio: Bell & Howell Company, 7.

· Field, T., & M. Reite.（1984）. Children's Responses to Separation from Mother During the Birth of Another Child. *Child Development*, 55,1308-1316.

· Flavell, J. H.（1977）. *Cognitive Development.* N.J.: Prentice Hall, Inc., 3.

· Freeman, F. S.（1962）. *Theory and Practice of Psychological Testing*（3rd ed.）. Holt, Rinehart and Winston.

· Gesell, A.（1929）. Maturation and Infant Behavior Pattern. *Psychol. Rev.*, 36, 307-319.

· Hagman, S. R.（1932）. A Study of Fears of Children of Preschool Ages. *J. Exp. Psychol.*, 1. 110-130.

· Hall, G. A., & G. Lindzey.（1957）. *Theories of Personality.* N.Y.: Wiley.

· Hull, F. et al.（1976）. *National Speech and Hearing Survey.*

Project No. 50978, Bureau of Education for the Handicapped, U.S. Office of Education. Washington, D.C.: Department of Health, Education, and Welfare.

· Hurlock, E. B.（1978）. *Child Development（6th ed.）*. N.Y.: McGraw-Hill Inc., 162.

· Jensen, A.（1969）. How Much Can We Boost IQ and Scholastic Achievement? *Harvard Educational Review*, 39, 49.

· Kallmann, F. J.（1958）. The Use of Genetic in Psychiatry. *J. Ment. Sci.*, 104, 542-549.

· Kinard, E. M.（1980）. Emotional Development in Physically Abused Children. *American Journal of Orthopsychiatry*, 50, 686-695.

· Kirk, S. A. & J. J. Gallagher.（1983）. *Educating Exceptional Children（4th ed.）*. Boston: Houghton Mifflin Co.

· Kretchmer, E.（1925）. *Physique and Character*. N.Y.: Harcourt, Braceand World.

· McCall, R. B.（1984）. Developmental Changes in Mental Performance: The Effect of the Birth of a Sibling. *Child Development*, 55, 1317-1321.

· McCarthy, D. A.（1954）. Language Development in Children. in L.Carmichael: *Manual of Child Psychology（2nd ed.）*, N.Y.: John Wiley & Sons, 162.

· Merrill, M. A.（1938）. The Significance of IQ'S on the Revised Stanford-Bined. *J. Educ. Psychol.*, 26, 641-651.

· Naremore, R. & R. Dever.（1975）. Language Performance of Educable Mentally Retarded and Normal Children at Five

Age Levels. *Journal of Speech and Hearing Research*, 18, 82-95.

· Perkings, W.（1980）. Disorders of Speech Flow. In T. Hixon, L. Shriberg & J. Saxon（Eds.）. *Introduction to Communication Disorders*. N.J.:Prentice-Hall.

· Piaget, J.（1952）. *The Child's Conception of Number*. London: Routledge & kegan Paul.

· Powell, D. H.（1983）. *Understanding Human Adjustment: Normal Adaptationin the Life Cycles*. Boston: Little, Brown and Company, 126.

· Roderick, J. A.（1979）. Cross Cultural Conversations about Reading and Young Children. *Childhood Education*, Vol. 55, No.5, April／May.

· Ruch, F. L.（1968）. *Psychology and Life（7th ed.）*. Glenview. Illinois: Scott, Foresman.

· Schell, R. E. et al.（1975）. *Developmental Psychology Today（2nd ed.）*.N.Y.: Random House, Inc., 282.

· Sherman, M.（1928）. A Proposed Theory of Development of Emotional Responses in Infants. *Journal of Comparative Psychology*, 385-388.

· Sparling, J. & I. Lewis.（1979）. *Learning Games for First Three Years*. N.Y.: Walker and Company, xi.

· Taylor, B. J.（1973）. *A Child Goes Forth*. Brigham Young University Press, 24.

· Terman, L. M.（1925）. *Genetic Studies of Genius*. Vol. 1. Standford University Press.

· Terman, L. M. & M. A. Merril.（1937）. *Measurement of Intelligence*. Boston:Houghton Mifflin.

· Terman, L. & M. Oden.（1947）. Genetic Studies of Genius. Vol.4, *The Gifted Child Grows Up*. Stanford, Calif.: Standford University Press.

· Thompson, G. G.（1962）. *Child Psychology, rev.ed.* Houghton Mifflin.

· Torrance, E. P.（1979）. *The Search for Satori and Creativity*. Buffalo, N. Y. Creative Education Foundation, Inc.

· Van Riper, C.（1978）. *Speech Correction: Principles and Methods（6th ed.）*. N.J.: Prentice-Hall, 43.

· Wechsler, D.（1944）. *The Measurement of Adult Intelligence Scale*. Baltimore: Williams & Wilkins, 3.

第 5 章
幼兒保育

嬰兒既不能說話，也不能走路；既不能自己吃飯，也不能自己穿衣，是一個依賴性很大的個體；隨著身體的發育和不斷的學習，這種情形在幼兒期已漸漸改觀了，他們牙牙學語，步履蹣跚的向這個世界跨出第一步，而由於他們的行動已不像嬰兒期一樣，完全在成人的掌握當中，再加以他們缺乏對環境認識及對自己行動的判斷力，在此期的保育工作就更形艱巨了。

第一節　幼兒的飲食

　　在幼兒保育的範圍裏，最重要的莫過於飲食，飲食對幼兒有三種功能：一是提供肌肉活動的燃料，二是提供化學元素（elements）和複合物（compounds）給幼兒建造和修補組織（tissues），三是滿足幼兒的快感（Krause & Mahan, 1981）。由此可知，飲食對幼兒生理及心理都有幫助，是培育幼兒身心健康的必要條件，以下就與幼兒飲食有關的事項，逐一討論。

幼兒需要的營養素

　　營養是一種或多種化合物的混合物，存在食物內，具有供給熱能、建造與修補體內組織以及調節生理機能的功用。傑克遜（Jackson, 1965）曾將阿拉伯、泰國、墨西哥及中國等兒童研究其生長情形，結果發現都比美國兒童遲緩，主要原因都是營養不良之故。此外，朱敬先（民81）認為幼兒營養不良時，對身體的生長以及牙齒均有不良影響，且易得傳染病，同時也會引起情緒以及行為的不良適應。可見營養與幼兒發展有密切之

關係。

　　幼兒所需的營養素包括蛋白質、脂肪、醣類、礦物質、維生素與水，茲分述如下：

一、蛋白質（protein）

　　蛋白質的營養功能為：

　　建造及修補組織，促進生長：新生的細胞都要靠蛋白質做為構成的材料，它是一切生命的基礎。

　　調節生理機能，維護健康：人體中最主要的兩種防禦病菌侵襲的系統是白血球和抗體，它們的作用完全依賴蛋白質供應的充足與否，欲使幼兒健康，發育良好，必須攝取充分的蛋白質。

　　要幼兒攝取足夠的蛋白質，可從奶類、肉類、魚類、蛋類、豆類及穀類獲得，其中動物性蛋白質比植物性蛋白質好，除了營養成分高外，幼兒對動物性蛋白質的吸收率也較高。在美國幼兒缺少蛋白質的情況，只有 $1 \sim 2$％（Eichorn,1979），將影響幼兒整個身體發育，台灣則較少做這方面的研究。

二、醣類（carbohydrates）

　　醣類又稱碳水化合物，其營養功能如下：

· 供給熱能，維持體力。
· 促進人體的發育，葡萄糖、果糖等單醣類，均為發育所必須。
· 幫助脂肪酸在體內的氧化利用。
· 刺激腸部蠕動，纖維素對人體雖無直接的營養價值，但

人體卻須攝取適當的纖維素，來促進胃、腸的蠕動，增加大便的量，以利排便，維護消化道功能的正常。

醣類主要的來源又可分三種：

單醣：蔬菜、水果、蜂蜜、葡萄糖等，它不須消化作用即可直接被身體所吸收。

雙醣：蔗糖、乳糖、麥芽糖等。

多醣：五穀、雜糧。

三、脂肪（fat）

脂肪的營養功能為：

· 供給熱能，調節體溫。

· 幫助油溶性維生素（如維生素A、D等）的吸收。

· 保護體內各器官，及潤澤皮膚。

脂肪主要的來源可分二種：

動物性脂肪：豬油、牛油、乳類等。
植物性脂肪：花生油、豆油等，植物油比動物油更富營養價值。

四、礦物質

礦物質又稱無機鹽類，人體中有七種主要的礦物質：鈣、磷、鉀、鈉、硫、鎂和氯，身體中所有無機物質的60％至80％，係由這些元素所組成；另有鐵、碘、銅、錳、鈷、鋅等微量礦物質，亦為身體所不可缺乏的，各種礦物質間，必須保持平衡，才能維持身體的正常功能。茲舉其要者分述如下：

鈣（calcium）：鈣是人體中礦物質最多的一種，約占體重的1.5％，而其中的95％為構成骨骼和牙齒的主要成分，幼兒若缺乏鈣質，將導致軟骨症。對幼兒而言，牛奶是最佳的鈣質來源，其他如蛋類、穀類、豆類、蘿蔔、花菜、蘆筍等均含有之，動物性鈣質易於被人體吸收、利用，故較植物性鈣質為佳。

磷（phosphorus）：磷和鈣一樣，同為構成骨骼和牙齒的主要成分，體內的磷質有80％在骨骼內，磷和鈣的比例，對骨骼的鈣化作用關係密切，兩者的比例若適當，則骨骼的發育迅速又健全。比例不調合時，象牙質、琺瑯質及顎骨的鈣化不全，會引起形成的障礙，呈現佝僂病性變化及骨萎縮的現象。通常嬰兒時期鈣、磷的比例以2：1為宜，幼兒為2：1.6。磷在各種食物中的分布與鈣相似，鈣的攝取量足夠時，磷亦不會缺乏，例如乳類、肉類、魚類、蔬菜等均含有之。

鐵（iron）：鐵質是造成血紅素的主要成分，幼兒若攝取不足，或腸胃有問題造成吸收不良，則將導致鐵質的缺乏，造成貧血症狀。鐵質主要的食物來源如動物的內臟（肝、腎、心臟等）含量最豐，其他尚有蛋黃、瘦肉、牛奶、魚、燕麥片、碗豆、菠菜均含有之。根據調查，在美國就有三分之一的幼兒鐵質攝取不足（Owen et al. 1974），因缺乏鐵質，患有貧血症的幼兒約有四分之一（Eichorn, 1974）。

碘（iodine）：碘是甲狀腺素的主要成分，嬰幼兒嚴重的缺乏碘質，會導致智力功能發展的遲滯，稱之為克汀症（Cretinism）（Fallen & McGovern, 1978），在食物來源方面以海產食品，如海帶、紫菜、海鹽等為主。

鉀、鈉、氯（potassium、sodium、chlorine）：鉀、鈉、

氯這三種元素，共同維持體內酸鹼的平衡，與正常肌肉的活動性，及體液、細胞的滲透性等。鉀是細胞內主要的陽離子，也是血液中重要的成分，血液中鉀的不正常，會影響心臟，嚴重時將導致死亡。在酷熱的炎夏，因大量流汗，體內鹽分（氯和鈉）流失過多時，常有中暑現象的發生。氯亦是造成胃酸的主要原料，胃酸的分泌多寡關係胃部消化功能的正常與否。在食物中，肉類、香蕉、橘子、鳳梨、馬鈴薯含有鉀；食鹽是氯和鈉的主要來源。此外，穀類、麵包、牡蠣、胡蘿蔔、蛋、菠菜等亦含有鈉。

　　氟（fluorine）：氟存在於身體的一些器官中，如硬骨或牙齒，在幼兒牙齒發育期間，適量的氟可以增進牙齒的發育，避免發生蛀牙。在飲水加百萬分之一（1ppm）的氟，或用氟來局部塗抹牙齒，都有助於防止齲齒。

五、維生素（vitamin）

　　維生素可分為脂溶性的，如維生素A、D、E、K，以及水溶性的，如維生素B_1、B_2、B_6、B_{12}、菸鹼酸、葉酸、維生素C等兩大類，這些物質關係著生理作用的調節，影響健康至鉅，茲分述如下：

❖ 脂溶性維生素

　　維生素A（vitaminA）：維生素A可幫助幼兒正常生長和發育，缺乏則體重減輕，肌肉及內臟萎縮。促進並保護表皮細胞之正常生長，增進呼吸器官之抵抗力，使不易為細菌侵害。讓眼睛之視網膜能適應光線變化，並保持牙齒、骨骼及泌尿系統之健康。

　　維生素A的主要來源，在動物性食物中以魚肝油、奶油、

肝、腎、蛋黃等含量最多；植物性食物中以胡蘿蔔、番茄、木瓜、芒果以及各種綠葉蔬菜如芥菜、菠菜、油菜等均含有之。

維生素D（vitamin D）：維生素D可協助體內鈣和磷的代謝，加強骨骼及牙齒的正常發育，幼兒缺乏時易患軟骨症。

在食物來源中，以魚肝油含量最豐富，蛋類、動物內臟、魚類、奶油、花生油等均含有之，而適度的日光浴是最經濟的維生素D來源。

維生素E（vitamin E）：維生素E的主要功能為正常的生殖機能所必須，控制細胞的氧化，維持肌肉之正常代謝。

在食物來源中，以麥胚芽含量最豐富，其次是五穀的芽、牛奶、蛋、肉、魚、多葉蔬菜均含有之。

維生素K（vitamin K）：維生素K在肝臟中能夠催化凝血酶元的合成，促進血液之凝固。它雖是一種催化劑，但缺乏時，會使傷口流血不止。

主要食物來源為綠葉蔬菜、蛋黃、肝臟，普通飲食似已可供給足量的維生素K，除非小腸吸收有障礙、腹瀉或服用過多的抗生素，使腸內細菌無法製造所需的量。

❖ 水溶性維生素

維生素B_1（vitamin B_1）：維生素B_1可促進胃腸蠕動及消化液之分泌，增進食慾；能預防治療多發性神經炎或腳氣病；並可促進醣類之氧化作用。

主要食物來源為以米、麥的胚芽含量最豐富，肉類、內臟、蛋黃、酵母、蔬菜乾果等亦含有之，唯含量不高。

維生素B_2（vitamin B_2）：維生素B_2又稱核黃素（riboflavin）蛋白，其功能在輔助細胞的氧化還原作用，對眼睛視力、皮

膚、神經有保護作用，若缺乏時，易患角膜炎（眼睛微血管充血、流淚水、怕光）、舌尖炎、口角炎、消化作用失常等。

在食物中，以肝臟為最佳來源，酵母次之，其次如乳類、蛋類、豆類、番茄、菠菜等含量亦不少。

菸鹼酸（hicotinic acid）：菸鹼酸是部分酵素的成分，可協助醣類在體內的代謝，促進幼兒正常生長。它有保健皮膚和安定神經的功能，能治療癩皮病、風濕病與消化不良，對神經患者也有很大的幫助。

主要食物來源為肝、酵母、糙米、瘦肉、蛋、花生、豆類、綠葉蔬菜、奶類等。

維生素B_6（vitamin B_6）：維生素B_6可促進胺基酸和不飽和脂肪酸的新陳代謝，維持人類皮膚健康，肌肉神經系統之正常作用。缺乏時會患皮膚發疹、皮膚炎等。在食物來源當中，它存在於酵母、麥芽、肝、腎、糙米、肉、魚、蛋、乳類、豆類等，腸內細菌亦可合成。

維生素B_{12}（vitamin B_{12}）：維生素B_{12}可治惡性貧血及惡性貧血神經系統之病症，並能促進代謝作用。

在食物來源方面，以動物內臟為最多，其次是牛奶、蛋、肉等亦含有之；腸內細菌亦能合成這種維生素。

葉酸（folic acid）：葉酸有助血液之形成，故可防治初紅血球貧血及惡性貧血症。

在食物來源中含於動物性的肝臟及酵母、豆類、綠葉蔬菜中。

維生素C（vitamin C）：維生素C之功能在於構成軟骨、結締組織，可加速幼兒傷口的癒合及骨折的復原；預防感冒，防止過敏與解毒；並可預防及治療壞血病，缺乏維生素C時，

皮下或牙齦易出血，嚴重時則患壞血病。

　　主要食物來源含於新鮮之蔬菜水果中，以柑橘類含量最豐，蕃石榴、鳳梨、青椒、包心菜、香瓜、柚子等含量亦多，但煮過即被破壞。

六、水（water）

　　水的主要營養功能為：

· 調節生理機能，溶解食物，輸送養分及廢物。

· 構成體素，身體各部細胞的三分之二是水。

· 調節體溫：水之比熱大，汽化熱也大，人體藉著皮膚出汗，排泄大小便，呼出水蒸氣等方法來適應氣候變化，維持正常的體溫。

　　水的主要來源是喝開水、飲料、果汁、菜湯等，其他食物中也含有或多或少的水分，幼兒每天約需 1.5 公升的水分，才夠維持一日的消耗量。**表 5-1** 顯示各年齡嬰幼兒每天所需的水分。

表 5-1　嬰幼兒流質的需要量

年　齡	水　分　總　量 c.c.／公斤／天
一星期	80 — 100
二星期	125 — 150
三個月	140 — 160
六個月	130 — 155
九個月	125 — 145
一　歲	120 — 135
二　歲	115 — 125

資料來源：Vaughan & Mckay, 1975.

食物供應的原則

為顧及幼兒的身心發展狀況，能得到充分且均衡的營養素，替幼兒選擇食物應注意下列幾個原則：

一、顧及充足及均衡的營養

食物的種類繁多，其營養功能也互異，或供給熱能，或建造、修補體內組織，或供調節生理機能。而營養素分遍於各類食物中，所以幼兒必須每天從各類食物中獲取所需的營養素，如此才能顧及足夠及均衡的營養。根據行政院衛生署（民75）建議國人給一至三歲的幼兒，每天所需的熱量為一千三百卡，四歲以後的幼兒，男孩約需一千七百卡，女孩約需一千五百五十卡，其他各類營養素，如脂肪、蛋白質、礦物質等，也有一定的量（見**表 3-5**）。

二、適合年齡需要

幼兒的消化及吸收功能，由於發育尚未達完全成熟，故其食物的選擇有別於成人。尤其是更小的幼兒如一、二歲的，應以流質或半固體食物為主，油膩的或太硬的食物都不適合他們，除了不容易消化外，也常不會慢慢細嚼就往肚子吞。太熱太冷的食物也不適合幼兒，他們可能吃得太快而燙傷嘴唇、舌頭或食道，也可能吃下過冷的食物而促使胃壁緊急收縮，學者認為幼兒喜歡吃微溫的食物（Breckenridge & Murphy, 1969）。此外，點心對幼兒也是不可缺少的，一個對中班幼兒所做的研究顯示，幼兒每天的熱量有22％來自點心（Bryer & Morris, 1974）。可見點心供給的重要性。

三、合乎經濟效益

　　昂貴的食物並不見得就是營養價值高的，食物之所以昂貴可能由於此時此地不產、製造過程繁複所致，前者須經長期的保存及運送，營養成分或多或少會有損失；後者加工製造，可能使營養遭到破壞，或添加化學物污染食品，對幼兒並沒有好處。因此，為幼兒選擇食物，最好就地取材，不但新鮮、應時、價格便宜且營養豐富，符合經濟效益。

四、注意食物的變化

　　一個人如常吃一種食物，會有吃膩的感覺，幼兒亦不例外，因此為幼兒選用食物，應該在同一類營養素的食物中加以變換，如此幼兒不但感到新奇，也能顧及各類營養素。

食物烹調的原則

　　為了讓幼兒喜歡營養的食物，並顧及其消化系統，幼兒食物的烹調必須注意下列幾個原則：

一、清潔衛生

　　「病從口入，禍從口出」這句話說明了不潔的食物，往往是致病的原因，尤其幼兒身體抵抗力弱，且身體正值積極發育的時候，更不應該讓病菌侵害，所以菜餚、餐具都要保持清潔衛生。

二、養分的保持

　　因維生素和礦物質均為水溶性物質，若洗滌太久會使營養素流失；維生素C在高溫下易被破壞，維生素B則易被鹼破

壞，所以為保持食物之營養成分，必須注意快洗、快煮，煮好以後趁熱吃。此外，切好的食物要趕快處理（吃或煮），否則在空氣中易與氧發生作用，營養素消失。爛燉久燜的烹調法，會損耗食物中的營養素，生炒快煮可保食物的鮮嫩，但應注意食物內部是否煮熟，以防食物中病菌的感染。

三、容易消化

給幼兒的食物，烹調必須細軟易於消化，以蒸、煮的食物較合適，炸的食物較油膩而不易消化，為顧及幼兒的胃腸，不宜多吃，以免食而不化，有礙健康。此外，為使幼兒腸部蠕動正常，達到幫助排便的功效，應攝取纖維素食物，如菜葉、嫩莖等，常有助於消化。

四、美味可口

幼兒喜歡富色彩及清淡的食物，如此可以提高幼兒進食的興趣，增進食慾。進食時津津有味，心情自然愉快，可以幫助食物的消化與吸收。

幼兒的食物內容

基於上述為幼兒選擇及烹調食物的原則，吾人在為幼兒提供充分及均衡的食物時，就必須注意每天攝取下列五大類食物：

五穀類：以米飯及麵食為主，為熱能之主要來源。

油脂類：以動物及植物油為主，亦為熱能之主要來源。

魚、肉、豆、蛋、奶類：可以供應細胞成長。

蔬菜類：以深綠、淺綠色菜及其他非綠色菜如胡蘿蔔、白蘿蔔等爲主，主要供應維他命 C，調節生理機能。

　　水果類：以日常應時水果爲主，主要供應維他命 C，調節生理機能。

　　幼兒的食物內容，經營養專家設計如**圖5-1**。

幼兒食品污染

　　民國六十八年台灣中部發生一千八百餘人食用米糠油，引起多氯聯苯（polychlorinated biphenyls）中毒，患者的症狀是黑色素沈澱、感冒、膿皮、汗斑等，許多幼兒也深受其害。民國七十三年又發生了震驚全台灣的不法商人爲圖利，而把國外工業酪素引進台灣再包裝，成爲嬰兒奶粉及其他高蛋白營養食品，提供給我們民族幼苗食用，造成危害事件。此外，在工商業社會裏，人們爲了將食品加工、保存更久、促銷、美觀等不同的目的，或因空氣、水質的污染，已嚴重的污染到各種食品了，而對抵抗力較弱的幼兒，更是首當其衝，所以不可不加注意。以下將分二大類來討論：

一、食品添加物

　　在食品加工中，常爲了某種目的而加入一些化學藥劑，例如：防腐劑（延長保存期限）、殺菌劑（殺菌用）、漂白劑（漂白用）、營養添加劑（補充某一食品之營養成分），以及著色劑（美觀、保色、識別食品）等。行政院衛生署（民65）頒訂有「食品添加物使用範圍及用量標準」，供給食品加工業參考，如果在加工過程中，因添加了不合法的添加物，如食用紅色二號

肉、魚、豆、蛋、奶類

水果類　　　　　　　　　　　　　　　　五穀類

蔬菜類　　　　　　　　　　　　油脂類

每天從五大類基本食物中，每類選吃一兩樣

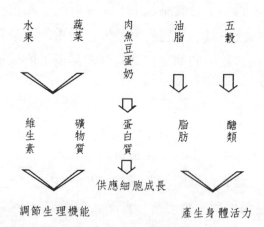

圖5-1　均衡的營養

資料來源：行政院衛生署，民72。

（amaranth）；使用的食品範圍不對，如在罐頭內加入防腐劑；或使用量超過安全標準，如在嬰兒食品中，加入總量超過二萬IU/kg 的維生素 A 粉末時，對人體的健康即構成威脅，尤其對嬰幼兒而言，常會產生兔唇、眼傷及其他問題（張欣戊，民84）。

事實上，除非經醫生指示，幼兒應少吃有添加物的食品，在市面上的嬰幼兒食品中，含有添加物的食品有奶粉、調味乳、糖果、冷飲、果凍、速食麵、乳酪、果汁、蜜餞、麵粉等。

二、食品原存毒素

食品原存毒素有越來越嚴重的趨勢，例如大多數的屠體（豬肉、雞肉等）含有或多或少之抗生素，這與肉用動物食用抗生素有關。此外，我們將討論更嚴重的重金屬污染問題。

重金屬留存於食物，與下列四者有關：

· 由農業耕種技術而來：由農藥、肥料累積於作物。
· 因地理位置含有高濃度重金屬，如台灣烏腳病區的地下水，含多量的砷（arsenic）。
· 由工業、礦業及車輛等廢棄物對環境的污染而來（如水域污染過後的魚、蝦、貝類）。
· 食品加工過程中，有意或不可避免的污染：如在加工過程中，用水、加工機械、添加物、用於盛裝食品的容器等，都可能使重金屬進入食物。又貯存過程中，包裝材料中之重金屬亦可能因貯儲條件的影響而滲入食品中，如罐頭貯藏中的脫錫、空氣鋅邊料污染，而使罐頭內含鉛量升高等均是。

經重金屬污染過的食品進入人體消化道而至體內後，大致因不易排泄而儲存在體內引起中毒。重金屬中毒的症狀，因重金屬之種類而有所不同，例如長期攝取鎘（cadmium）會引起骨痛及假性骨折，又尿與組織中之鎘量增加時，會使生殖器萎縮，鉛中毒則會引起貧血、疲勞、頭痛、體重減輕及長期腎病等現象。

由以上所述之食品添加物以及食品原存毒素，吾人在為幼兒選擇食物時，就不得不稍加注意，原則上以新鮮、清潔，極少受污染過的食物為主。

幼兒偏食之原因及矯治

有些幼兒單單喜歡吃某些食物，而不喜歡吃另一些食物，這叫做偏食。根據台北市衛生局（民73）對全市一千六百零五名一至五歲的幼兒所做的調查指出，幼兒偏食的情形，隨年齡增加而增加，一歲的幼兒為16.2％，至五歲幼兒則增加至37.6％。偏食的結果，可能導致營養不均衡，因為幼兒所需的營養素遍布在各種食品中，如果不喜歡吃某一類食物，如肉類、蔬菜類，就會有營養不良的現象，而影響到整個身體的發育，因此吾人不能不加以探究原因並予矯治。

一、幼兒偏食的原因

不當的暗示：成人可能有意無意的批評某些食物，致使幼兒加以模仿而對此食物排斥，造成偏食。

失敗的學習經驗：幼兒在學吃某一種食物時，由於食物做法不適，或無食慾，成人強迫進食，造成不愉快的學習經驗，

而導致以後不喜歡吃某類食物。

　　父母的偏食：由於父母對某類食品的偏食，不喜歡買或做此類食物，致使幼兒亦仿效之。

　　幼兒可能對某種食品的偏好：吃得太多而生膩。

　　幼兒不正確觀念的聯想：自以為某種食物有問題而不肯進食。

二、幼兒拒食的原因

　　烹調方法不當：食品烹調方式應常變化，如果常吃同一種食物或同一種烹調方式，會使幼兒因吃膩而拒食。

　　身體欠適：幼兒發育不良或身體不舒服、食慾不振等原因，會對正餐飲食缺乏興趣。

　　吃過多零食：在正餐與正餐中間，若吃過多的零食，會缺乏食慾，如成人勉強他吃，更會引起拒食的現象。

　　精神興奮過度而不想吃：例如家裏有訪客，玩玩具玩得太高興，和同伴玩得很開心，都會不想吃飯。

　　心理上的障礙：幼兒心理上受到刺激，而引起緊張、恐懼、不安全感、焦慮等，會缺乏食慾。

　　引人注意：幼兒為了引起大人之關懷，會以拒食來做手段，讓大人哄他吃飯。

三、幼兒偏食、拒食的輔導

　　任何一種偏差行為均有其原因，吾人輔導幼兒偏食、拒食的習慣時，當然亦要先探究原因，可尋觀察、詢問、比較等方法，了解真正原因後，才能對症下藥，就上述所提之原因，輔導方法說明如下：

- 父母對幼兒的教養態度要正確合理，給幼兒良好的示範，以爲幼兒模仿的好對象。
- 幼兒偶而有拒食表現時，父母要處之泰然，勿強迫進食，以免導致反效果。
- 對幼兒的不良飲食習慣，宜適時予以糾正，但態度要溫和而有耐心。
- 食物要多變化，對於第一次吃的食物宜少量，以後再酌量加多。
- 食物的烹調要有變化，以引發幼兒的食慾。可酌情更換餐具，藉以誘發進食的興趣。
- 隨時注意幼兒的牙齒生長情形，若有齲齒應請牙醫師診治，以免影響食慾。
- 依據社會學習論，讓有偏食的幼兒和無偏食習慣的幼兒共同進餐，以模仿其他幼兒吃各種食物。
- 利用制約反應原理，把幼兒喜歡吃的食物和不喜歡吃的食物混合出現，唯後者在烹調的色澤和香味方面盡可能迎合幼兒的嗜好，且量要少，以後再酌情增多，在幼兒進食時，勿強調該種食物多有營養，要吃多少等，以免引起反效果。
- 不可答應幼兒無理由的要求，若以拒食爲要挾父母的手段時，最好置之不理，且不給他零食點心，若不細心處理，引起惡性循環，則後果將使問題更趨複雜，更難處理。
- 注意幼兒情緒：情緒的好壞可以左右幼兒的食慾，飢餓促使幼兒情緒暴躁，激動引起胃部停止活動，應培養幼兒在安靜、愉快的氣氛進食（Smart & Smart, 1977）。

幼兒良好飲食習慣的輔導

幼兒不管在家裏或在托兒所、幼稚園，都要注意培養良好的飲食習慣，良好的飲食習慣不但可以增進營養、衛生，且爲一個人基本上必須具備的禮儀，在可塑性很大的幼兒期，就應好好輔導，方法如下：

定時定量：幼兒期的吃飯要定時，如此可以讓胃腸有固定的「工作」和「休息」時間，促進消化機能健全。定量也是必要的，尤其不可吃得太飽，不可因食物的喜惡，而做吃得多少的決定因素。

喜歡各式食物：自幼兒期就要培養幼兒喜歡吃各種食物，並防偏食，如此較能攝取到各類營養素，因此只要父母或機構所爲幼兒準備的食物，幼兒應該全部吃下，養成愛惜食物的習慣。

飲食環境：飲食環境要安靜，但放點輕音樂是可被鼓勵的。成人要以身作則，不高聲暢談、批評食物，最好不要與成人同桌吃飯，應有其固定的位置，以免不良習慣讓幼兒有模仿的機會。

清潔衛生：養成飯前飯後洗手的習慣，飯後要漱口或刷牙，在家中的飲食，應採用「公筷母匙」避免疾病的傳染，同時進食前、進食中要保持愉快的情緒。

糾正壞習慣：幼兒進食時，如故意吐出、鬧脾氣、挑食、食物不吃完整，應設法糾正，但應避免在進食時責罰幼兒，使其啼哭下嚥，因責罰使其不安，將影響消化，如幼兒在進食時

哭鬧，則待其安靜後再予進食。

飲食禮儀：進食時要先坐端正，餐具自己取用放好或輪流分發擺放，不可爭先恐後。慣用禮貌話語，如大家請用、謝謝，吃飯時不可發出聲音來。吃完後，掉在餐桌的飯粒、菜餚、魚骨要收入盤中或倒入指定地方，再把餐具放於桌上或指定地方，離開餐桌要把椅子靠攏。

飲食態度：細嚼緩嚥，自己進食，自己的份自己吃，吃餐點要專心，才能品嚐出食物的美味，不可邊吃邊看電視，且不亂吃零食，以免影響正餐之食慾。

培養嗜吃健康食物的習慣：工業化的結果，造成許多食物從生產到製備成美食的過程中，經過許多污染以及在製造過程中養分被破壞，因此，從幼兒期應培養其嗜吃健康食物，亦即較少受污染的天然食物，如有機米、有機蔬菜，較不會對人體有傷害。

第二節　幼兒的牙齒保健

前已述及，幼兒大約在二歲半以前可以長完二十顆乳齒，為了幼兒的健康，在乳齒長出的過程就要注意保健，有了健康漂亮的牙齒，幼兒在咀嚼食物時，才能發揮牙齒的功能，而且從外觀看來，整齊潔白，將給幼兒帶來莫大的自信，若滿嘴黃牙齲齒，不但有礙觀瞻，甚且給幼兒帶來莫大的自卑感或挫折感。根據台北市衛生局（民73）調查幼兒蛀牙、牙痛和就醫的情形顯示：在被調查的幼兒中，有37.1％有蛀牙或牙痛的情形，而且隨年齡遞增，一歲為0.3％，二歲為20.5％，三歲為

45.7％，四歲爲52.6％，五歲爲67.6％，以二至三歲增加最多，而就醫的情形僅占蛀牙或牙痛者的56％，可見幼兒的牙齒保健有待加強，而罹病後應早期治療，不要認爲乳齒遲早要脫落就不治療了。

幼兒牙齒保健的注意事項說明如下：

口腔及牙齒的清潔

父母及保育員應隨時注意督促幼兒口腔及牙齒衛生，養成起床後、餐後、睡前刷牙的習慣。

牙齒保健教育

父母及保育員應隨時給予幼兒牙齒保健教育，並以身作則，給幼兒一個好榜樣。

少吃零食

乳牙的結構成分由於鈣化較低，較容易受到侵蝕，且速度快，加上幼兒喜吃零食、甜食，又不懂得清潔保養，所以蛀牙的機率較高（陳裕民，民81）。因此，應避免幼兒吃零食的習慣。

飲食與營養

注意均衡的飲食，尤其鈣質、磷質、維生素A、維生素D

的攝取。多吃粗糧、蔬菜梗莖纖維，使牙齒有適當咀嚼運動機會，刺激牙齦，助長生牙。勿吃太堅硬的食物，免傷牙齒。

氟素

各地自來水中氟素不一，所以在水中含氟量較少的地方應設法加入適當的氟素，或定期帶幼兒到牙科醫生那兒去將氟素溶液（氟化氫）塗在牙齒上便可防止蛀牙。若水中之氟素含量過多，雖對健康無礙，但會使牙齒之釉質呈石灰現象，所以要設法調節其含量。但使用氟溶液緩慢、麻煩，且效果不佳，可以含氟牙膏代替。

定期檢查

不管有無牙病，自二歲以後，至少每半年要給牙醫檢查一次，一方面觀察牙齒生長發育情形，二方面及早檢查是否有蛀牙，當發現有琺瑯質脫落而有小洞時，便應立即修補。

在幼兒期的末期，乳齒將脫落，代之以恒齒，一般而言，女童的乳齒比男童的乳齒脫落得早，智商高的幼兒其乳齒也會脫落得較早，身體健康及營養好的幼兒不但較少牙病，而且恒齒也發育得早（Hurlock, 1968），面對這一個牙齒的新陳代謝，更要隨時注意牙齒的保健，尤其乳齒尚未脫落而恒齒已長出時，為了將來恒齒齒列的整齊，應趕快把乳齒拔去。此外，恒齒的長出，對幼兒的心理意義很大，這意味著他們即將告別幼兒期進入學齡期——他們自覺又長大了，此時的心理與教育輔導，又進入另一個階段了。

第三節　幼兒的排泄習慣教育

排泄習慣教育在幼兒期是個相當具有挑戰性的工作，運用得法，父母與子女雙方都覺愉快；運用不得法，對雙方而言，都是一個頭痛的事，尤其對幼兒而言，更可影響到未來的人格。大小便訓練的目的是要幫助幼兒去控制身體的某些功能，使其在學好能夠處理自己的大小便後，生活得更舒適，不會因為尿濕了，或把大便排在褲子裏而感到不舒服，同時更重要的是讓他向「獨立」邁向一大步。由於個別差異的關係，沒有人能明確的說出那一個幼兒何時應該接受大小便訓練，而必須具備某些條件才可實施。

大小便訓練的先決條件（Granger, 1980）

肌肉控制（muscle control）：幼兒要能夠控制腸道及膀胱的擴約肌，而且能同時擠壓（squeeze）腹部的大肌肉。

溝通（communication）：嬰幼兒無法自己脫褲子或直接從床上到廁所，因此，嬰幼兒要能與父母或保育員溝通，說出他們的需要，至少也能以手勢或動作告知成人要去廁所。

意欲（desire）：一個幼兒要能夠接受大小便訓練，必須要他有此需求，訓練時，可藉助大人的指導，亦可模仿比他大一點且已會自己大小便的幼兒。

根據以上三個條件，通常幼兒要到一歲半以後才逐漸完全

適合做大小便訓練，太早訓練會徒勞無功，然在此之前，一些準備動作也需要教他們，大小便訓練本來就是一種學習過程，而不是三兩個月的短期訓練可做好的。

大小便訓練方法

一、大便的訓練

大腸的控制，平均在嬰兒六個月以後（Hurlock, 1978），故嬰兒在八、九個月學會坐時，就可以讓他坐在便椅上解便，由於嬰兒解便是不自主的行為，所以剛開始時，並不需要要求他解便，只要他願意坐就可以了；其次父母親或保育員可觀察嬰兒通常在何時排便，隨時記上，一般而言，部分嬰兒每天第一次大便都在早餐後的五到十分鐘內，這是因為屯積一夜的糞便，經吃東西後的刺激，增加了腸的蠕動而有便意，這是訓練的最好時機，在便椅上，固定大便時間，幾星期後，嬰兒神經系統逐漸習慣，再加上制約學習，只要坐上便椅，就會自動解便。當嬰兒週歲後，就可進一步有意的訓練，訓練之初幼兒若發生困擾，宜暫停，過一段時間再開始。若在訓練時，幼兒能合作，應給予鼓勵，使他有愉快的經驗，而增強其行為，約經半年，當他一歲半左右，便能表示便意，良好的排便習慣於焉養成。四歲左右能自行如廁，約四歲半大便完全自立（便後會用衛生紙擦乾淨），便後會沖水、洗手。

二、小便的訓練

嬰幼兒因控制膀胱的大腦皮質未發育成熟，及膀胱的擴約肌未能自由控制，所以每日小便次數多，一般而言，幼兒的小

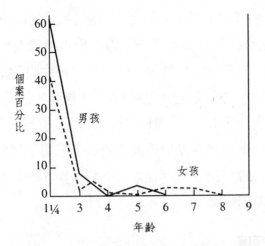

圖5-2　幼兒夜尿年齡與百分比之關係

資料來源：Macfarlane, Allen, & Honzik, 1954.

便訓練要比大便訓練更難，要花更多的時間及心力。小便的訓
練必須配合有關器官的成熟，一般幼兒膀胱要到十五或十六個
月才漸能控制（Hurlock, 1978），再加以學習，才能達到事半功
倍的效果。在未正式訓練之初，即先要在固定的時間（如四十
分鐘），提醒幼兒小便一次，但不可勉強。當幼兒會走路時（約
一歲半），才開始有意的訓練，態度要溫和，不可操之過急，萬
一尿濕了褲子，才通知爸媽，不可苛責，以免製造幼兒緊張焦
慮的情緒。只要耐心的指導，約在三、四歲左右，良好的小便
習慣，自然就可以養成，而且在這個時候，夜間膀胱的控制更
能奏效（Hurlock, 1978）。由**圖5-2**可知幼兒夜間不尿床的發展
情形（Macfarlane, Allen & Honzik, 1954）。

幼兒的尿床

　　前已述及，幼兒的膀胱控制要到一歲多以後才漸可發揮，

而後再加以適當的訓練，至於完全學會小便的幼兒，也偶有夜間尿床（甚至白天亦尿濕褲子）的現象，根據台北市衛生局（民73）對一至五歲的幼兒調查結果發現，二歲的幼兒，每夜尿床的有17.9％，三歲的幼兒有8.5％，四歲的幼兒有4.8％，五歲的幼兒則仍有2.4％。遇到這種情形，父母或保育員千萬不可苛責他們，甚至於在幼兒睡前百般給予恐嚇，讓他覺得更緊張恐懼。在此種情形下，應探求可能的原因，予以對症下藥，問題才可迎刃而解。

一、尿床的原因

生理因素：可能是太疲倦、生病（Spock, 1964），膀胱有毛病或大腦皮質發育未全，例如智能不足兒童。

心理因素：可能是白天玩得太興奮、情緒緊張（Spock, 1964）：有潔癖的母親，對幼兒要求太苛，訓練太嚴格，反而造成幼兒內心的緊張，越難控制小便；有時係導因於手足爭寵，怕失去父母的愛，嫉妒新生的小弟妹獲得太多父母的關愛，自以為被冷落，而以尿床做無言的反抗或引起父母及保育員的注意。如係白天尿濕褲子，則可能因玩得太專注了，以至於尿濕了才知道。

二、尿床的輔導

· 先至小兒科醫生處診斷，是否有生理上的原因，予以治療。

· 白天勿讓幼兒玩得太興奮或太疲倦。

· 隨時注意幼兒的情形，讓其保持愉快的心情；若見幼兒情緒緊張，應及時予以疏解，若仍未見效果，可請教心理醫生。

- 父母及保育員不要給予太多壓力，要他們學琴、學繪畫、學些幼兒不喜歡的「才藝」。
- 晚餐後盡可能少讓幼兒喝水或果汁，晚餐的湯汁也盡可能減少。
- 養成睡前小便的習慣，必要時在午夜後再協助幼兒起來小便一次。
- 若幼兒有一天未尿床，則給予鼓勵，建立幼兒的自信心。

第四節　幼兒的衣著

隨著人類文明的進步，服飾有越來越考究的趨勢，對幼兒的衣著而言，是有別於成人的，要以幼兒本位的原則來為其設計服飾，才能滿足他們的需要，如果一位幼兒穿著上等質料、潔白漂亮的服裝上托兒所，她可能怕弄髒、弄破而不敢與其他幼兒打成一片，如此就失去了穿衣的目的。大致而言，幼兒的衣著有調節體溫、防禦外傷、保持身體清潔及裝飾美觀之效，亦即為幼兒衣裝，必須考慮這些功能。

幼兒的衣著包括帽子、衣褲和鞋襪等，以下就分別描述：

帽子

帽子在夏天有遮蔽烈日的功能，特別是做日光浴、出外郊遊，或在海灘上嬉戲，宜讓幼兒戴上透風的草帽，以免讓其頭部直接暴露在太陽光下，尤其夏天的紫外線特別強。至於冬天

戴帽則有禦寒之效，台灣地處海島氣候型，冬天風大，讓幼兒戴上棉帽可以保暖。至於春秋兩季，戴帽的機會就少了，如須戴帽，亦是裝飾、美觀之用。

衣褲

設計幼兒的衣褲，應注意到重量、式樣、質料及色澤。

一、重量

衣褲的重量，會影響幼兒的發育及活動量，尤其在冬天，若重重的衣褲把幼兒裹得緊緊的，使幼兒身荷重擔，會直接影響整個身體發育及動作發展。王靜珠（民81）認為衣重不超過幼兒體重之6％或7％為標準。亦即體重十五公斤的幼兒，衣褲重量以不超過一公斤為原則。

二、式樣

幼兒衣褲的式樣要簡單、輕巧、大方、寬鬆適體、合乎衛生，使四肢可以自由活動，胸腰不受束縛，呼吸運動能暢行無阻，式樣可愛新穎，便於穿脫，否則常使幼兒感到麻煩而起反感與激怒。縫製或購買時，可稍寬大，以適應幼兒體格之迅速發育，衣服過小時，不宜勉強穿著，以免妨礙身體發育。

三、質料

幼兒衣褲的質料以輕柔、經濟、耐穿為原則，內衣以棉織品較宜，因棉織品通氣柔軟、保溫吸汗、經洗耐穿。天氣寒冷時可改為棉毛混織品，增加保溫，如棉毛衫褲等。夏天衣服可用麻織品，通風涼爽，但要選品質細軟的。冬季衣服須輕軟溫

暖而行動方便，毛線編織的衣服輕軟溫暖，因有伸縮性可以合身。

四、色澤

幼兒的衣褲顏色不要太鮮艷華麗，以淺色柔美漂亮者為宜。運用色彩的互補、對比等技巧，可以搭配出色調明朗美麗的衣裳，穿在幼兒身上，益增天真可愛，活潑動人。或運用形狀與背景的視覺效果，在淺色的衣裳上點綴幾朵鮮艷的小花、動物等圖案，都是可愛無比的美麗童裝。

鞋襪

穿鞋襪的目的是為保暖及保護腳部，免於受傷。秋天涼爽可穿棉紗襪，嚴冬可穿毛綿襪。嬰兒開始學爬行，走路時，穿長襪子可以保護腳和膝部免於受傷，但氣溫暖和時，則無須穿長襪，以免襪圈太緊，妨礙腿部血液循環。

幼兒開始學走路後，鞋子對他而言更形重要，為幼兒選擇鞋子應注意下列幾點：

- 鞋子應比幼兒的腳稍長半公分至一公分左右，以適應幼兒快速成長的腳掌。
- 最好以布鞋或軟底鞋為主，且鞋子前部應較幼兒足趾略寬，使幼兒的腳有充分活動的機會。
- 鞋底不滑而略帶彈性為佳。
- 鞋底後跟應略厚，使足跟處與鞋子配合，以防因磨擦而傷及皮膚。

由於幼兒腳長得快，父母及保育員應隨時注意幼兒鞋子是否合適，過大與過小均會影響幼兒腳部的正常發育。膠底鞋及尼龍底鞋不透氣，腳汗不易發散，不適宜幼兒；高鞋跟及堅硬的皮鞋，幼兒容易摔倒，也不適合幼兒穿著。

幼兒衣著習慣的培養

幼兒衣著的功能已如前述，可見衣著不但不可缺少，而且在幼兒期正值各種習慣之養成期，在從事保育工作時就必須注意幼兒的衣著教育，幼兒良好的衣著習慣分別敘述如下：

一、訓練自己穿脫衣服的習慣

幼兒自三歲開始，可著手訓練其自己穿脫衣服，在此時就要選擇容易穿脫的服裝，例如，衣服要稍寬、釦子宜大宜少、套頭衣服不適合等，若幼兒有某步驟不會時，宜耐心加以示範。分辨鞋子的左右腳以及繫鞋帶是比較困難的，可以等到四歲再訓練，然而個別差異很大，最主要的是要訓練得法，讓幼兒沒有挫折感，願意去學，如此可以養成幼兒的責任感及自理生活的能力。

二、訓練自己整理衣服的習慣

要穿衣服、鞋襪應在何處拿取，脫下之衣服鞋襪應放置何處，都要訓練幼兒自行處理。此外，自己脫下之衣服亦應自己折疊好，該洗的衣服亦應放於指定位置。其他如圍兜、帽子、手帕等，都宜讓幼兒養成自己處理之習慣，如此可以培養幼兒的秩序感，以奠定規律生活的基礎。

三、愛惜衣物，保持清潔

自小宜讓幼兒養成愛惜衣物的習慣，如此不但可以使衣物用得久，而且也養成節儉的美德。至於衣服之清潔維護，亦宜培養，雖不至於要幼兒處處提防弄髒衣服，但至少應讓幼兒養成穿著乾淨衣服的習慣。

四、讓幼兒自己選擇衣服

愛美是人的天性，幼兒隨著年齡的成長，也漸漸的養成，此時幼兒亦會挑自己喜歡穿的衣服或鞋子。因此，在購買衣服時，應試著讓幼兒自己挑，可以培養他的鑑賞能力，而且自己挑的衣服，也較會愛惜和注意保持清潔。

五、訓練少穿衣服

大多數的父母親，都因怕幼兒著涼而給予過多衣服，卻不知道幼兒亦會怕熱。幼兒衣服穿太多，不但動作不靈活，且遊戲跑跳後，容易流汗，反易感冒；而且衣服穿多了，皮膚抵抗力漸減，調節體溫的功能漸差，因此，最好訓練幼兒少穿衣服，但注意是否會著涼，如此可以增加其抵抗力。

第五節　幼兒的住室

幼兒在成長的過程中，家庭是最重要的第一站，舉凡身心健康的保育，均以家為出發點，因此，若能在家中為幼兒設計一個「安樂窩」，相信對其身心發展會有莫大的幫助，儘管目前台灣人稱地窄，但仍不能忘了給幼兒提供一個屬於自己的地

方。根據郭實渝（民73）研究台灣北部幼稚園的幼兒，在家中自己有個別睡眠空間的比例甚低，分別是14.00％（三歲）、13.95％（四歲）、18.52％（五歲）、17.41％（六歲），這種睡眠方式將影響幼兒的獨立訓練。如果家中空間實在有限，不能爲幼兒專設一個房間，至少也應該做到同性別的幼兒同室且分床而眠，如此才符合幼兒的需要。

幼兒住室的設計原則

爲幼兒設計住室，應以其身心特質爲考慮要件，茲分別說明如下：

一、住室空間富變化

幼兒住室最好每隔一段時間（如一個月）稍做調整，讓其有新鮮感，且讓其參與設計，培養創造力與歸屬感。

二、把大自然搬進室內

讓幼兒在室內擁有種花、養魚，或養鳥的樂趣，這些活動除了可以增進幼兒對動植物的認識及興趣外，同時培養幼兒愛護大自然的精神，進而孕育優美的情操。

三、家具多元化的功能

對於空間不夠大、無足夠活動空間的住室，越須注意家具的機動性與彈性。例如：可摺疊的桌椅，同一桌子可以供遊戲及工作之用，或床下可設計櫃子等。

四、適合幼兒的個性

先考慮幼兒生活背景，因生活環境可以影響其樂趣的發

展，例如一個愛繪畫的幼兒，設計其住室時，最好爲他留下一部分可以自由塗畫的牆，只要貼上一張大海報紙，他隨時可以畫畫，不要因爲室內的漂亮布置，而抹煞其創作的興趣與機會。又如一個喜歡音樂的幼兒，室內設計亦應以音樂爲主題，音樂家的照片，有關樂器介紹的讀物、簡單的樂器等，讓其在音樂室中成長。

五、表演空間

成人往往忽略給幼兒表演的機會，例如：給他一個小小空間，掛上他的作品或他喜愛的東西，給他一個演奏樂器的地方，這對幼兒是一項極大的鼓勵，促使他們更努力學習的機動。

六、符合人體工學

幼兒的家具、用具（如桌椅高度）應符合人體工學，一方面不會妨礙生理發育，二方面適合幼兒需要。

幼兒的家具

一、床舖

採用移動方便的活動床，舖上軟而韌的墊子即可，若年紀小，應採用柵欄床，以策安全。

二、桌椅

摺疊式的桌子適合於空間不大的房間，椅子宜小，適合幼兒坐及搬動。

三、貯藏櫃

可設於床底，以節省空間，而有蓋的箱匣還可做遊戲板，大的櫃子可做隔間板，尤其年齡愈大的幼兒，愈迫切需要一個自己的小天地，若將貯藏櫃擺在兩張床之間，頗為理想。貯藏櫃可放衣服、玩具等，足夠的貯藏空間可以養成幼兒物歸原處的習慣。

四、被褥

幼兒的被褥要注意衛生，勤洗換或曬曬太陽。棉被以輕、軟、暖為原則，夏天可用毛巾被，冬天則用羊毛毯或棉被，枕頭可以不必要為幼兒準備。

五、衣架

為便於幼兒掛自己的衣服，養成愛好整潔的習慣，可在寢室置一衣架，但高度以幼兒的身高為準。

六、地板

可用石棉毯，因石棉毯不怕火，可清洗，質軟，跌倒亦不受傷，東西也不易摔破，同時價廉物美，舖換容易。

七、其他

可視幼兒的需要，增加他喜歡的東西，例如沙箱、日曆、溫度計等。

幼兒住室的布置

一、住室宜寬敞

　　幼兒住室應有足夠的空間讓其活動和遊戲，每個幼兒至少應有二十至二十五平方呎的地位（王靜珠，民81）。

二、布置宜柔和

　　住室的的顏色、隔間對幼兒身心都有影響，下述各點可資參考。

- 牆壁以刷淺綠、淡黃色為宜，柔和的色調可增加室內溫暖的氣氛。不健康的顏色，會給幼兒帶來不健全的心理。
- 窗簾以墨綠或咖啡色較佳。
- 牆壁懸掛美麗色彩的圖畫，及插置鮮花，都可增加幼兒安詳的情緒，促進愉快的生活。

　　以上只供參考，事實上室內布置是有彈性的，以顏色為例，牆壁、窗簾、傢具、地板、被褥等等，都要取得協調，以及是幼兒喜歡的顏色，因此，幼兒住室的布置，除成人應有的設計概念外，亦應參酌幼兒的想法，如此不但可滿足其需要，亦可培養其創造力。

幼兒住室的自然環境

　　幼兒住室的自然環境，吾人要考慮的至少有下列幾項要

素：

一、溫度

幼兒住室溫度以攝氏20℃～25℃爲最適宜，住室宜常開窗戶，以疏通空氣，調節溫度，唯窗戶的風不應直吹至幼兒的床。冬季天寒，可置暖氣或電暖器，使室溫不至於太冷。

二、空氣

空氣是人類生活上的必需品，幼兒自當不例外，清潔新鮮的空氣有利於呼吸系統，進而增進健康。污染過的空氣（汽車、工廠排放的廢氣含一氧化碳、碳氫化合物、鉛等，成人室內抽煙，廚房瓦斯外溢，夏天使用蚊香、殺虫劑……）對幼兒有不良的影響，往後造成許多慢性病，如：呼吸障礙、肺癌等，因此對幼兒居住環境的空氣是值得注意的。

三、噪音

幼兒若長期暴露在高頻率和強烈的聲音下會引起聽覺障礙（Fallen & McGovern, 1978），即使街上、汽車上、天空飛機聲（住機場附近者）、工廠噪音、家中器具相撞或磨擦而生的重聲怪音，都足以影響幼兒的聽覺神經，因此，爲幼兒選擇安寧的居住環境是有必要的，如因其他原因而未能改善，可在住室內安置隔音設備，所謂「寧靜致遠」，才能培養幼兒良好人格發展模式。

第六節 幼兒的睡眠

睡眠對幼兒而言，是很重要且又很少被注意的事，從出生到幼兒期，每天仍有一半以上的時間在睡眠中度過，睡眠時間隨著嬰幼兒的成長而逐漸減少，而且所需時間的長短，也因人而異。剛出生時，每天約睡二十二小時，滿兩個月後約為十八小時，滿週歲時約為十四小時，即除了夜間睡眠外，上、下午各睡一次。以後慢慢減少其白天之睡眠時間，滿六歲時約為十二小時。在嬰幼兒期，這種睡眠時數隨年齡遞減的情形，底斯波特（Despert, 1949）認為，每增加一歲，每天總睡眠時數大約遞減一個半小時左右，在夜間的睡眠時間方面，根據台北市衛生局（民73）的調查報告顯示：台北市一至五歲幼兒夜間睡眠（白天不計入）時間以十小時最多，占40.7％；其次是9小時，占28.3％；所有被調查之幼兒，平均每晚睡眠時間不超過十小時；該調查報告同時指出：和美國以及日本的研究資料比較，顯示台北市幼兒睡眠時間較少。睡眠時間多少是否與文化、習慣有關？是否影響健康？實有待更進一步之研究。

幼兒睡眠的益處

一、消除疲勞，恢復體力

任何人只要經過活動後，總會覺得疲倦，幼兒在疲倦時，可藉助晚間睡眠、午睡，或小憩片刻恢復體力，開始從事另一

活動。

二、幫助發育，促進生長

幼兒由於身體發育尚未完全成熟，如果活動過度而未得到充分休息，對身體發育會有不良影響；相反的，如果活動後，讓身體能有休息的機會，待恢復體力後，再有活動的潛能，如此周而復始，將有助於神經系統和腦部的發育，並促進全身的生長發育。

三、舒解情緒，陶冶性情

健康的幼兒都能睡，且睡得安詳、甜甜，睡的時間很長，一覺醒來，精神奕奕，笑容可掬，把緊張的情緒完全舒解，對性格的陶冶有莫大的幫助。相反的，睡不好的幼兒，脾氣暴躁、愛哭愛鬧，不具討人喜歡的人格特質。

照顧幼兒睡眠所應注意的事項

· 依照幼兒個人需要，為幼兒安排一個生活起居表，每天按時就寢，按時起床，早睡早起，養成規律的生活習慣。

· 每天養成午睡的習慣，以補充晚上睡眠不足的情況，獲得充分休息的機會。但須注意不可睡太久，以免影響晚上不易入睡。對較大的幼兒，如不願午睡，無須勉強，只要午間靜息片刻即可，但如在托兒所或幼稚園，以不吵到他人為原則。

· 除晚上的睡眠及午睡外，如白天活動過激烈，應在活動完後，有十至十五分鐘的休息。

· 寢具要舒適、衛生，床墊要平，不要太軟（如彈簧床），以免影響幼兒的骨骼發展。

· 室溫要適宜，空氣須流通。

· 睡前宜有段鬆弛情緒的時間，使幼兒心緒平衡，愉快而安詳的進入夢鄉。睡前勿使幼兒太興奮，不可苛責或恫嚇幼兒，以免做惡夢。

· 養成穿睡衣睡眠的習慣，睡衣要寬鬆質軟，以免影響幼兒睡眠。日常起居衣服要脫好、掛好，讓幼兒自己處理，養成獨立的習慣。

· 幼兒睡眠後，切勿擾亂，影響其睡眠。但無須特別禁聲絕響，應使幼兒能在正常的聲響下安眠。

· 養成自動上床獨睡的習慣，不與父母同床，不必成人伴睡，藉以培養獨立的性格。

· 養成睡前能自動刷牙、小便、洗手再上床的良好習慣。

· 養成起床後自動整床舖，換好家居衣服的習慣。

· 不要讓幼兒在晚上看電視或有其他遊戲，而影響睡眠時間。

· 不要用搖床或抱著搖撫讓嬰幼兒睡覺，這是不好的習慣。

· 學者認為幼兒晚上睡覺，並不需要燈光，許多幼兒在完全黑暗的寢室睡覺會比在微光照射下更舒服，因為有微光的寢室常因黑影而嚇著了幼兒。但幼兒要求有燈光時，最好是為他開著燈（Granger, 1980）。

幼兒睡眠問題的探討及輔導

　　健康的幼兒在睡眠上較少問題，但有些幼兒卻難以成眠，在睡眠中易被打擾吵醒，吵著成人伴他入睡，不敢單獨入睡，偶會半夜惡夢連連或驚醒哭泣，更有許多幼兒一覺醒來哭鬧不休，這些都是常見的幼兒睡眠問題，欲解決這些問題，只有事先瞭解其可能產生的原因。

　　生病：幼兒由於生病，身體不舒服，或寄生蟲使肛門搔癢而無法入睡。這需要就醫，病好了自然能恢復正常的睡眠。

　　心理因素：由於玩得太興奮，有些事情太高興了，過度疲勞、緊張、焦慮不安或缺乏愛及安全感等，都可能使幼兒難以成眠，父母須瞭解幼兒的個別問題，對症下藥，把心理因素排除後，可望能安眠。

　　午睡睡得太久：以致晚上缺乏睡意，故對晚上不能好好入睡的幼兒，宜限制其午睡時間。

　　睡眠環境不佳：如光線不適、太吵、氣溫過高或過低都會影響幼兒的睡眠，父母應做改善後，幫助幼兒容易入睡，必要時，可在睡前及起床時間前播放柔美音樂，讓其在音樂聲中入睡及當起床號。

　　有些幼兒睡前總先有一些強迫性的動作：如吸吮手指、奶嘴，或抱著洋娃娃才能入眠，這已表露了幼兒心理的問題，父母應自我檢討或請教心理醫師，瞭解幼兒問題的癥結，適時給予輔導。

　　有些幼兒在睡前總是糾纏不清，做種種要求：例如要講故

事、要吃東西、要玩具、要大人陪等等，這無非是做爲感情索價的手段，要求父母給予某種好處，父母宜滿足幼兒合理的要求，然後堅決地跟幼兒說聲「晚安」就離去，不能答應孩子的無理要求。

第七節　幼兒的安全

幼兒自能跨出他的第一步以後，爲了滿足他的好奇心和探索性，安全問題似乎就越來越重要了，由於他懵懂無知，不懂危險，缺乏警覺性，所謂「初生之犢不畏虎」，許多意外事件就因此而產生，輕則跌疼摔傷，重則可能變成殘廢，甚至死亡。雖然醫學的發達，大大地減低了幼兒期的死亡率，但基於幼兒保育的立場，吾人應儘量避免這種不幸事件的產生。

意外事件發生的狀況

根據台灣省婦幼衛生研究所的調查，民國七十九年六歲以下幼兒死亡原因而論，以意外死亡居首，其中意外淹死和溺水者占25.4％，其次爲機動車交通事故者，占24.3％，機械性窒息者占12％，呼吸道阻塞者占8％（陳建宇，民81）。赫洛克（Hurlock, 1978）則認爲二、三歲的幼兒最易產生意外傷害，其次是五、六歲；在性別方面男孩比女孩容易產生意外傷害；在性格方面，活潑的、敏捷的及冒險的幼兒較易產生意外傷害；在出生序方面，第一胎生的幼兒比他的弟妹較不易有意外傷害，這可能與其受較多的保護、缺乏自信、膽小有關；在一天

中發生意外傷害的時間，下午和晚上比早上為多，這可能與母親此時較忙碌，無暇細心照顧以及此時幼兒較疲倦、煩躁、易衝動有關，在一星期中，以星期四至星期六幼兒意外傷害最多，而以星期日最安全，這可能與週日成人較有時間照顧幼兒有關；就天氣而言，以暴風雨天幼兒最容易發生意外，這可能因為幼兒無法外出嬉戲，在家煩悶而難以控制情緒有關；就場所而言，較大的幼兒常在戶外意外事件，而較小的幼兒以在家裏為多。格林（Green, 1977）也曾對幼兒在家中最易產生意外事故的狀況提出幾點原因：

· 幼兒的肚子飢餓或口渴時，想吃或喝點什麼，在吃飯前最易發生中毒。
· 在午睡前、傍晚、就寢前、幼兒及母親都疲倦時。
· 當幼兒過分活動，或被催促而沒有寬裕的時間小心行事時。
· 當母親懷孕或生病，而無法如常耐心的照顧幼兒時。
· 當父母不和，情緒不安，對幼兒不能適度照顧時，幼兒常會有反抗性或做出危險的反應。
· 因搬家、長途旅行或休假而擾亂一般的日常生活時。
· 保母或經驗少的人看顧幼兒時。

此外，另有學者研究幼兒在非致命（nonfatal）的意外事件中，身體受傷的部位，以頭部為最多，其他依次為左手、右手、軀幹、左腿、右腿，如**圖5-3**所示（Jacobziner, 1955）。由以上的研究結果，我們不難瞭解幼兒發生意外事件的一般狀況，無論是事件、種類、性別、年齡、受傷部位、時間等，都有一概括性的分析，可以提供給父母及保育人員參考。

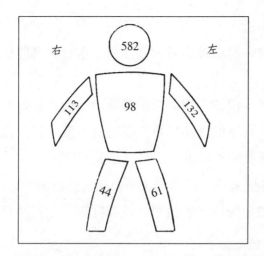

圖5-3　每千位幼兒在非致命的意外事件中身體受傷部分

資料來源：Jacobziner, 1955.

常見的意外事件及其處理

幼兒常見的意外事件很多，有時真令成人難以想像事件會如此這般的發生，但事實就擺在眼前，因此成人不可不加以注意，事件發生以後，除了盡可能的送醫外，父母及保育員在醫護人員未來前，似可先做些急救措施，以下就分別介紹之。

一、窒息

嬰幼兒因好奇，沒有經驗、喜歡嘗試而體力不夠，所以窒息事件常發生。

窒息的預防

· 塑膠袋不要給幼兒當玩具的代用品，要放在幼兒拿不到的地方。

· 不可用會蓋住臉部而妨礙呼吸的柔軟枕頭，蓋被不可過

大、過重。

· 餵食牛奶或母奶時，要注意是否會影響嬰兒的呼吸或嗆到。

· 繩子、電線、塑膠帶或長圍巾要收拾在幼兒拿不到的地方，更不可讓幼兒用來當玩具，窗戶旁拉窗簾的繩子亦須綁高，不可讓幼兒伸手可及。

· 太小的東西，如珠子，不要給幼兒玩。

· 室內要保持空氣流通，氣窗打開，尤其注意瓦斯中毒事件。

· 易倒塌的物品勿堆積過高，最好放入貯藏室內，以防倒下壓到幼兒。

· 不可讓幼兒含著尖銳的東西及放玩具在口中。

窒息的處理

· 迅速除掉障礙物，如塑膠袋、繩子等，寬鬆衣物。

· 將幼兒仰躺，若頸或背部無受傷，頭輕輕向後彎，使空氣容易流通，必要時，用手指或手帕清理口中異物，再檢查脈搏。

· 如果沒有呼吸時，將自己的口緊緊地蓋上幼兒的口鼻上，吹入空氣。

· 繼續以每分鐘二十次的速度（每次約三秒鐘），從自己口中向幼兒口中吹入空氣，做人工呼吸。

· 每次吹入空氣後即抬頭、開口，注意看幼兒的肺部有無空氣出來，人工呼吸要做到幼兒能自己呼吸為止。

二、跌倒

幼兒由於身體平衡機能尚未發展完全，故跌倒是家常便飯

的事，根據魏榮珠（民72）的調查研究發現：母親認為意外傷害以跌傷為最多，占68.5％；其次是吞入異物（13.0％）、撞傷（11.50％）。輕微的跌傷破皮、淤血，重的話頭破血流，骨折腦震盪時有而聞，所以不可不注意。

跌倒的預防

‧ 走道、樓梯是否太滑？尤其廚房、浴室、洗手間有磁磚且潮濕的部分更應注意幼兒的安全。

‧ 樓梯不可堆積物品或放置鞋子，最好梯口設有門，扶手是否堅固？踏板是否固定？

‧ 地毯若捲起應立即釘好，地板有破洞應儘快修補，有食物或液體灑於地板上，要立即擦乾。

‧ 浴盆周圍應設有扶手，並放置墊子防滑，香皂掉下宜隨手拾起。

‧ 地板上不要有亂置的玩具或雜物。

‧ 幼兒的褲子、衣服是否太長？鞋子是否太大？鞋帶有否繫好？

‧ 禁止幼兒在室內爬桌椅、床舖。

‧ 勿在室內玩追逐遊戲。

‧ 雨天外面太滑，少讓幼兒出門，如必要出門時，應注意鞋底是否太滑？

‧ 晚上天黑，少讓幼兒出門，如必要出門時，成人應拉其手並注意路上坑洞。

跌倒受傷的處理

‧ 如無受傷，只要輕撫其跌疼部位，並安慰他即可，可能的話稱讚其勇敢不哭。

- 頭部受傷流血時，先讓幼兒站或坐著，使頭部及肩部比心臟高，在傷口處用紗布或乾淨的布輕輕按住止血，止血後用藥消毒，敷藥後包紮。
- 鼻子出血時，鼻孔塞入藥棉或紗布，再捏住鼻尖頭數分鐘，並加以冷濕布覆蓋額頭上，待血止，休息一下即可。
- 若其他部位受傷（手、腳及軀幹）時，先行直接壓迫止血，必要時可用止血帶，止血後再消毒、敷藥、包紮。

三、中毒

幼兒中毒時除了吃到腐敗的食物外，最常見的是誤吃藥物或其他化學藥劑，中毒可能導致上吐下瀉，嚴重時會導致身心障礙或死亡，成人應格外小心。

中毒的預防

- 家中一切藥物或化學物品，應放在幼兒拿不到的地方，可能的話上鎖，不可放在沒有門、幼兒伸手可及的架子上。
- 各種藥物應貼標籤，以資識別；用完的空罐、空瓶也要妥善處理，以免讓幼兒當玩具。
- 藥物不可裝於汽水瓶、空的糖果盒內，以免讓幼兒誤食。
- 父母及保育員應具備一般飲食常識，不可同時給予幼兒不適合的食物，同時亦要注意食物的新鮮度，以免發生食物中毒。

中毒的處理

- 若幼兒清醒，給他喝一至二杯牛奶（沒有牛奶，用水亦

可），沖淡食物。

- 用手或湯匙壓迫舌根，刺激咽喉，盡可能讓幼兒把毒物吐出。
- 吐完後，若有活性碳（activated charcoal）或萬能解毒劑，即予服用。
- 將幼兒誤食之食物或藥物保存於容器內，並收集一點吐出物，連幼兒一併送往醫院。

四、灼傷、燙傷、觸電

幼兒由於好奇心或偶有不小心的情況，常會引起燙傷及觸電，根據王秀紅（民72）的調查顯示：幼兒燒傷的類型以燙傷最多，占83.71％；其次是火傷，占13.48％；其他如電燒傷（觸電）及化學燒傷（灼傷）的比例則很小。此外，燙傷又以被熱水燙到為最多。其後果視受傷的輕重而有不同，輕則敷藥即癒，重則可能在皮膚上留下永久的疤痕，甚至有觸電死亡的情況。

灼傷、燙傷、觸電的預防

- 製備食物或清理善後時，勿讓幼兒跟在身旁或進入廚房。
- 熱湯不要放在桌邊，有幼兒的家庭最好避免使用桌巾，以免因拉扯打翻食物而燙傷。
- 洗澡時先放冷水，再放熱水，避免將大鍋的熱水、熱湯放於地板上。
- 食物或開水給幼兒食用時，不宜太燙。
- 避免讓幼兒單獨進入廚房，玩爐火，廚房的各種用具用畢後，應妥善處理及陳放。

・火柴、打火機或點火鎗要放在幼兒拿不到的地方。

・禁止幼兒玩鞭炮、煙火。

・勿讓幼兒端太燙的東西，如熱開水、熱湯。

・家中的插座應注意，勿讓幼兒拿插座或其他導電體插入。電器用畢，避免讓幼兒使用。

・家中電器用品避免用延長線，如必要時應將電線妥善處理。

・損壞的電線、插座應儘快修理、換新，不用的應收存或丟棄，不能讓幼兒當玩具。

・易燃的物品勿亂堆積，煙蒂不可亂丟，以免發生意外。

・家中應有防火設備，如滅火器等。

・教導幼兒安全的知識，讓他認識物品的使用原則。

灼傷、燙傷和觸電的處理

・如有化學藥品弄髒的衣服應完全除去，並用水清洗灼傷的皮膚。

・如係燙傷，應採取：沖（以流動的冷水，沖洗患部15～30分）、脫（在水中以剪刀，小心剪開衣物）、泡（在冷水中持續泡15～30分）、蓋（以乾淨的布蓋患部）、送（醫院）。

・觸電時首應關掉電源或把插頭拿掉，如無法切掉電源時，可用乾燥的繩子做成圓圈，勾住幼兒的手或腳，拉離電線。必要時做人工呼吸，如有灼傷，做上述沖、脫、泡、蓋、送的處理。

五、刀傷、刺傷

幼兒可能玩弄刀子、剪刀等銳利的東西而不小心被割傷；

亦可能被大頭針、釘子、玻璃刺傷,通常刀傷或刺傷都會流血。

刀傷、刺傷的預防

· 家中之菜刀、剪刀、水果刀等刀子應收拾在幼兒拿不到的地方。

· 不要讓幼兒玩玻璃瓶、瓷碗及其他易碎物品,出門時一定要穿鞋子,以免腳部被割傷或刺傷。

· 幼教機構在實施剪貼、工藝而需要用到剪刀、刀子時應注意防範措施,例如小剪刀的尖端部分可以磨鈍。

· 不要選有尖角或其他可能割傷或刺傷幼兒的玩具。

刀傷、刺傷的處理

· 見到幼兒流血時,父母或保育員不要驚叫,應沈著應變,以免讓幼兒受到更大的驚嚇或懼怕。

· 流血的部位儘量抬高。

· 用清潔的紗布或手帕按住傷口,輕輕壓後,設法止血,但不可強壓。

· 止血後,檢查傷口有無異物,如玻璃碎片,再用酒精消毒,而後包紮。

六、車禍

隨著交通工具的增多,幼兒受到車禍的意外事件有越來越多的趨勢,幼兒所遇到的車禍包括在行走被撞、坐機車或汽車所發生的意外事件。

車禍的預防

· 幼兒出門到馬路一定要有成人帶,且嚴禁幼兒在馬路上

或街邊玩耍嬉戲。

· 嚴禁幼兒乘坐機車。

· 嬰幼兒坐小汽車時，應坐在後座，並有安全的防護措
施，如圖5-4所示。千萬不可讓大人抱在前座，車禍一
發生，嬰幼兒往往首當其衝最先受害。

· 幼兒上托兒所或幼稚園時，除了短程者由家人親自接送
外，大都坐娃娃車，教師或保育員應令幼兒坐好，手握
車內鐵桿，對司機宜選合格者，且安祥穩重、生活正常
者，行車宜慢，並不宜緊急煞車，同時使用車子亦應定
期檢查及保養。

· 父母帶幼兒坐公車時，要注意車停穩後才上車及下車，
在車內要做適當之保護，以防司機緊急煞車。

車禍的處理

· 輕傷之處理方式同「刀傷」部分。

· 傷勢較重時，趕快送醫。

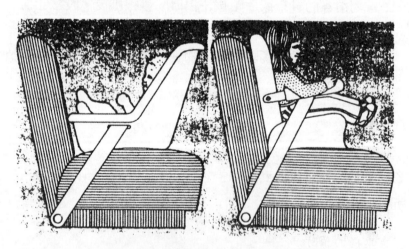

圖5-4　幼兒在小汽車上的坐法
資料來源：Green, 1977.

第八節　幼兒的疾病預防及護理

　　嬰幼兒由於抵抗力弱，且自身無法妥善照顧自己，免於受風寒或各種細菌之侵襲，故疾病之發生是司空見慣的事，而疾病對嬰幼兒之戕害甚大，輕則造成渾身的不適，重則導致身體機能之削弱、喪失，甚至於畸型或死亡，是故在談幼兒保育時，疾病之預防成為最重要之課題之一。疾病之預防，首重健康檢查，我國中央健康保險局（民84）建議「兒童理想之健康檢查時程及項目標準」如**表5-2**，另幼兒做健康檢查「給付時程及服務項目」如**表5-3**，可提供醫護人員及家長參考。

　　在醫學相當進步的今天，吾人對嬰幼兒疾病之預防，除前面所談應注意營養、衛生、保健、運動和健康檢查外，更積極的重視預防注射，如此對疾病之產生，可起相當之遏止作用。此外，一旦疾病發生，如能以妥善的護理方式及藥物治療，不但可以早日痊癒，且可使嬰幼兒所受到的傷害減低到最小。因此，保育人員對於嬰幼兒的疾病預防及護理常識，均需有所涉獵，以備不時之需。

預防注射

　　嬰兒自離母體後，已從母體獲得先天的免疫抗體（antibody），倘母體曾罹患過某些傳染病，如天花、流行性腮腺炎、白喉、麻疹等，母體血液已有了此等傳染病抗體，可經由胎盤送入胎兒體中，然此種免疫僅可維持數週或數月，以後

表5-2 兒童理想之健康檢查時程及項目標準表

檢查時程	檢 查 項 目
一個月	身體檢查：身高、體重、頭圍、營養狀態、一般檢查、瞳孔、巨大聲音之反應、唇顎裂、心雜音、疝氣、隱睪、外生殖器、股間節運動 問診項目：餵食方法
二至三個月	身體檢查：身高、體重、頭圍、營養狀態、一般檢查、瞳孔及固視移動目標能力、心雜音、肝脾腫大 問診項目：餵食方法
四至五個月	身體檢查：身高、體重、頭圍、營養狀態、一般檢查、瞳孔及固視移動目標能力、股間節運動 問診項目：餵食方法、副食品添加
六至七個月	身體檢查：身高、體重、頭圍、營養狀態、一般檢查、眼位、瞳孔及固視移動目標能力、對聲音之方向性、心雜音、口腔檢查 問診項目：餵食方法、副食品添加 發展診查：翻身、伸手拿東西、對音敏銳、視覺直立反對、布蓋臉試驗
九至十個月	身體檢查：身高、體重、頭圍、營養狀態、一般檢查、眼位、瞳孔、疝氣、隱睪、外生殖器、口腔檢查 問診項目：餵食方法、副食品添加
一歲	身體檢查：身高、體重、頭圍、營養狀態、一般檢查、眼位及瞳孔、重聽、心雜音、口腔檢查 問診項目：固體食物餵食情況 發展診查：放手站立、以手指挾物、跳躍反應
一歲六個月	身體檢查：身高、體重、頭圍、營養狀態、一般檢查、眼位及瞳孔、重聽、肝脾腫大、口腔檢查 問診項目：固體食物餵食情況 發展診查：心智運動發展、獨步
二歲	身體檢查：身高、體重、頭圍、營養狀態、一般檢查、眼位及瞳孔、心雜音、口腔檢查
三歲	身體檢查：身高、體重、頭圍、營養狀態、一般檢查、眼位、瞳孔及裸眼視力、重聽、心雜音、疝氣、隱睪、外生殖器、口腔檢查
四歲	身體檢查：身高、體重、頭圍、營養狀態、一般檢查、眼位、瞳孔及裸眼視力、肝脾腫大、心雜音、口腔檢查
五歲	身體檢查：身高、體重、頭圍、營養狀態、一般檢查、眼位、瞳孔及裸眼視力、心雜音、口臉檢查
六歲	身體檢查：身高、體重、頭圍、營養狀態、一般檢查、眼位、瞳孔及裸眼視力、重聽、心雜音、口臉檢查

資料來源：中央健康保險局，民84。

表5-3 全民健康保險兒童健康檢查給付時程及服務項目表

給付時程		建議時間	服　務　項　目
未滿一歲	第一次	一個月	身體檢查：身高、體重、頭圍、營養狀態、一般檢查、瞳孔、巨大聲音之反應、唇顎裂、心雜音、疝氣、隱睪、外生殖器、股間節運動。 問診項目：餵食方法。
	第二次	二至三個月	身體檢查：身高、體重、頭圍、營養狀態、一般檢查、瞳孔及固視移動目標能力、心雜音、肝脾腫大。 問診項目：餵食方法。
	第三次	六至七個月	身體檢查：身高、體重、頭圍、營養狀態、一般檢查、眼位、瞳孔及固視移動目標能力、對聲音之反向性、心雜音、口腔檢查。 問診項目：餵食方法、副食品添加。 發展診查：翻身、伸手拿東西、對音敏銳、視覺直立反對、布蓋臉試驗。
	第四次	九至十個月	身體檢查：身高、體重、頭圍、營養狀態、一般檢查、眼位、瞳孔、疝氣、隱睪、外生殖器、口腔檢查。 問診項目：餵食方法、副食品添加。
一歲以上未滿三歲		一歲六個月	身體檢查：身高、體重、頭圍、營養狀態、一般檢查、眼位及瞳孔、重聽、肝脾腫大、口腔檢查。 問診項目：固體食物餵食情況。 發展診查：心智運動發展、獨步。
三歲以上未滿四歲		三歲	身體檢查：身高、體重、頭圍、營養狀態、一般檢查、眼位及瞳孔及裸眼、視力、重聽、心雜音、疝氣、隱睪、外生殖器、口臉檢查。

資料來源：中央健康保險局，民84。

逐漸消失，亦即抵抗力越弱，醫學上為加強嬰幼兒之免疫力，遂以預防接種（vaccination）的方式使人類產生免疫作用，以便對各種疾病產生抵抗能力，接受預防注射後個體內產生抗體，抗體能殺滅各該病原體或能中和其毒素減輕其毒力，以達到預防疾病的目的，由於免疫體來源之不同，可分下列兩種免疫方式。

一、自動免疫（active immunizations）

自動免疫乃以毒力減弱，或較致死量爲少之病原體或其產物注射於人體，使體內組織產生對抗此種病原體之特殊反應，叫做自動免疫法。較常見的自動免疫注射有：

結核病免疫（tuberculosis immunization）：即卡介苗（Bacillus of Calmette and Guerin Vaccination）接種，卡介苗毒性很低，通常嬰兒在出生一週內就接種，滿三個月後，做一次結核菌試驗（tuberculin test），如呈陰性反應，則再接種一次。BCG疫苗接種後，局部應有小疤形成，否則表示接種無效，宜再次注射直到陽性反應爲止。

天花免疫（smallpox immunizations）：即種牛痘（smallpox vaccination），通常在一歲到二歲之間接種，遇到流行時再行接種即可。此種疫苗接種後三天即有紅色小丘疹發生，繼而起白色水疱，七天之後情況最爲嚴重，有的疫苗反應輕微，有的紅腫且面積很大，幼兒呈現脾氣暴躁，食慾不振，發燒等現象，盡可能保持局部的乾燥，並注意不要抓傷口，接種成功時，六至十天後出現水或膿，如無反應，應再行接種。

混合抗原免疫法（combined preparations）：常用之疫苗爲白喉（diphtheria）、百日咳（pertussis）及破傷風（tetanus）三種疫苗（簡稱D.P.T.）加以混合，在嬰兒滿二個月、四月、六個月時各接種一次。接種三次之後，免疫力極高，但幾個月後，免疫力會降低下來，因此通常在十八個月時，給予加強疫苗，而四至六歲時再注射一次。接種此混合疫苗會有發燒、虛弱、食慾不好或注射部位酸痛的情形。（注射時間與**表5-4**稍有不同，但並無礙）

表5-4　預防接種時間表

適合接種年齡	接種疫苗種類		接種日期	下 一 次接種日期	接種單位
出生24小時內	B型肝炎免疫球蛋白	一　　劑			
出生滿24小時以後	卡介苗	一　　劑			
出生滿3～5天	B型肝炎遺傳工程疫苗	第　一　劑			
出生滿1個月	B型肝炎遺傳工程疫苗	第　二　劑			
出生滿2個月	白喉百日咳破傷風混合疫苗	第　一　劑			
	小兒麻痺口服疫苗	第　一　劑			
出生滿4個月	白喉百日咳破傷風混合疫苗	第　二　劑			
	小兒麻痺口服疫苗	第　二　劑			
出生滿6個月	B型肝炎遺傳工程疫苗	第　三　劑			
	白喉百日咳破傷風混合疫苗	第　三　劑			
	小兒麻痺口服疫苗	第　三　劑			
出生滿9個月	麻疹疫苗	一　　劑			
出生滿1年3個月	麻疹、腮腺炎、德國麻疹混合疫苗（MMR）	一　　劑			
	日本腦炎疫苗	第　一　劑			
	日本腦炎疫苗（每年3月至5月接種）	隔　二　週第　二　劑			
出生滿1年6個月	白喉百日咳破傷風混合疫苗	追　　加			
	小兒麻痺口服疫苗	追　　加			
出生滿2年3個月	日本腦炎疫苗	第　三　劑			
國小一年級	白喉百日咳破傷風混合疫苗	追　　加			
	小兒麻痺口服疫苗	追　　加			
	日本腦炎疫苗	追　　加			
國小六年級	卡介苗	普查測驗陰性者追加			
國中三年級及國小學生	麻疹、腮腺炎、德國麻疹混合疫苗（MMR）	一　　劑			
育齡婦女	德國麻疹疫苗	一　　劑			

資料來源：中央健康保險局，民84。

麻疹疫苗（measles vaccine）：麻疹在嬰兒期致病率很高，因此每個嬰兒最好都能注射，注射時間通常在嬰兒九個月左右，接種麻疹疫苗，可以得到終身免疫力。麻疹之免疫注射，使用活疫苗，效果較好。接種後，有少部分的嬰兒會發燒，甚至皮膚發疹，但會自動消失。如嬰兒對蛋有過敏之現象，注射時必須特別小心，因疫苗是注入蛋內培養的。

小兒麻痺疫苗（poliomyelitis vaccine）：小兒麻痺疫苗注射用沙克（Salk）疫苗及口服用沙賓（Sabine）疫苗兩種，以後者效果為佳，免疫力較持久，目前大都採用口服藥免疫，服用時間通常在嬰兒二個月、四個月及六個月時連續給予三次，一歲半及國小一年級各再給予一次，如此可使嬰幼兒身體營生大量之抗體。

日本腦炎疫苗（Japanese encephalitis vaccine）：目前所用之腦炎疫苗為不活動的腦炎濾過性病毒做成，宜於滿二歲（或十五至二十七個月）開始接種，一至二週後注射第二次，再隔一年後追加一次。**表5-4**列出中央健康保險局（民84）所公布之預防接種時間表，可供參考。除此注射時間表外，如幼兒住在某些流行病區，如傷寒、黃熱病、鼠疫、霍亂等，或將隨家人至流行病區辦事或旅行時，對該疾病之免疫注射宜加重視。

二、被動免疫（passive immunization）

以含有某種抗體之血清，注射於人體，使體內具有抗體，在嬰兒早期，其體內常具有得自母體之抗體。此外，醫學界常用免疫血清（immune serum）預防百日咳，以恢復期血清（convalescent serum）預防天花，都是被動免疫的例子。

三、預防接種的禁忌

在下列情況下，對於嬰幼兒的預防接種應考慮延期接種或改變預防接種方式：

· 患急性吸呼道或他種傳染病時，應延期實施。
· 有腦部受傷或患有驚厥的嬰幼兒，一歲以後才可做預防接種，並減少使用劑量。
· 服用類固醇（steroid）藥品的嬰幼兒，製造抗體的能力大為減低，須待不再服用此類藥品時再行接種，必要時僅接種反應少的疫苗，方較安全。

除以上所提三點外，**表5-5**更說明了各種預防接種的禁忌，分項說明，大多數針對嬰幼兒而言，少數對懷孕婦女提出，以免波及胎兒。

嬰兒常見的疾病及護理

一、流行性感冒（influenza）

原因：直接原因為一種濾過性病毒，由於患者的唾液分泌物及沾污之用具傳染而來，是一種急性呼吸道接觸傳染病；間接原因則為嬰幼兒營養不良、疲勞過度、衣著不足受涼而致抵抗力轉弱，終讓病毒侵襲。

症狀：嬰兒若感冒會有下述的症狀：

· 發高燒、頭痛、流鼻涕、全身倦怠、眼球後作痛、結膜發炎、全身骨骼疼痛。

表5-5　各種預防接種的禁忌

預防接種分類	禁　　忌
卡　介　苗	1.出生體重二、五〇〇公克以下的新生兒。 2.結核病家庭的嬰兒或疑似結核病患者。 3.發燒兒。
白　　喉 百　日　咳	1.有痙攣性病史的幼兒（包括接種第一次後產生症攣反應者）。 2.腦部受傷兒。 3.第一次接種後發高燒（肛門溫度攝氏39度以上）。 4.發燒兒。 5.嚴重感冒或感冒合併喉嚨發炎。 6.六歲以上兒童，百日咳宜減量（Td.成人型破傷風及白喉類毒素，其白喉抗原含量較D.P.T.少）
小 兒 麻 痺	嚴重腹瀉或胃腸道障礙。
種　　痘	1.皮膚發疹，皮膚病或家屬有皮膚性疾病。 2.懷孕。 3.發燒。 4.嚴重感冒，初期感冒或感冒合併喉嚨發炎。
麻　　疹	1.對卵蛋白有過敏者。 2.個案住家附近正在流行麻疹。 3.懷孕。 4.發燒。 5.嚴重感冒，或感冒合併喉嚨發炎。
白　　喉	發燒。
日 本 腦 炎	1.過敏性體質。　　　　　3.懷孕。 2.痙攣性體質。　　　　　4.發燒。
霍　　亂	1.一歲以下。　　2.懷孕孕婦。　　3.發燒。
破　傷　風	發燒。
傷寒、副傷寒	發燒。

資料來源：俞筱鈞，民68。

．喉頭不舒服、呼吸氣管發炎、咳嗽、食慾不振、消化不良、便祕或下瀉。

併發症：中耳炎、支氣管炎、肺炎等。

預防法：流行性感冒的預防如下所述：

．不接近患者，避免至公共場所，將患者嚴格隔離。

．供給充足營養品，增強抵抗力。

護理法：流行性感冒的護理法如下所述：

．保持安靜，多休息。

．多喝開水，補充水分。

．請醫生對症治療。

．調配易於消化且營養之食物。

．寢具、餐具要注意消毒、清潔。

．臥室空氣宜清新流通，但不可對窗直吹，以免再受涼。

．隔離治療，以免傳染其他幼兒。

二、麻疹

原因：是嬰幼兒急性傳染病之一，為濾過性病毒所傳染。傳染之主要途徑是空氣，講話與咳嗽之細菌亦是途徑之一，在發病初期傳染性最大。嬰兒在最初六個月有從母體處得來之免疫體，所以普通不會在此期得病，二至六歲的幼兒最易患此病，患過此病後，通常終生有免疫體。

症狀：麻疹的症狀如下所述：

．潛伏期約七至十四天，輕度發熱、易疲勞。

．初期以上呼吸道感染、發燒、頭痛、不活潑、食慾不振、眼睛發紅、流眼淚、眼屎特別多，口內潮紅、有白斑點、喉炎。

‧發疹期：約在發熱後三至四天高燒、疹子出現，初為淡紅，以後變成紅色。最先由耳後下方髮根處出現，迅速發展及於臉、頸、胸，二十四小時後及於背部、腹部、手腳，四十八小時後蔓延及手、腳心，面部皮疹即開始消失。

‧恢復期：十二至二十四小時內燒漸退，疹子約在七至十日退淨，皮膚有色素沈著為褐色。

併發症：支氣管炎、腦炎、肺炎、中耳炎等。

預防法：麻疹的預防方法如下：

‧不與患者接觸。

‧血清注射，有時也許無法完全防止，但如疾病會較輕微。

護理法：麻疹的護理方法如下所述：

‧保持病房安靜，光線宜暗一點。

‧保持室內溫度的新鮮溫暖，注意體溫、脈搏、呼吸之變化，勿受涼以防併發症。

‧保持身體之清潔，但衣服應穿暖和輕便的。

‧注意飲食，吃易消化的食物，供給多量的水分。

‧恢復期要注意營養的補充，預防併發症，勿劇烈運動。

‧將病兒隔離，可避免傳染其他病或傳染給其他人。

三、百日咳

原因：是一種呼吸器官急性傳染病，大都由幼兒口中飛出唾液泡沫傳染，百日咳病菌是一種球桿菌，發病初期之唾液或痰中含有大量之細菌，愈接近末期，細菌的含量愈少，所以病發初期之傳染力大，四歲以下最容易患染，女孩較男孩易得此

病，已得到此病就會終身免疫。

症狀：百日咳此種呼吸器官的傳染病會有下述症狀：

· 潛伏期約五至十五天，病的持久期約六星期。

· 初期的症狀和感冒相似，有輕度的咳嗽，尤其在夜裏，慢慢的咳嗽變爲厲害，白天亦咳嗽，並有鼻炎、打噴嚏、聲音嘶啞，有時咽喉發紅及輕度發燒的症狀。

· 痙攣性咳嗽時期：病發後約二星期，咳嗽變爲很厲害，有一陣陣的爆發性咳嗽，臉部發紅，甚至發紫，出汗，呼吸困難。咳到最後突有一深吸的動作，同時並有啼聲，可能引起嘔吐，痰爲黏液性，有時嚴重咳嗽後精力衰竭，或神志昏迷，或有驚厥現象。

· 恢復期：病發後約第五週，所有症狀都漸漸減輕，但有時另一種傳染，如傳染到病毒性鼻炎時，會使這種咳嗽重發。

併發症：百日咳的併發症有下述幾種：

· 支氣管肺炎、支氣管擴張症等。

· 舌繫帶潰爛、腹瀉等。

· 驚厥現象、腦炎等。

· 出血現象，鼻出血、咯血、結合膜下出血。

預防法：百日咳的預防方法有下述二種：

· 接受預防接種。

· 不與患者接觸。

護理法：百日咳的護理方法有下述幾種：

· 藥物治療，依醫師的指示。

· 免血清或免疫性人血清注射，可以減輕痙攣性咳嗽。

· 除非有併發症，否則須到室外呼吸新鮮空氣和曬太陽。

- 與健康幼兒隔離，以防傳染。
- 注意病兒之舒適、空氣流通、室溫適宜，在痙咳時可採取坐臥式，易吐出。
- 在陣痙咳時，用腹帶紮腹部，使病兒舒服，並可預防疝氣。
- 保溫不可受涼。
- 注意口腔、鼻、耳之清潔，即個人衛生。
- 注意排泄，勿使便祕，否則會加重痙咳陣發。
- 注意營養，宜少量多餐，供給足夠養分，勿使身體衰弱。
- 鼓勵病兒自制，勿以故意咳嗽引人注意。

四、白喉

原因：白喉是一種急性傳染病，由白喉桿菌所引起，白喉桿菌呈細長形，可能稍呈彎曲形狀，很容易被熱力所消滅，抗寒力很高，可在冰內活數星期，在乳汁內及已乾燥的黏液內可活數天至數星期。傳染的方式大多由患者或帶菌者的飛沫傳染所致，幼兒期的患者很多，患病後有免疫性。

症狀：白喉會發生的症狀如下所述：

- 潛伏期約二至六天。
- 細菌在咽頭扁桃腺繁殖後侵入組織，產生壞死和發炎，然後產生出滲透液與壞死組織形成一層假膜，膜液包在扁桃腺上，上面可到鼻子，下面可到支氣管，並可產生毒素至心臟，使心臟發炎。
- 發熱、全身不適、喉頭咽頭痛。
- 扁桃腺咽頭紅腫，二十四小時發炎，並有黃色滲透液，

形成假膜，不易去掉。

　·假膜直擴張到鼻子時，會有帶血的分泌物，並有臭味。

　·若分泌物到咽頭，支氣管就會阻塞而呼吸困難，並有聲
　　音，臉發紺，神智不清。

併發症：白喉的併發症有下述幾種：

　·支氣管肺炎、肺膨脹不全、呼吸通路阻塞。

　·心臟發炎，導致心臟衰竭、麻痺、神經炎、神經麻痺。

　·血液循環衰竭、腎臟炎。

預防法：白喉的預防方法有下述二種：

　·注射白喉抗毒素；

　·少與患者接觸。

護理法：白喉的護理方法如下所述：

　·病兒需要隔離治療。

　·注射白喉血清（即抗毒素）。

　·保持安靜，多休息。

　·急救時得切開氣管手術。

五、水痘

　　原因：水痘是幼兒的一種急性傳染病，病源體是濾過性病
毒。傳染途徑為空氣、直接接觸或飛沫傳染，傳染力很強，患
者多為二至六歲，患過一次即有終身免疫性。

　　症狀：

　·潛伏期約十三至十七天，在發疹後二十四小時，發疹後
　　七日有傳染性。

　·輕微的發熱，全身疲乏，食慾不振。

　·出現斑疹，最初是紅色小斑點，二十四小時後就變成米

粒大，再變成碗豆一樣大的水泡，二、三天內逐漸增多，而後進入結痂期，除非受續發性細菌傳染，絕不化膿。

· 發疹普通由軀幹開始，然後蔓延到頭部、肩、在手足暴露部，有時在黏膜上可能找到，如發疹厲害會發高燒。

併發症：很少有併發症者，有時會引起腦炎、脊髓炎或神經炎等症。

預防法：保護體弱幼兒，六歲以下者可注射病後二至三個月恢復期血清或注射免疫球蛋白，雖不能完全免疫，可減輕症狀。

護理法：水痘的護理方法如下所述：
· 依醫生指示治療。
· 發熱時預防受涼及上呼吸道的感染。
· 將幼兒指甲剪短，並須保持清潔，勿使抓破以免傳染及留下疤痕。
· 皮膚應保持清潔，每天洗澡，不可用刺激性肥皂。
· 衣服之選擇，須柔軟而輕便，吸汗且透風。
· 注意不正常現象，預防併發症的發生。
· 注意有足夠之睡眠，且多休息。

六、肺炎

原因：肺炎的原因如下所述：
· 由肺炎雙球菌引起，傳染途徑是由小滴飛沫經呼吸道傳染。
· 由感冒、支氣管炎變成，或由百日咳、麻疹等症併發。
· 營養不良、過度疲勞，以致抵抗力弱而引起。

症狀：肺炎的症狀如下所述：

· 發高燒、鼻炎、流鼻水、喉頭腫紅、疲勞、不安、咳嗽。

· 胸部疼痛、呼吸急促、呼吸困難。

· 心臟容易衰弱、脈搏跳動快而弱。

· 舌常有舌苔，重者舌變乾。

· 便祕、腹脹、尿量少。

併發症：中耳炎、肋膜炎、腦膜炎、腹膜炎等。

預防法：肺炎的預防方法有下述幾種：

· 禁止與病兒接近。

· 慎防由其他病症轉化或病發。

護理法：肺炎的護理方法如下所述：

· 按醫生所囑治療，最好住院接受治療。

· 安靜休息、供給氧氣、水分及易消化營養食物。

· 避免著涼。

· 注意口腔護理。

· 呼吸困難時，可用半臥式較舒服。

· 腹脹之處理：因腹脹會增加呼吸困難，必要時可給灌腸。

· 在發紺時，可按醫囑給氧氣。

· 注意恢復期，應避免過度疲勞。

七、小兒麻痺

一般所指小兒麻痺是指脊髓性小兒麻痺（poliomyelitis），原名為急性灰白脊髓炎，患者手腳引起萎縮現象。

原因：多半由於幼兒期，傳染性病毒侵入脊髓灰質體引起

骨膜炎或骨髓炎，造成脊髓神經之損傷而引起下肢肌肉的收縮與肢骨發育障礙等狀態（郭為藩，民82）。

症狀：小兒麻痺的症狀如下所述：

· 潛伏期約四至十天。

· 突然發高燒後一至二日間衰退，之後手腳發生麻痺。

· 最初症狀與感冒相似。

· 除手腳外，腹部或頸部的肌肉也可能麻痺。

· 因長期麻痺的結果，該處組織萎縮，發育不佳。

預防法：小兒麻痺的預防方法有下列二種：

· 注射沙克疫苗，沙賓口服疫苗內服。

· 夏季流行季節應避免被傳染。

護理法：小兒麻痺的護理方法如下所述：

· 即早接受醫生診治。

· 保持安靜，約一週時間，避免受到任何刺激。

· 麻痺部分使用按摩法，防止手腳發生萎縮。

· 如已麻痺，應速做復健（rehabilitation）工作，使機能之喪失達到最小。

八、日本腦炎（腦膜炎）

原因：為濾過性病毒所引起，經由蚊蟲媒介傳染，流行期以蚊蟲孳生時期五至九月為主，以一至七歲的幼兒較易罹患此病。

症狀：日本腦炎有下述幾種症狀：

· 初期症狀為發燒、頭痛、嘔吐、食慾不振等，體溫通常升得很高，約七至十日才能退，病兒出現不安、不適。

· 初期症狀之後就發生精神障礙，嚴重者，有意識障礙，

一、二星期內就死亡。

· 有時因興奮而說囈語，手腳麻痺或亂動，做出奇怪的動作。

· 退熱後往往變成手腳不聽指揮，意識不清或痴呆。

併發症：肢體殘障、性格異常、智能障礙。

預防法：日本腦炎的預防方法如下：

· 流行季節注射日本腦炎疫苗。

· 改善環境衛生，撲滅蚊蟲，避免被蚊子叮咬，杜絕媒介感染。

· 避免在炎熱之陽光下運動，或過度疲勞。

護理法：日本腦炎的護理法如下所述：

· 住院隔離，並防止肺炎之發生。

· 注射大量的維生素或輸血。

· 若無法進食可以橡皮管灌入流質食物，以防營養缺乏症發生。

第九節　幼兒保護

生而為人，就應受到絕對的、無條件的尊重——這不但是吾人基於常識應有的理念，也是人類學的法則（馬佳斯基，民78），但事實上並不是如此，尤其身為人類的幼苗——兒童。據美國一九八四年的統計：有 1,024,178 個家庭與 1,726,649 個兒童被列為遭到父母虐待（abuse）與疏忽（neglect）之案件。其中有 3.3％之重大身體傷害，17.7％之中度身體傷害，3.6％之其他身體傷害，13.3％之性攻擊以及虐待，54.6％之剝奪生活必

需品，11.2％之情緒虐待以及9.6％之其他虐待（Rosen, Fanshel & Luts, 1987）。在國內，中華兒童福利基金會曾統計自民國八十六年七月迄八十七年六月一年之間，向各地家扶中心求助的兒童保護個案總數為863件，其中性虐待占12.23％，精神虐待占9.36％，身體虐待占26.78％，嚴重疏忽占43.47％，管教不當疑似虐待占8.15％（民生報，民87）。有個案涉及多種被虐待。

根據內政部的統計，民國87年有3,165名12歲以下兒童受虐，比86年增加10.4％，其中0-2歲幼兒有458人，占14.5％；3～5歲幼兒有458人，占14.5％；3～5歲幼兒有746人，占23.6％（聯合晚報，民88）。由以上三種統計數字，吾人可知：兒童被虐待之事件，中外皆有之。雖然「虎毒不食子」，但我國傳統「棒下出孝子」、「不打不成器」、「天下無不是的父母」之觀念，兒童被虐待的事件，想必層出不窮，而學前兒童——幼兒，自當不能倖免，從報章雜誌中，屢屢傳出幼兒被虐待致死、受傷、綁架、強暴之事件，可窺知一二，而尚無自衛能力之幼兒，其保護措施就更顯得重要了。

幼兒被虐待之意義及種類

幼兒被虐待意指父母或對幼兒有照顧責任之人，因加諸之不當行為或疏忽，致使幼兒造成身體或心理有形、無形的傷害。幼兒被虐待的種類很多，歸納如下：（中華兒童福利基金會，民77；武自珍，民77；鄭瑞隆，民77；王明仁等，民78）。

一、身體上的傷害

所謂身體上的傷害即直接或間接加諸幼兒的身體傷害行為，諸如：搖撼、毆打、燙傷、供其服用鎮定劑或安眠藥等。身體上的傷害可能導致幼兒瘀青、身體部位受傷、骨折、中毒、生病，嚴重者造成肢體殘障，甚至死亡。

二、身心上的疏忽

所謂疏忽就是沒有適當地照顧到幼兒的健康、安全及幸福。身體上的疏忽包括未能提供適當衣服、營養與醫療等；心理上的疏忽包括無法提供適當的教育及讓幼兒獨處自家（如鑰匙兒）等。身心上的疏忽可能導致幼兒受傷、生病、智能發展遲緩、缺乏管教、缺乏安全感、退縮、孤僻、被綁架等。

三、精神上的傷害

所謂精神上的傷害係指對幼兒造成心理上的恐懼或侮辱，諸如：厲聲叫罵、輕視、嘲笑、恐嚇、不與其講話、不能給予溫暖及愛等。精神上的傷害可能導致幼兒人格發展異常、缺乏安全感、人際關係障礙等。

四、性虐待

所謂性虐待係指對幼兒做出性騷擾或強姦。性虐待包括玩弄生殖器官、手淫、褻玩身體其他部位、強姦以及故意對幼兒暴露性器官等部位。性虐待會對幼兒造成生理及心理上的影響，於生理上可能造成陰部出血、陰部及大腿附近瘀傷及紅腫、處女膜破裂和性病等；於心理上可能造成恐懼、驚慌、不安全感、羞恥、惡夢、憎恨異性等。

被虐待幼兒之特質

要保護幼兒，最根本的做法是先去瞭解何種特質的幼兒最容易被虐待，亦即被虐待者本身所具備的特殊情況加以認識，吾人大致可歸納爲以下幾點（王明仁等，民78）：

一、不可愛的

一般人都相信，受虐待或不夠健壯的幼兒都是不可愛的，「不可愛」便是虐待幼兒方程式中的原始因素。

二、不預期出生的

在理想的狀況下，一個父母渴望獲得的幼兒，自然是父母視爲可愛的，這會使父母彼此支持，樂於擔任父母的角色。相反地，若是父母不預期出生的幼兒，可能讓父母產生焦慮、拒絕和反感的態度，進而產生虐待的行爲。

三、不好帶的

柔順、好帶的幼兒，會增加父母正面的情感，增進他們和幼兒親情的依附；相反的，不好帶的、脾氣不好的、吵吵鬧鬧的幼兒，自然引起父母的反感，造成有形無形虐待的事件發生。

四、發展不良的

早產兒、體形太小、罹病，或有先天缺陷（如兔唇、智能不足、肢體障礙）等幼兒，常會造成親子間不良的關係，讓父母對之感到失望，父母還可能對他產生拒絕或懷恨之意。

除以上所述四點外，我們還可發現部分人際關係差、社會技巧失敗、人格偏差的幼兒，易引起被虐待的事件，而最值得注意的是被虐待之幼兒，有惡性循環之現象，亦即被虐待之幼兒，在身心特質方面，益顯上述之特徵，而更具被虐待之特質。

如何發現被虐待之幼兒

- 幼兒突然不喜歡上幼稚園（或托兒所），顯示可能遭老師或保育員責、體罰，亦可能遭到同儕之欺侮。
- 幼兒突然要求提早到幼稚園（或托兒所），或下課後不願回家，可能為鑰匙兒，或遭家人之虐待。
- 幼兒身體骯髒、不重衛生，或衣著過髒不換、不合時令。
- 幼兒破壞性強，攻擊性過高，表現暴力之傾向，可能被虐待而求發洩，或模仿成人之暴力行為。
- 幼兒身體上有瘀傷及其他傷痕。
- 可能因被虐待，而表現出退縮、被動或過於順從。
- 有病而未就醫，或不當醫療（如求神問卜），顯示父母對幼兒之疏忽或不重視。
- 時時未吃早餐，過度飢餓或外表看出營養不良之狀況，顯示父母對幼兒之疏忽。
- 幼兒常感疲勞、無精打采，顯示父母未能助其按照正常作息生活。
- 當他人向父母打聽有關幼兒的問題時，父母顯出不悅或要責打幼兒，或一味否認旁人的說詞。

・施虐或疏忽之父母極少參與幼稚園（或托兒所）的活動，如參與教學、家長會及親子活動等。

・中華兒童暨家庭扶助基金會（民88）公布近十年來統計施虐者特質分析時發現：施虐者以婚姻失調是主因，其次是缺乏親職知識，酗酒與藥物濫用為第三，社會孤立為第四、家庭貧窮為第五、失業為第六，其他還有精神病、迷信、施虐者本身童年有受虐經驗。

兒童被虐待、疏忽診斷評估表，如**表5-6**。

如何保護被虐待之幼兒

根據以上對中外兒童虐待事件統計數字的認識，以及被虐待幼兒內外在特質因素的瞭解，特提出下列幾點保護措施（翁慧圓，民77）：

一、補充性的（supplemetary）幼兒保護服務

即對受虐幼兒的家庭提供急難救助、實物補助，提供生活必需品；對施虐父母提供各類社會資源、協助低收入家長建立社會支持網，提供就業訓練與輔導等。此類措施可補充受虐幼兒家長的親職能力，有助其家庭功能的正常運作，避免因父母的失業、家庭經濟困窘而導致幼兒成長所需受到剝削。

二、支持性的（supportive）幼兒保護措施

如對受虐者與施虐者的諮詢協談，對施虐家長的親職教育服務，對未婚母親或初產婦提供親職與育嬰知識（Poerther, 1987）、提供幼兒保護相關法令、教導托兒所人員應付壓力，及

表5-6 兒童虐待／疏忽診斷評估表

類型	身 體 指 標	行 為 指 標
身體虐待	·淤血和傷痕·燒燙傷·骨折·裂傷和擦傷·腹部傷害·其他（人齒咬傷痕、頭皮片狀光禿……等）	·厭煩與成人有身體之接觸·極端憂慮·攻擊、敵意、退縮·恐懼父母·害怕返家·說明受父母（照顧者）打傷·回答問題冷淡·不願與父母接近·呈現薄弱自我概念
發育不良	·體重過輕·發育不正常·經常疲倦或無精打采·缺乏充足食物和營養·屋內食物腐敗	·偷食物·長期於上課時疲乏和無精打采
疏忽	·遺棄—完全或長期遺棄·幼童乏人照顧·受不當照顧者之看護·長久不適當之教導或參加有危險性活動·未關心身體的不適或未就醫治療·穿著不當·患嚴重疹子或皮膚病·長年污穢不潔·長期缺課·在家遭不當挨打·有健康安全、火等之威脅·住屋結構不安全·暴露之電線·住屋環境不潔	·衣著襤褸·外型與憂慮均超過應有的年齡·吸毒·犯罪·抱怨營養、教導、照顧不當
性虐待	·走路或坐下有困難·內衣撕破、污穢或帶血漬·訴說陰部疼痛、腫或癢·訴說排尿時疼痛·外陰部、陰道或肛門一帶，嘴或喉嚨有淤腫、流血或裂傷·陰道或陰莖流腫·性病·未成年懷孕	·與同儕關係不良·不願參加體育活動·不願穿體育服裝·犯罪行為·不尋常性行為知識—早熟的誘惑行為·學業分數變化·抱怨性侮辱
精神虐待		·社會規劃不良·日常生活習慣變更·無法控制大小便·性格異常（反社會、破壞、殘酷、強迫性行為、焦慮、固執、恐懼症、消沈）·智能、情緒、社會發展失調·考慮自殺·企圖自殺·厭食

資料來源：翁慧圓，民77②。

教導幼兒自我保護之研習活動等。經由兒童福利機構提供知識、技巧和精神上之支援，可避免虐待的再發生，並使幼兒得到較佳的保護與成長。

三、替代性的（substitutive）幼兒保護服務

由於幼兒受到極大的身心創傷，必須暫時或永遠地與父母（即照顧者）隔離，以防止進一步的傷害。如寄養安置、提供緊急安置（crisis care）、提供受虐者庇護所等。

最後，據台北市社會局兒童保護專線所接獲的個案，百分之百都是由受虐待兒童的親戚、朋友、鄰居所發現（林淑玲，民78）。因此，保護幼兒，人人有責，為了所有幼兒能有一個免於被虐待的權力，每位國民不應自掃門前雪，應勇於檢舉所見到的每一件幼兒被虐待事件（註：24小時兒童保護免付費專線電話，台灣省080-422110，台北市080-024995，高雄市080-099595）。同時，為使幼兒保護能達更好的效果，提供幼兒保護措施的機構，應由法律授予其一定權力和責任，使其可接受投訴、調查狀況，而基於幼兒立場，即使未有人申請協助時，亦能主動提供協助（蔡美娟，民78）。

參考書目

· 王明仁等。《兒童虐待—理論與處置》。中華兒童福利基金會
　　　印行，第5、6、28、29頁，（民78）。

· 王秀紅。〈燒傷孩兒之分析研究〉，《公共衛生》第10卷第
　　　二期。台灣省公共衛生研究所發行，第207、208頁，
　　　（民72）。

· 王靜珠。《幼稚教育》。自印，第342～347頁，（民81）。

· 中央健康保險局。《兒童健康手冊》。自印，第4～7頁，
　　　（民84）。

· 中華兒童福利基金會。《兒童保護手冊①》。自印，第2頁，
　　　（民81）。

· 中華兒童暨家庭扶助基金會。刊載於《自立晚報》，民國88
　　　年5月17日，第6版，（民88）。

· 台北市衛生局。〈台北市兒童健康程度調查報告〉，《台北市
　　　政週刊》第788期，民國73年2月15日，第4版，（民
　　　73）。

· 民生報。民國87年4月25日，（民87）。

· 行政院衛生署。「每日營養素建議攝取量」，（民75）。

· 朱敬先。《幼兒教育》。五南圖書公司，第438～443頁，
　　　（民81）。

· 武自珍。〈兒童發展與兒童保護〉，摘自《兒童保護要論》。
　　　中華兒童福利基金會印行，第60、61頁，（民77）。

· 林淑玲。《中國時報》，民國78年4月5日，第13版，（民
　　　78）。

‧馬佳斯基。〈人類生命的尊嚴與維護—從懷孕到死亡〉，刊登
　　於《中央日報》，民國 78 年 4 月 13 日，第 3 版，（民
　　78）。

‧俞筱鈞等。《托兒所教保手冊》。內政部編印，第 87、88
　　頁，（民 68）。

‧翁慧圓。摘自《兒童保護要論》。中華兒童福利基金會印行，
　　第 149 頁，（民 77）。

‧翁慧圓。〈台灣兒童福利基金機構如何從事幼兒保護〉，摘自
　　《保護要論》。中華兒童福利基金會印行，第 154～156
　　頁，（民 77）。

‧張欣戊。《發展心理學》。國立空中大學印行，第 100 頁，
　　（民 84）。

‧張崇賜。《兒童發展與輔導》。台中師專出版，第 78 頁，
　　（民 73）。

‧郭爲藩。《特殊兒童心理與教育》。文景書局出版，第 136
　　頁，（民 82）。

‧郭實渝。《台灣北部幼稚園兒童健康近況研究》。台北市立師
　　專出版，第 31 頁，（民 73）。

‧陳裕民。《自立晚報》81 年 8 月 17 日 17 版，（民 81）。

‧陳建宇。《聯合報》81 年 5 月 18 日 5 版，（民 81）。

‧蔡美娟。《兒童保護措施範本》，內政部社會司印行，第 19
　　頁，（民 78）。

‧鄭瑞隆。〈我國兒童被虐待嚴重性之評估研究〉。中國文化大
　　學兒童福利研究所碩士論文，第 77～80 頁，（民 77）。

‧聯合晚報。民國 88 年 5 月 15 日，第 2 版，（民 88）。

‧Beyer, N. R., & P. M. Morris.（1974）. Food Attitudes and

Snacking Patterns of Young Children. *Journal of Nutrition Education*, 6:4, 131-134.

· Breckenridge, M. E. & M. N. Murphy.（1969）. *Growth and Development of theYoung Child（8th ed.）*. Philadelphia: W.B. Saunders Company, 201.

· Despert, J. L.（1949）. Sleep in Preschool Children: A. Preliminary Study. *Nerv. Child*, 8, 8-27.

· Eichorn, E. H.（1979）. Physical Development: Current Foci of Rearch. In J. D. Osofsky（ed.）, *Handbook of Infant Development*. N.Y.: Wiley.

· Fallen, N. H., & J. E. McGovern.（1978）. *Young Children with Special Needs*. Ohio: Bell & Howell Company, 7,20.

· Granger, R. H.（1980）. *Your Child From One to Six*. U.S. Department of Health and Human Services,15,29.

· Green, M. I.（1977）. *A Sigh of Relif-the First-aid Handbook for Childhood Emergencies*. N.Y.: Bantam Books, Inc., 18, 35.

· Hurlock, E. B.（1968）. *Developmental Psychology（3rd ed.）*. N.Y.: McGraw-Hill Inc., 141, 195, 198.

· Hurlock, E. B.（1978）. *Child Development（6th ed.）*. N.Y.: McGraw-HillInc., 129.

· Jackson, R. L.（1965）. *Effect of Malnutrition on Growth of the PreschoolChildren, Preschool Malnutrition Primary Deterrent to Human Progress*, National Academy of Sciences-National Research Council, 16.

· Jacobziner, H.（1955）. Accidents: A Majoy Child Health Problem. *Journal of Pediatrics*, 46, 419-436.

· Krause, M. V., & L. K. Mahan.（1981）. *Food, Nutrition and Diet Therapy*. Taiwan:University Book Publishing Company, 324.

· Macfarlane, J., L. Allen, & M. P: Honzik.（1954）. *A Developmental Study of the Behavior Problems of Normal Children between Twenty-one Monthsand Fourteen Years*. Berkeley, Calif.:Univ. California Press.

· Owen, G. M. et al.（1974）. A Study of Nutritional Status of Preschool Children in the United States, 53, Part II, *Supplement*, 597-646.

· Poertner, J.（1987）. The Kansas Family and Children Trust Fund: Five Year Later. *Child Welfare*, 66, 3-12.

· Rosen, S. M., D. Fanshel, M. E. Lutz.（1987）. *Face of the Nation 1987, Statistical Supplement to the 18th Edition of the Encyclopedia of Social Work*, by N.A.S.W. 1987. Silver Spring, Maryland.

· Smart, M. S., & R. C. Smart,（1977）. *Children: Development and Relationships（3rd ed.）*. N.Y.: Macmillan Publishing Co., Inc., 203.

· Spock, B.（1964）. *The Pocket Bocket Book of Baby and Child Care*. N.Y.: Pocket.

· Vaughan, V. C., & R. J. Mckay.（1975）. *Nelson Textbook of Pediatrics（10th ed.）*. Philadelphia: W. B. Saunders Co.

第/6/章/
幼兒保育人員

在家庭中，雙親就是保育人員，保育工作是父母責無旁貸的事情，唯有自己的父母，才能最瞭解幼兒，幼兒保育是一種很艱辛的工作，也唯有幼兒的父母才能毫無怨言的承擔，換了另一個局外人來做育幼工作，則可能變了質，因為育幼工作是一種「天職」，它必須付出相當的愛心、耐心和苦心；如果由第三者來擔任，則往往變成了「職業性」的托兒，職業性的托兒可能只付出勞力，完成幼兒的生理需求，如餵哺或保護的工作——儘量使幼兒免於受風寒或意外傷害，無法顧及心理的需求，這對幼兒身心發展有莫大的影響。然而在工商業社會中，幼兒的父母大都投入社會工作，育兒天職不得不仰求他人，於是「幼兒保育」工作遂成為一種職業，應運而生。一般而言，三、四歲以上的幼兒，大都進托兒所或幼稚園，然三歲以下的幼兒就有些不同，據劉可屏（民74）調查指出：給親戚照顧者最多，占57%；請專任保母占37%，在托嬰、托兒所者為5%，這說明目前保育人員之需求性。卡督訓和馬探（Kadushin & Martin, 1988）稱此種保育工作為補充性的服務（supplementary services），亦即當父母親的角色發生了問題，而影響到親子關係時，為了幼兒能得到良好的成長環境，只好替幼兒尋找一種補助性的服務，依照卡氏認為補助性的服務可分為家庭扶助津貼（financial maintenance）、家庭服務（homemaker programs）和托育服務（day care programs）。基於親職角色除了親生父母外，任何人均不宜擔任的原則下，又因父母均上班或其他理由，而不得不暫時替幼兒找到親職角色的代理人時，吾人只有嚴格的來選擇幼兒保育人員，唯有稱職的保育人員，才能為幼兒的父母盡到育兒的責任。此外，丁碧雲（民64）曾對家庭以外的幼兒保育（out of home child care）之功能做以下之描述，

亦即保育人員所應能完成的任務：

　　·幫助現有家庭不足之照顧。
　　·當幼兒自己的家庭發生問題，或家庭改組時，可供暫時
　　　性的照顧。
　　·當幼兒以前生活經驗中所受到的損害，可助其治療
　　　（treatment）。
　　·當幼兒的父母不能供給幼兒的需要時，可供給幼兒一永
　　　久性的安置場所。

　　為了達成上述之任務，可見保育人員須具備有一定的條
件、學識與工作能力，使能勝任，以下就分別討論之。

第一節　幼兒保育人員應有的條件

　　李鍾元（民70）在論及兒童福利工作人員的條件時，曾提
及六大項，它們是：

　　·健全的身心。
　　·豐富的學驗。
　　·服務的精神。
　　·適度的同情。
　　·創造的能力。
　　·高尚的情操。

　　至於幼兒保育人員的條件，大致與上述相同，以下就分成
兩大類，一為基本條件，另一為專業條件來討論。

基本條件

一、要有健全的身心

　　大多數的幼兒都是體力充沛，樂於活動而不疲。因此保育人員必須要有健康的身體，精神飽滿，才能帶動幼兒的各項活動；在心理方面則必須有和諧的情緒、完美的人格，才能勝任愉快，否則常常心情不穩定、鬧情緒，對保育工作將有莫大的影響。

二、要有敬業的精神

　　幼兒保育人員的工作和教育工作一樣，是相當艱巨的。假如沒有敬業的精神，則無法堅定崗位，對自身的工作易發生厭倦之感。所謂敬業的精神，就是對本身的工作要具有信心和興趣，有了信心就會產生力量。這種力量，可以排除一切困難；有了興趣，自然會樂於此道，誨人不倦。

三、要有高尚的儀表

　　幼兒的模仿力很強，保育人員天天與幼兒接觸，身為師表，更是幼兒模仿的對象。因此，保育人員應注意「身教重於言教」，做好幼兒的典範，美國心理學者班都拉（Bandura, 1977）提出社會學習論（Social learning theory），也認為幼兒行為的習得是透過觀察與模仿（modeling）而來的。

四、要有服務的精神

　　幼兒保育工作人員應具有高度的服務熱忱，不計個人的報酬，奉獻犧牲，去為幼兒服務。因為幼兒年紀小，不懂事，很

難得給保育人員有任何回饋，唯有靠保育人員默默的耕耘，細心的培育，看他們慢慢地成長，將來才會有開花結果的一天。

五、要有正確的基本觀念

身為保育員，要有正確的觀念，才能做好保育工作。王靜珠（民81）就曾強調幼兒保育人員應具備下列幾個基本觀念才能勝任：

- ·幼兒不是成人的縮影。
- ·重視幼兒個別差異。
- ·「育」重於「教」的教育階段。
- ·顧及心能及體力負擔。
- ·以保育工作為終身事業。

專業條件

一、專業的知識

幼兒保育所須具備的專業知識很廣，例如幼兒保育、幼兒生理學、幼兒心理學、幼兒發展與輔導、幼兒心理衛生、個案工作、團體工作、活動單元設計、特殊幼兒心理與教育等，是一個保育人員應具備的專業的知識，亦即具備有關幼兒身心發展的各種知識，如此才能教導幼兒。

二、專業的技能

幼兒保育工作是一種實務工作，因此，要熟練有關保育幼兒的各種專門技能。在專業知識領域內，固然可以領悟到一些原理、原則，但最主要的要從實際活動中去獲得專業技能。一

方面要會照顧幼兒飲食、起居等一切生活上所必須的實務工作；另一方面則要能帶動幼兒做各種活動，有關專業技能如幼兒體能、幼兒音樂、幼兒工藝、琴法、幼兒教育玩具及教具製作等。

三、專業的理想

「十年樹木，百年樹人」，幼兒保育人員具有親職與教職兩種責任在，可謂任重道遠，對幼兒培育，要見他們將來有所成就，可能是數十年後的事了。因此，保育人員要有長遠的眼光，崇高的理想，不求急功近利，但求幼兒正常發展後出人頭地，堅守崗位，敬業樂群，具有此種專業理想的人才能勝任。

綜上所述，幼兒保育人員應具備的條件，在基本條件上較注重個人的修養，以達到身教重於言教的目的；在專業條件上，則重視幼兒教保知識的理論與實務，相互運用，如此才能成為一位稱職的保育人員。

第二節　幼兒保育人員的任用資格

隨著科技、人文社會知識的進步，各行各業有逐漸專業化的趨勢，身為保育民族幼苗的保育員自當不例外，傳統保母的時代已過去，「人人可當保母」的時代也已過去了，取而代之，負有時代重任的保育員必須具備有一定的資格，始能勝任，而且這些資格也越來越嚴格，將更隨著教育的普及，社會科學理論更嚴格的要求，而有再提昇的趨勢。在任用方面，也因為國家人事制度越來越健全，必須具備一定的法定程序，而

取得任用資格。

根據《托兒所設置辦法》（內政部，民 70）的規定，托兒所的所長、教師、社會工作員、保育員資格，均有明文規範（請參考附錄五：托兒所設置辦法之第九、十、十一、十二條）。

然內政部又在民國八十四年根據「兒童福利法」第十一條制定了「兒童福利專業人員資格要點」（請參考附錄六），將兒童福利專業人員分為四種：（一）保育人員、助理保育人員，（二）社工人員，（三）保母人員，（四）主管人員。其資格說明如下：

一、助理保育員

· 高中（職）學校幼兒保育、家政、護理等相關科系畢業。

· 高中（職）學校非幼兒保育、家政、護理等相關科系畢業，並經主管機關主（委）辦之助理保育人員（360小時）專業訓練及格者。（註：依本條取得助理保育員資格者，除非學歷提高至專科以上，否則將沒有晉升為保育員、所長、主任的機會。）

二、保育人員

· 專科以上學校兒童福利科系或相關科系畢業者。

· 專科以上學校畢業，並經主管機關主（委）辦之兒童福利保育人員（540小時）專業訓練及格者。

· 高中（職）學校幼兒保育、家政、護理等相關科系畢業，並經主管機關主（委）辦之兒童福利保育人員（360小時）專業訓練及格者。

・普通考試、丙等特種考試或委任職升等考試社會行政職系考試及格，並經主管機關主（委）辦之兒童福利保育人員（360小時）專業訓練及格者。

三、社工人員

・大學以上社會工作或相關學系、所（組）畢業者。

・大學以上畢業，並經主管機關主（委）辦之兒童福利社工人員專業訓練及格者。

・專科學校畢業，並經主管機關主（委）辦之兒童福利社工人員專業訓練及格者。

・高等考試、乙等特種考試或薦任職升等考試社會行政職系考試及格；普通考試、丙等特種考試或委任職升等考試社會行政職系考試及格，並經主管機關主（委）辦之兒童福利社工人員專業訓練及格者。

四、保母人員

應經技術士技能鑑定及格取得技術士證者。

五、托兒機構之所長、主任應具下列資格之一

・大學以上兒童福利學系、所（組）或相關學系、所（組）畢業，具有二年以上托兒機構教保經驗，並經主管機關主（委）辦之主管專業訓練及格者。

・大學以上畢業，取得本要點所定兒童福利保育人員資格，具有三年以上托兒機構教保經驗，並經主管機關主（委）辦之主管專業訓練及格者。

・專科學校畢業，取得本要點所定兒童福利保育人員資格，具有四年以上托兒機構教保經驗，並經主管機關主

（委）辦之主管專業訓練及格者。

· 高中（職）學校畢業，取得本要點所定兒童福利保育人
  員資格，具有五年以上托兒機構教保經驗，並經主管機
  關主（委）辦之主管專業訓練及格者。

· 高等考試、乙等特種考試或薦任職升等考試社會行政職
  系考試及格，具有二年以上托兒機構教保經驗，並經主
  管機關主（委）辦之主管專業訓練及格者。

第三節　幼兒保育人員的訓練

訓練方式

　　幼兒保育工作人員既然要有專業的知識與技能，就不能沒
有專業訓練，專業訓練的方式，可依訓練時間及方式的不同，
分成以下幾種：

　　正規教育（formal education）：係按照學制規定而設置學
校，以學校教育來訓練保育人員，這是最正式的訓練，也較能
教育出真正的專業人才。因為它有一定的入學資格、課程標
準、教育年限及畢業準則。通常應成立正統的幼兒保育學校，
或是在大專院校設立幼兒保育科系，在高中職成立幼兒保育
科。

　　短期訓練（short-course training）：在社會迫切需要保育人
才，而此種人才在短時間內無法供足時，只好由主管機關依必

要的法令及程序來為有興趣從事此工作者做短期訓練。在課程上通常採密集方式，選擇最基本、最實用的科目來當教材。

在職訓練（in-service training）：在職訓練之要義有二：

·各機構對其現職人員為求更新專業知識與技能所做的再教育，可利用週六、日或晚間實施。

·各機構在迫切需要人才，而又無適當人員遞補時，暫以學歷相當而未受過專業訓練者充任，此種人員應在機構內向資深保育員見習及實習，並利用時間自行進修。機構須為此種新進人員訂立訓練計劃，以能更實際及有效的得到訓練成果，有利保育工作。

巡迴講習（itinerant teaching）：係由政府有關機構為使工作人員吸收新知，充實新技能所採用的一種方式，通常由專家學者組成巡迴團，分赴各地輔導講習，尤其對偏僻地區工作人員來說有相當助益。

參觀實習（visit and field work）：由機構本身派員至各相關機構（特別是辦理成效卓越或有特色者）參觀實習。參觀的目的是利用最短的時間習人之長，將所見所聞加以記錄或拍照或錄影，帶回自己機構應用。實習通常適用於初任保育員之前的學習課程，其目標有三（Evans, Shub, & Weinstein, 1971）：

·以廣泛的教學技巧和資源供給初任的保育員。

·幫助保育員發展一種創造技巧的認識，使她們能在教學時，提供創造經驗給幼兒。

·幫助助理保育員在基本課程領域發展特殊的教學技能。

由以上五種訓練方式，吾人可知正規訓練應被廣為利用，政府有關單位，如教育部、內政部應協調配合實施。此外，由

於時代日新月異，各種知識進步相當快，保育人員最好能在二年或三年各調訓一次，做短期在職訓練，吸收新知識，更能勝任自己的工作。同時，保育工作之訓練與教育應是隨時進行、持續進行，因此，保育人員應在日常生活中，隨時進修，閱讀有關書籍、報章雜誌，精進自己的知能，如此才能做一個稱職的保育人員。

訓練課程

為了提高幼兒保育人員的專業度，內政部於民國八十六年一月頒布了「兒童福利專業人員訓練實施方案」（參考附錄七），作為訓練保育人員的依據，依該方案第五條「訓練類別與對象」之規定，訓練方式及對象可分為下列三種：

一、職前訓練
- 凡高中（職）以上學校畢業，有志從事兒童福利工作者。
- 保母人員專業資格另依本要點第五點規定辦理。

二、在職訓練：未經本要點所定專業訓練及格之現職兒童福利助理保育人員、保育人員、社工人員及主管人員。

三、在職研修：已取得本要點所定現職兒童福利專業人員資格者。

依照「兒童福利專業人員訓練實施方案」第六點「訓練課程」之規定，各類保育人員（保母人員除外）之課程內容採理論與實務並重為原則，課程及時數說明如下：

一、助理保育員——360小時

受訓對象為高中職非幼保、家政、護理等相關科系畢業者。訓練課程、時數、內容概要說明如**表6-1**。

二、保育人員——360小時

受訓對象為欲擔任保育人員者，如高中職幼保、家政、護理等相關科系畢業，或只通過普考、丙等特考、委任升職考社會職系者。訓練課程、時數、內容概要說明如**表6-2**。

三、保育人員——540小時

受訓對象為欲擔任保育人員者，但是以專科以上非相關科系畢業者為主。訓練課程、時數、內容概要說明如**表6-3**。

四、社工人員——360小時

受訓對象有下列四類：

1. 大學以上畢業，非社會工作或相關學系、所（組）畢業者。
2. 專科學校畢業者。
3. 高等考試、乙等特種考試或薦任職升等考試社會職系考試及格者。
4. 普通考試、丙等特種考試或委任職升等考試社會行政職系考試及格者。

訓練課程、時數、內容概要說明如**表6-4**。

五、托兒機構所長、主任——270小時

受訓對象有下列五類：

1. 大學以上兒童福利學系、所（組）或相關學系、所（組）

表6-1　助理保育員360小時訓練課程、時數與內容概要

課　　　程	時數	內　容　概　要
教　保　原　理（126小時）		
兒童發展	54	兒童身心發展的知識。如身體、動作、語言、智力、情緒、社會行為、人格、創造力等。
嬰幼兒教育	36	嬰幼兒教育之理論基礎、沿革發展、制度、師資、未來展望等。
兒童行為輔導	18	兒童行為之認識、診斷及輔導方法。
兒童行為觀察與記錄	18	兒童行為的觀察策略與記錄分析、應用等。
教　保　實　務（234小時）		
教保課程與活動設計	36	各階段兒童教保單元之規劃、內容與實施等。
教材教法	36	兒童教材的內容、實施方式與應用。
教具製作與應用	36	各階段兒童保育單元所需之教具設計、製作與應用等。
兒童安全	18	兒童安全、保護的意涵、內容概要、實施應用等。
專業倫理	18	專業的意涵、品德修養、工作態度、倫理守則等。
嬰幼兒醫療保健概論及實務	18	各階段兒童常見疾病的認識、預防、保健及護理之應用等。
兒童生活常規與禮儀	18	兒童生活常規與禮儀的認識、實施方式及應用等。
課室管理	18	課堂上的溝通技巧、氣氛的營造、關係的建立。
學習環境的設計與規劃	18	整體教保環境的空間設計與規劃等相關問題之探討。
意外事故急救演練	18	各種意外傷害急救的方法、技巧、應用及防治等。

資料來源：內政部，民86。

表6-2 保育人員360小時訓練課程、時數與內容概要

課　　程	時數	內　容　概　要
教　保　原　理（108小時）		
兒童福利導論	36	兒童福利之意涵、理念、法規、政策及福利服務、發展趨勢等。
社會工作	36	兒童個案工作、團體工作、社區發展、社會資源運用等。
親職教育	36	親職教育的基本概念與理論、角色運作、內容規劃與實施方式等。
教　保　實　施（144小時）		
教保活動設計專題	18	各階段兒童教保活動之專題研究。
教保模式	18	教保模式的意涵與理論、實施方式及應用等。
教材教法專題	18	兒童教材實施方式之專題研究。
幼兒文學	18	幼兒讀物的選擇、賞析、應用等。
專業生涯與倫理	18	生涯規劃的理論與應用、自我成長、專業倫理等。
兒童遊戲	36	兒童遊戲的意義、理論、類別與輔導技巧、內容規劃及啟發應用等。
兒童安全	18	兒童安全、保護的意涵、內容概要、實施應用。
其　他（108小時）		
特殊兒童教育與輔導	36	各類特殊兒童之身心特徵（如智障、感覺統合失調、殘障、自閉兒、過動兒、資優兒等）教保方式及親職教育等。
嬰幼兒醫療保健概論及實務	18	兒童身體與心理的衛生保健等相關問題。
壓力調適	18	壓力的認識、解析及調適方式等。
人際關係	18	人際關係的理論、溝通技巧、及實際應用等。
嬰幼兒營養衛生概論及實務	18	各階段兒童成長所需之餐點設計及製作。

資料來源：內政部，民86。

表6-3　保育人員540小時訓練課程、時數與內容概要

課　　　　程	時數	內　容　概　要
教　保　原　理（216小時）		
兒童發展與保育	54	兒童身心發展的知識。如身體、動作、語言、智力、情緒、社會行為、人格、創造力等。
幼兒教育	36	幼兒教育之理論基礎、沿革發展、制度、師資、未來展望等。
兒童行為觀察與記錄	18	兒童行為的觀察策略與記錄分析、應用等。
兒童福利導論	36	兒童福利之意涵、理念、法規、政策及福利服務、發展趨勢等。
社會工作	36	兒童個案工作、團體工作、社區發展、社會資源運用等。
親職教育	36	親職教育的基本概念與理論、角色運作、內容規劃與實施方式等。
教　保　實　施（270小時）		
教保課程與活動設計	72	各階段兒童教保單元之規劃、內容與實施等。
教材教法	72	兒童教材的內容、實施方式與應用。
教具製作與應用	18	各階段兒童保育單元所需之教具設計、製作與應用等。
課室管理	18	課堂上的溝通技巧、氣氛的營造、關係的建立。
學習環境的設計與規劃	18	整體教保環境的空間設計與規劃等相關問題之探討。
兒童遊戲	36	兒童遊戲的意義、理論、類別與輔導技巧、內容規劃及啟發應用等。
幼兒文學	36	幼兒讀物的選擇、賞析、應用等。
其　他（54小時）		
特殊兒童教育與輔導	36	各類特殊兒童之身心特徵（如智障、感覺統合失調、殘障、自閉兒、過動兒、資優兒等）教保方式、及親職教育等。
嬰幼兒醫療保健概論及實務	18	兒童身體與心理的衛生保健等相關問題。

資料來源：內政部，民86。

表6-4 社工人員360小時訓練課程、時數與內容概要

課　程	時數	內　容　概　要
社　會　工　作（108小時）		
個案工作	36	個案工作之基本原理、倫理守則、實施應用、及對兒童行為之輔導等。
團體工作	18	團體工作之基本原理、運用技巧、團體規劃及對兒童行為之影響輔導等。
社區工作	18	社區的基本概念、發展、資源運用、社區組織、社區關係等。
福利機構行政管理	18	福利機構行政規劃、運作與管理等。
方案規劃與評估	18	機構方案設計之原則、目的、實施等的考量及效益評估之研討。
兒　童　教　保（108小時）		
兒童發展	27	兒童身心發展的知識。如身體、動作、語言、智力、情緒、社會行為、人格、創造力等。
特殊兒童心理與保育	27	各類特殊兒童之身心特徵（如智障、感覺統合失調、殘障、自閉兒、過動兒、資優兒等）、教保方式及親職教育等。
兒童安全與保護	18	兒童安全與保護的觀念、意義、內容概要（如安全措施、交通安全、水火安全、飲食安全、遊戲安全、自我保護與應變方法、安全能力的培養等）與實施等。
班級經營	18	班級溝通技巧、良好師生關係的建立、教保技術、班級氣氛等。
人際關係	18	人際關係的理論、溝通技巧及其在同事、夫妻、機構與家長、親子與師生間的應用等。

（續）表6-4　社工人員360小時訓練課程、時數與內容概要

課　程	時數	內　容　概　要
兒　童　福　利（72小時）		
兒童福利政策與法規	18	兒童福利之意涵、政策取向、法規內容等。
兒童福利服務	36	兒童福利之服務領域、措施要領、發展趨勢等。
親職教育	18	親職教育的基本概念與理論、角色運作、兒童福利機構親職教育的規劃與實施方式等。
諮　商　與　輔　導（36小時）		
婚姻與家庭	18	變遷社會中的婚姻與家庭關係、家庭生命週期與婚姻調適、家庭溝通、婚姻與法律等。
兒童諮商與輔導	18	諮商與輔導之基本概念、專業倫理、溝通技巧與實施應用等。
專　題　討　論（36小時）		
兒童問題專題討論	18	兒童問題行為之認識、診斷及其輔導方法。
社會工作實務專題討論	18	兒童福利機構中有關社會工作的運用、實施以及實務運作中的專業倫理等。

表6-5 托兒機構所長、主任270小時訓練課程、時數與內容概要

課　程	時數	內　容　概　要
兒　童　福　利　專　論（36小時）		
兒童保護	9	兒童保護的意義、內容概要、實施應用等。
兒童權利	9	兒童權利的意義、內容概要、實施應用等。
兒童福利政策與法規	9	兒童福利之意涵、政策取向、法規內容等。
各國兒童福利比較	9	各國兒童福利政策、法規制度、服務措施及分析比較等。
托　育　服　務　專　論（54小時）		
托兒機構評鑑	18	托兒所之評鑑內容、方式及實施等。
托兒服務問題	18	托育服務推展現況之相關問題探討。
各國托育服務比較	18	各國托育服務政策、法規制度、服務措施及分析比較等。
托　育　機　構　經　營　與　管　理（72小時）		
公共關係	18	公共關係之基本理念、原則、技巧、人脈網絡之運用、資源之結合等對機構經營之影響。
財務管理	18	財務管理之基本原理、實施應用等。
教保實務管理	18	教保實務的行政運作、機構管理等常見問題做專題實務探討。
人力資源管理	18	機構中人員之獎懲、晉升、福利等制度之規劃，及差勤、異動之有效管理等。
托　兒　機　構　教　保　專　題（54小時）		
社會調查與研究	18	社會調查與研究之基本概念、理論運用及實施等。
教保方案設計與評估	18	教保方案之設計原則、目的、實施等的考量，以及效益評估之研討。
教保哲學與發展史	9	教保哲學思想的起源、發展、及對兒童之影響等。
教保專業倫理	9	專業的意義、教保人員的專業智能、專業的品德修養與態度、道德教育、及專業組織等的探討。

（續）表6-5　托兒機構所長、主任270小時訓練課程、時數與內
　　　　　容概要

課　　　程	時數	內　容　概　要
托　兒　機　構　社　會　工　作（36小時）		
兒童個案管理	9	個案工作之基本原理、實施應用、倫理守則及對兒童行為之輔導等。
社區工作	9	社區的基本概念、發展、資源運用、社區組織、社區關係等。
特殊兒童工作	9	各類特殊兒童之身心特徵（如智障、感覺統合失調、殘障、自閉兒、過動兒、資優兒等）教保內涵之實施應用等。
親職教育	36	親職教育實務運作方式及問題評估。

資料來源：內政部，民86。

表6-6　保母人員受訓課程及內容概要

課　程	內　容　概　要
職業倫理	明瞭法規、個人進修、工作倫理
嬰幼兒托育導論	意義與沿革、政策與法令、服務措施
嬰幼兒發展	嬰幼兒生理與動作發展、嬰幼兒的人格發展、嬰幼兒認知能力、嬰幼兒語言發展、嬰幼兒社會行為、嬰幼兒發展評估
嬰幼兒保育	嬰幼兒基本生活、嬰幼兒營養與食物調配
嬰幼兒衛生保健	衛生保健常識、嬰幼兒疾病預防與照顧、意外傷害的預防與急救處理
嬰幼兒生活與環境	托育環境的規劃與布置、生活的安排與常規的建立、遊戲與活動設計
親職教育	親子關係、教導方式、溝通技巧、家庭管理
實習	（實習時數不得低於總時數的15%）

資料來源：行政院勞委會職訓局，民86。

　　畢業，具有二年以上托兒機構教保經驗者。

2.大學以上畢業，取得保育人員資格，具有三年以上托兒機構教保經驗者。

3.專科學校畢業，取得保育人員資格，具有四年以上托兒機構教保經驗者。

4.高中（職）學校畢業，取得保育人員資格，具有五年以上托兒機構教保經驗者。

5.高等考試、乙等特種考試或薦任職升等考試社會行政職系考試及格，具有二年以上托兒機構教保經驗者。

訓諫課程、時數、內容概要說明如**表6-5**。

六、保母人員——**80**小時以上

受訓對象為年滿廿歲之本國國民，並完成國民義務教育（民國五十九年以前以國民小學畢業證書為準，民國六十年以後以國民中學畢業證書為準）者，受訓科目及技能種類說明如**表6-6**（行政院勞委會職訓局，民86）。

第四節　幼兒保育人員的福利

幼兒保育人員栽培國家的幼苗，其責任之重自不待言，稍有疏忽，則可能戕害幼兒。因此，對其工作上、生活上之福利提供應予確定，使其無後顧之憂，專心職守，負起教育、養育的責任。自勞動基準法（民國八十五年十二月廿七日總統令修正公布）（參考附錄八）實施以來，一般保育機構已漸漸建立一套員工的福利制度，以下就介紹保育人員應享之福利（參考台北市教保人員協會，民88）。

薪資福利

保育人員之薪資通常以學歷、經歷為認定標準，公立機構會以任用職等和年資來考量，目前保育人員之薪資就相同學經歷及年資而言，私立機構之保育人員薪資普遍低於公立機構，這是未來私立機構所要努力的目標。

休假福利

　　休假可以紓解個人全年的工作壓力，也可以安排自己平日想做卻因工作關係無法做的事，如旅遊、探親等，按勞基法第38條的規定，保育人員在機構工作一年以上三年未滿者，每年應給予七日的特別休假；工作三年以上五年未滿者，每年應給予十日的特別休假；工作五年以上十年未滿者，每年應給予十四日的特別休假；工作十年以上，每一年加給一日，加至三十日為止。同時依勞基法第39條的規定，上述之特別休假，工資應由雇主照給。若雇主經徵得勞工同意於休假日工作時，工資應加倍發給。

請假福利

　　依勞基法第43條規定，保育人員因婚、喪、病痛或其他正當事由得請假，至於請假之天數與薪資是否發全額、半額或不給，則由保育機構依相關法規另行製訂。

年終獎金、考核與考績

　　保育機構至少應比照軍公教人員之待遇與福利，發給年終獎金，以鼓勵保育人員一年來工作之辛勞。其主管人員應給予保育員定期考核，對於表現良好者應給予考績獎金、記功（嘉獎）、獎狀或給予特別慰勞假。

工作時數、輪值與午休

依勞基法第30條規定，保育人員每日正常工作時間不得超過8小時，每週工作總時數不得超過48小時，若保育人員當隨車助理，午休期間需照顧小孩時，應為工作時間，若工作時間超過正常工作時數（每日8小時），得領加班費。

退休與資遣

保育機構應有合理的退休與資遣制度，保育人員依法退休時，應按勞基法第53～58條規定，領取退休金；被資遣時，應按勞基法第17條規定，領取資遣費。

在職進修研習

為提高保育人員之專業知能，保育機構應督促、鼓勵保育人員作在職進修，在職進修的費用可由政府、機構全額或半額補助。

其他

除上述所提出者外，保育機構可視經費預算，保育人員之需求，給予其他福利，如員工旅遊、端午節及中秋節禮金、全勤獎金、子女教育費用補助，補助健康檢查費用等。

第五節　台灣幼兒保育人員的教育

　　台灣在日據時代即有「保母」之訓練，有所謂的保母訓練班，學生稱爲「保母生」。及至政府遷台以來，對保育人員之訓練更加重視，當時兒童保育課程大都設置在高級或初級家事職業學校。隨著社會結構之變遷，經濟日益繁榮，國民生活水準提高，職業婦女增加，幼兒保育工作更迫切的爲社會所需要，加以行爲科學的發展，幼兒保育才漸漸被視爲一門學科，而被重視，以下就介紹台灣幼兒保育人員之教育情形。

高級家事職業學校（或高級中學）幼兒保育科

　　「兒童保育」在民國四、五十年代，於高級家事職業學校僅屬於「課程」而已，當時的家事職業學校並未分「科」，而以「綜合性家事科」通稱，主要教導以「家庭活動與家庭關係」之內容，兒童無論在「家庭活動」或「家庭關係」中，均扮演極重要的角色，故「兒童保育」乙科自然不能免，教育部亦曾頒佈「高級家事職業學校兒童保育課程標準」，同時在民國五十三年修訂過一次，於民國六十二年又做第二次之修訂，本次最大之改革有二：

- ·將原有課程之「兒童」改爲「幼兒」。
- ·將原來綜合性家政科分爲七科，「幼兒保育」正式在高級家事職業學校獨立，其目的在配合工商業社會之需

要，造就專技人才，拓展學生就業機會。

高級家事職業學校幼兒保育科之教育目標如下（教育部，民76）：

· 培養幼兒保育的基層人才。
· 傳授幼兒保育的基本知識與技能。
· 具備幼兒保育基層人員應有的專業精神及態度。

幼兒保育科之教學科目除了普通科目外，專業科目有家政概論、幼兒保育概論、幼兒發展與輔導、幼兒衛生保健、家事技藝、幼兒教保活動設計、琴法、教具設計與製作、幼兒遊戲、幼兒工作、幼兒保育行政、幼兒音樂、教保實務等。

專科學校兒童（幼兒）保育科系

在專科學校方面，私立實踐大學之前身私立實踐家政專科學校，為培育兒童保育專門人才，曾於民國五十六年設有兒童保育科，施予「兒童保育」專業課程教育，但於民國六十二年，將原有「兒童保育科」改名為「社會工作科」，使學生所習領域大大的擴展，原有之兒童保育專業教育也因而受到影響。

師範專科學校自民國七十二學年度起，成立「幼稚教育師資科」，招收高中及高職之畢業生，施以二年之專業訓練，對幼兒保育人才之訓練，具有劃時代之意義。七十六學年度起，師專改制師院後，該科改為「幼兒教育師資科」繼續招生，培育幼教人才，但於民國八十二年配合改系停止招生。此外，私立德育護專、私立弘光醫專於民國八十二年成立「幼兒保育科」，

此後，私立慈濟護專、私立中台醫專、私立嘉南藥專、私立美和護專、私立輔英護專、私立長庚護專、私立中華醫專、私立康寧護專、私立正修工商專等校亦相繼成立「幼兒保育科」，如此可大量培育專科程度的幼兒保育人才。

大學及獨立學院幼兒保育相關學系

在大學及獨立學院方面，私立中國文化大學於民國六十一年在該校家政系成立兒童福利組，次年方始獨立設系，並改名為「青少年兒童福利系」，從此我國兒童福利、兒童保育教育邁入新紀元，由於該系之設立，使我國幼兒保育人員之教育水準，提高至大學之層次。該系之教學科目與幼兒保育較有關係的有幼兒教育、親職教育、幼稚園教材教法、兒童文學、單元活動設計、社會個案工作、兒童福利、兒童發展、婦嬰保健等。然該系於民國八十七年停招，改為「社會福利學系」，讓學生學習領域更為寬廣，但也失去了一個專門培育青少年兒童福利的專門學系。此外，私立靜宜大學亦於民國七十五年成立青少年兒童福利系，對於台灣的兒童福利、幼兒保育工作，可說又增加一批生力軍。此外，民國七十九年，台北市立師範學院又成立幼兒教育系，其後八個（台北、新竹、台中、嘉義、台南、屏東、台東、花蓮）國立師範學院亦都成立幼兒教育系，培育許多具大學程度之幼兒教育人員。

民國八十五年，我國培育保育人才的技職教育有了重大的變革，首先國立台北護專改制為護理學院，成立「嬰幼兒保育系」，此後，許多專科學校改制為學院，學院改制為科技大學，亦紛紛就原有「幼兒保育科」改為「幼兒保育系」或「幼兒保

育技術系」，或設新的「幼兒保育（技術）系」成為具大學程度之二技或四技學制，此類學校包括：國立台北護理學院嬰幼兒保育系、國立屏東科技大學幼兒保育系、私立朝陽科技大學幼兒保育系、私立樹德技術學院幼兒保育系、私立弘光技術學院幼兒保育科（二年制專科）、私立嘉南藥理學院嬰幼兒保育系、私立輔英技術學院幼兒保育科（二年制專科）、私立中台技術學院幼兒保育科（二年制專科）等（教育部技術及職業教育司，民87）。

幼教學程

民國八十五年，因應師資培育法（民國八十三年公布）各大學開始辦理幼教學程，培養幼稚園師資，從此我國幼稚園師資培育邁入多元化，打破過去均由師範院校體系培育師資一元化的局面。至八十七學年度為止，共有私立靜宜大學、私立中國文化大學、私立輔仁大學、私立實踐大學、私立朝陽科技大學、國立屏東科技大學六所學校設有幼教學程。

兒童福利研究所

自民國六十九年，私立中國文化大學奉准成立兒童福利研究所，該所成立之宗旨是為提昇我國兒童福利學術水準，培育高層次之兒童福利工作專業人才。至此，我國兒童福利學術研究將大大的提昇，對於工作人員之素質，也因部分畢業生樂於從事實務工作，也使我國的托兒服務人員漸有碩士學位者投入此項神聖工作，對幼兒保育工作之層次，有提昇之趨勢。此

外，私立靜宜大學亦於民國八十五年成立青少年兒童福利研究所，培育具有碩士程度之幼兒保育人才。

短期及在職訓練

前已述及短期訓練和在職訓練之目的及方式，台灣省政府社會處自民國五十二年起，曾假彰化市八卦山麓之「台灣省兒童福利業務人員訓練中心」訓練幼兒保育及有關人員。此外，中華民國兒童保育協會、救總兒童福利中心也陸續辦理保育人員訓練，以應時需。目前台灣幼兒保育人員之短期訓練和在職訓練大致可分下列數種：

一、托兒所教保人員進修班

台灣省政府社會處為提高現職托兒所教保人員素質，自民國七十一年七月起，特委託私立中國文化大學、私立輔仁大學、私立實踐家政經濟專科學校以及省立台北、台中、嘉義、屏東、花蓮等師範專科學校，分別辦理「托兒所教保人員進修班」，唯自民國七十三年起，改由各師專辦理此一訓練工作。此外，台灣省政府社會處、台北縣政府、高雄縣政府等政府機構亦不定期調訓托兒所教保人員，以增進現職人員之新知。自民國八十六年內政部公布「兒童福利專業人員訓練實施方案」後，為方便各縣市現職保育人員取得資格，各縣市政府社會局（科）分別委託私立中國文化大學、私立玄奘大學、私立弘光技術學院、私立嘉南藥理學院、國立屏東科技大學等校辦理是項訓練工作。

二、研討會與講習班

由各公私立有關機構或團體以定期或不定期方式舉辦各種研討會或講習班，其實施時間少則一天多則一週不等，旨在針對一主題，如「營養保健」、「幼兒體能」等，提出研討，為教保人員提供一個再學習的機會。

三、保母訓練班

因應時需，鑑於家庭保母之需求量漸增，專業度之要求也漸高，各公私立機構紛紛開設保母訓練班，提昇家庭保母之素質。目前不定期辦理保母訓練之機構如：高雄縣政府、台北市社會局委託民間機構辦理、中國文化大學推廣教育中心、各縣市家扶中心、台北市保母協會等。民國八十六年行政院勞委會職業訓練局為因應時需，開始舉辦「保母人員」丙級技術士檢定考試（考試科目包括學科和術科），大大的提升保母的專業水準。

公職考試

民國六十四年，政府為了網羅兒童福利專業人員進入政府機構服務，特在高普考試中加入「兒童福利工作人員」類科，將錄取人員分發在各需求單位工作，唯自七十二年後就沒有再招考。民國七十二年在普考中新增「保育人員」類科，爾後丙等基層特考也增加此一類科，所錄取人員大部分分發至托兒所工作，少部分分發至教養院、學校任職。

總之，台灣幼兒保育人員之教育，由於政府之重視，與人

民知識水準之提高，可謂蓬勃發展，無論在質和量的要求，均比過去爲高。然與先進國家比較，則仍有大大加強的必要，爾後由於人民生活水準的提高，吾人應重視保育人員之品質，更由於職業婦女的增多，也要注意保育人員量的增加，以應未來之需要。

參考書目

· 丁碧雲。《兒童福利通論》。正中書局,第306、307頁,(民 64)。

· 內政部。《托兒所設置辦法》(第三次修正),(民70)。

· 內政部。《兒童福利法規》。自印,第26～29頁,(民72)。

· 內政部。《兒童福利專業人員資格要點》。(民84)。

· 內政部。《兒童福利專業人員訓練實施方案》。(民86)。

· 王靜珠。《幼稚教育》。自印,第327、328頁,(民81)。

· 台北市教保人員協會。《台北市保育人員資源手冊》。台北市 政府社會局,(民88)。

· 行政院勞委會職訓局。《技能檢定規範之一五四－保母人 員》。自印,(民86)。

· 江文雄、許義宗。《幼兒教育通論》(再版)。幼教出版社, 第127頁,(民72)。

· 李鍾元。《兒童福利理論與方法》(第四版)。金鼎圖書文物 出版社,第174頁,(民70)。

· 邱德懿。〈兒童福利人員工作滿足及其相關因素之探討－以 台北市托兒所教保人員為例〉。中國文化大學兒童福利研 究所碩士論文,第72頁,(民76)。

· 教育部。《高級家事職業學校課程標準及設備標準》。正中書 局印行,第39頁,(民76)。

· 教育部技術及職業教育司。《八十七學年度公私立技專校院 一覽表》。自印,(民87)。

· 劉可屏。〈由職業婦女幼齡子女的托育談家庭心理衛生〉,中

國心理協會，「青年問題與心理衛生」。學術研討會議手
冊，第38頁，（民74）。

· Bandura, A.（1977）. *Social learning theory*. Englewood Cliffs,
N. Y.: Prentice Hall.

· Evans, B., B. Shub & M. Weinstein.（1971）. *Day Care*. Boston:
Beacon Press, 74.

· Parker, R. R. & L. L. Dittmann.（1971）. *Day Care: 5 Staff
Training*. U.S. Department of Health, Education, and Welfare,
9.

· Kadushin, A. & J. A. Martin.（1988）. *Child Welfare Services
(4th ed.)*. N. Y.: Macmillan Publishing Co., Inc., 26.

第 7 章
幼兒保育行政

行政組織與管理

教育與課程

場地與建築

設備與教具

衛生保健

家庭和社區聯繫

幼托整合

參考書目

幼兒保育行政依性質的不同包括托兒所行政、育幼院行政、殘障教養院行政等，凡此等機構均負責保育工作。就保育工作而言，它可以說是一種實務性工作，而行政工作主要的目的乃在支援實務工作的進展，使得實務工作更為順利。儘管上述機構之性質不同，然行政工作之業務，乃大同小異，故本章將以托兒所行政為主要討論範圍。托兒所之行政工作包括經營所務、維持秩序、改進教保內容等，舉凡促進托兒所進步的一切措施而言。以下就分行政組織與管理、教務與課程、場地與建築、玩具和設備、衛生保健、家庭和社區聯繫六節加以說明。

第一節　行政組織與管理

托兒所行政組織與管理包括了推展托兒所工作的「硬體」與「軟體」，兩者相輔相成缺一不可。組織（硬體）完善，則所長可指揮各部門，同心協力，相互配合，所務將蒸蒸日上；若組織不健全，則各部門可能相互牽制，寸步難行。若管理（軟體）得當，則各部門均發揮了工作效率，運用自如；若管理不當，則部門之工作無法推行，形成工作效率上之浪費。因此，托兒所的行政組織與管理實是整個托兒所的命脈，如何做好組織與管理工作，以下分別討論之：

托兒所的行政組織

一、行政組織與人員編制

行政組織及人員編制可因規模之大小而有所不同，然大致可由下列幾點說明。

- 設所長或主任一人，主持所務，監督及指揮所屬員工。如係公立托兒所，由上級機構遴選產生，得秉承上級指示，做好所務工作；如係私立托兒所，由該董事會遴選合格人員，呈請該管縣市政府核准後聘任，得秉承董事會之命，主持所務。

- 設保育員及教師，由所長或主任遴選合格人員聘之。在編制方面，保育員及教師與幼兒之比率應有明確之規定，從出生到十八個月的嬰幼兒約1：3，十八個月到三歲的幼兒約1：4，三歲至四歲半約1：7，四歲半至六歲約1：10（Cohen & Brandegee,1975）。這個比例，與我國內政部（民70）所頒布的《托兒所設置辦法》中的規定較為嚴格，但應較符合嬰幼兒的需要（請參閱附錄五，《托兒所設置辦法》第13條）。

- 設教保、總務、社會工作、衛生、研究發展五組，由教師、保育員、社會工作員、護士分掌組務，可視規模之大小，加以裁併，例如教師兼研究發展工作，保育員兼總務工作等。

- 全所行政事宜，經所務會議決議後實施。因此，托兒所應定期舉行所務會議，通常以每週一次為宜。

二、托兒所行政組織系統圖

托兒所行政組織系統圖請參閱圖**7-1**。

三、所長（主任）之職掌

· 綜理所務，擔任教保政策發展以及參與教學計劃，訂定行事曆。

· 出席或主持所務會議，每月定期召開所務會議。

· 執行上級交辦事項。

· 審核該所文稿表件。

· 聘任員工及執行員工考核。

· 編列及執行預算。

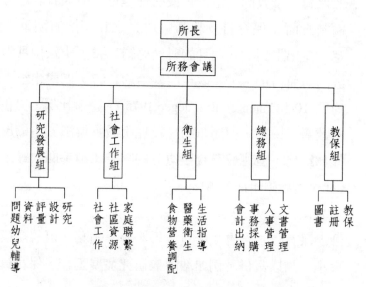

圖7-1　托兒所行政組織系統圖

四、保育員之職掌

- ·幼兒保育、生活輔導與安全監護。
- ·幼兒出入所調查、登記及個案資料建立事項。
- ·協助教師擬定教學單元及準備教材。
- ·保管並整理幼兒衣物用具及其他事項。
- ·其他上級交辦事項。

五、社會工作員之職掌

- ·掌理個案調查、登記、處理及資料整理等事項之計劃。
- ·負責家庭聯繫與親職參與工作。
- ·收集並利用社區資源，協助推展所務及教保工作之進行。
- ·其他上級交辦事項。

其他人員，如醫生、護士、研究人員、總務人員、司機等資格與職掌請參考有關資料，於此不再敘述。

托兒所之行政管理

托兒所之行政管理可分下列幾項說明之：

一、文書管理

文書是指與托兒所有關的文件而言，可分為兩類：

- ·對外往來的公文案件，應注意依一定的程序收文、發文、登記及歸檔。
- ·所內的章則、布告、通知、會議記錄、表格簿記等等，

管理工作應注意分類保管。

每學期終了時，應將文件總整理一次，凡已失時效及無須保留之文件應予銷毀，存留文件應分類整理歸入公文櫥中，妥為保存。

二、事務管理

指托兒所內之事務工作，可分下列二項說明：

房屋設備之保管：房屋及設備應經常檢查，如有蟲蛀或損壞之處，隨時修理，以防意外發生，最好每學期或學年油漆一次，並做定期保養，以策安全。

場地之布置維護：場地、設備及草地花木，應善為布置，以美化環境，並妥加維護。花木應定時修剪與培植，由教保人員與幼兒分組分區負責保養，以培養幼兒愛護花木之習慣。

三、經費管理

托兒所之經費，應做有效之管理與運用，其方式說明如下：

來源：由上級機關或董事會負責籌集、樂捐及家長所繳之費用。

預算：每年由所長（主任）編擬「歲入預算」及「歲出預算」，提經上級單位或董事會通過後實施。

決算：年度終了，應將全年經費收支狀況加以結算，編造決算。

保管：基金保管、財務之稽核與核定，由上級單位或董事會負責。

托兒所應於年終將全年收支報告書送請主管機關核備。

四、圖書管理

托兒所之圖書可分為教師參考書及幼兒讀物兩類。圖書管理工作包括圖書的選購、登記、分類、編目、典藏、出納、整理、統計等項。托兒所依據所務分掌，可請教保人員負責圖書保管。關於幼兒讀物，最好採開架式，鼓勵幼兒閱讀，並指導幼兒養成閱讀後放回原處的良好習慣（王靜珠，民81）。

五、人事管理

人事管理旨在於對所內全部員工做合理調配，達到人盡其才的目的，並提高行政效率。因此，所長（主任）對於各組組長、組員以及工友、司機、廚師等人格特質及專長均應做詳細之瞭解，如此才能指揮自如，使所內員工均能發揮所長、互助合作，共同為所務而努力。

六、所務會議

所務會議為全所最高會議，由所長及全體教保職員組成之，定期（每週或每二週）舉行，必要時得召集臨時會議，其職權為商討全所重大事宜，因此，所務會議可以說是所內最大之管理機構。其他所內較小型的會，如教保會議、事務會議、研究發展會、家長會等，除為促進所務的蒸蒸日上外，仍有小部分的管理作用。

第二節　教育與課程

　　上節吾人述及保育機構的行政組織，在各組中當然都很重要，缺一不可，或那一組沒有扮演好該組的角色，都會影響整個機構的運作，而在所列的五組中，應以教保組分量最重，算是機構中的靈魂，這一組的工作，主要以教務及課程為主，分別說明如下：

托兒所的教務工作

一、學籍編制

　　幼兒在托嬰及托兒所中，應以年齡來分班，根據《托兒所設置辦法》規定：滿一月未滿一歲之嬰兒，每十名須置護理人員一名，超過十名者，可增置保育員；滿一歲至未滿二歲之幼兒，每十名至十五名，須置護理人員一名，超過十五名幼兒以上者，可增置保育員；滿二歲至未滿四歲之幼兒，每十三名至十五名須置保育人員一名；滿四歲至未滿六歲之幼兒，每十六名至二十名，須置教師一名。其收托的方式有半日托、日托及全托三種。新近又有新的編班方式，即採用「開放式的學前教育模式」，以混合年齡教學，這種教學方式最大的優點是符合家庭成員及社會化實際狀況，讓幼兒學習與年齡較大、較小及同年齡的友伴相處及學習，扮演好自己的角色；其缺點常因幼兒年齡之不同，且個別差異（individual difference）大，造成教學

上的困擾。

二、學籍編造

托兒所新生入學須填入所報名單,採用申請註冊的方式,不得舉行入學考試。幼兒入所後,即辦理學籍編造工作,由教保人員填寫幼兒的學籍表,學籍表僅記載幼兒的履歷,及其家庭狀況與學籍變更等項。至於幼兒智力、健康及語言能力等情況,均記載於幼兒資料表內。如有教保人員平日對幼兒之觀察情形、家庭訪問、問題行為輔導及特殊事件記載,則登記在個案記錄表上,個案記錄表除第一頁填寫幼兒資料外,從第二頁起均以空白頁,方便教保人員填寫,並利於日後查閱。所有表格如下列附表(見**表7-1**至**表7-4**)。

三、編排幼兒作息時間表

為了訓練幼兒的時間觀念,培養規律的生活習慣,方便家長接送起見,一般托兒所均排有簡單的「生活作息時間表」,以便於教學及行政工作的推展,唯宜彈性運用,如**表7-5**。

四、學習活動評量

為使家長瞭解幼兒在所內的學習情形以及教保人員注意個別差異的問題,做為個別輔導的參考,可定期填寫「幼兒學習活動評量表」,如**表7-6**(大班用)、**表7-7**(小班用)。幼兒之學習活動評量,不做筆試,僅注重平日實際活動之表現。

五、輔導工作

幼兒在生活中,經常遇到問題,有了問題,就需要教保人員幫助解決,托兒所之輔導工作即在幫助幼兒適應團體生活,布置溫暖、安全的學習環境,培養幼兒有禮、守規、勇敢、合

表7-1　○○托兒所入學報名單

年　月　日

幼兒姓名		性別		籍貫	省　市縣
出生年月日	民國　年　月　日		（　年　歲　個月）		

（黏貼相片）

		全日　半日		班別	
幼兒					
托兒		全日托　半日托　日夜托		組別	
入學前之教育					

家庭狀況

父	年齡　　歲	職業	（請詳細填寫）
母	年齡　　歲	職業	（請詳細填寫）
兄　姊　弟　妹　人		籍貫　省　市縣	教育程度
保護人	年齡　　歲	籍貫　　歲	關係
服務處所及通訊處			

生活習慣

性情是否溫和	
飲食是否定食	是否愛吃零食
睡覺有否定時	有無不良習慣
	喜愛群體生活

預防接種

牛痘	（最近一次）年　月　日
沙賓疫苗	卡介苗 （最近一次）年　月　日
百日咳	既往曾患何症 破傷風 （最近一次）年　月　日
白喉	血型鑑定

對於幼兒之注意事項及希望

備註

說　明

1. 幼兒「籍貫」及「出生年月日」請依照戶口名簿填寫。
2. 幼兒「全日」或「半日」，托兒「全日托」或「半日托」或「日夜托」請用✓表示。「班別」僅填「大」「中」「小」即可。
3. 幼兒「入學前之教育」，請填明「在家」或「曾入某托兒所某幼稚園」。
4. 幼兒「預防接種」如未注射，可不必填寫。
5. 幼兒如未與父母共同生活，請詳填「保護人」。

表7-2　○○托兒所學籍表

建檔　年　月　日

學號		
幼兒姓名		
本人	姓名	
	出生年月日	年　月　日
	入學時年齡	歲　月
性別		
籍貫	省	
	縣市	
入學年月	年　月	
	編入班組	班　組

履歷	入學經歷	
	畢業後狀況	
	住址	

家庭狀況	父	業　存（歿）
	母	業　存（歿）
	兄弟姊妹狀況	兄弟人　姊妹人
	保護人	姓名職業
		關係
		教育程度
	經濟狀況	

學籍		
	年　月升入　班　組	
	年　月升入　班　組	
	年　月升入　班　組	
	年　月升入　班　組	

變遷	休學	年　月　日　原因（　）
	退學	年　月　日　原因（　）
	復學	年　月　日　原因（　）
	畢業	年　月　日

學習活動報告（另載學習活動報告單）

學年度	學期	班	組

表7-3 ○○托兒所幼兒資料表

學號 _____

入學狀況

表情

呆板	愉快	羞怯	大方	安靜	活潑

體型

矮	高	壯	胖	瘦

語言

伶牙俐齒	發音正確	口齒清楚	説話不清	嚴重口吃	輕微口吃	不肯講話

觀念

數				時			
正確	尚有	模糊	缺乏	正確	尚有	模糊	缺乏

智力

辨認力				觀察力				記憶力				理解力			
好	尚可	勉強	差	好	尚可	勉強	差	好	尚可	勉強	差	好	尚可	勉強	差

基本資料

姓名	
住址	
乳名	
性別	
電話	
出生日期	
出生地	
交通車是否坐	
籍貫	
曾否入托兒 / 所幼稚園	
幼兒最近相片	

家屬

稱謂	姓名	年齡	職業	服務單位	職稱

表7-4　○○托兒所幼兒個案記錄表

學　　號			第				屆
幼兒姓名		乳名		性別		出生 年 月 日 時	
出 生 地		住址			電　　話		

稱謂＼記錄	姓　　名	年齡	籍貫	宗教	教育	服務機關	職位
父　　親							
母　　親							

兄		人	年齡		姐		人	年齡
弟		人	年齡		妹		人	年齡

家中其他親屬：　　　　　　　　　　　　　　　　工人

幼兒所留初步印象

外型：體重　　　面色　　　精神　　　姿勢

一般表情（活潑　安靜　大方　羞怯　愉快）

智力：語言（口齒清晰　發音正確　能表達意思　不肯說話）

知道自己姓名　　　性別　　　年齡　　　地址
時的觀念
數的觀念
辨認力
觀察力
記憶力
理解力

是否入任何托兒所		是否坐交通車		登記日期		年　月　日

備

註

（續）表7-4　○○托兒所幼兒個案記錄表

第　頁

日　　　期	事　　　　由

表7-5 幼兒生活作息時間表

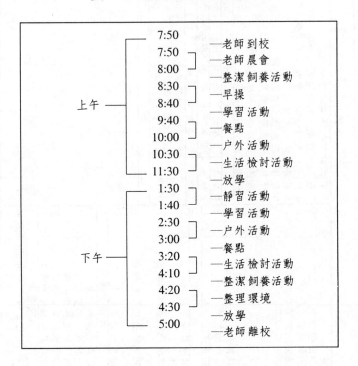

上午	7:50	—老師 到校
	7:50	—老師 晨會
	8:00	—整潔 飼養活動
	8:30	—早操
	8:40	—學習活動
	9:40	—餐點
	10:00	—戶外活動
	10:30	—生活檢討活動
	11:30	—放學
下午	1:30	—靜習活動
	1:40	—學習活動
	2:30	—戶外活動
	3:00	—餐點
	3:20	—生活檢討活動
	4:10	—整潔飼養活動
	4:20	—整理環境
	4:30	—放學
	5:00	—老師離校

作等美德，並使幼兒愉快的選擇其所喜好的作業和遊戲。

在輔導工作中，值得注意的是「特殊幼兒」的輔導，在《特殊教育法》（教育部，民86）中，所指的包括資賦優異、智能障礙、語言障礙、身體病弱、聽覺障礙、視覺障礙、學習障礙等，是在托兒所中所應加以輔導的。該法第7條已將特殊教育的階段提前至學前教育，除在家庭、幼稚園、特殊幼稚園（班）或特殊教育學校幼稚部實施，並准予在社會福利機構附設特殊教育班（第16條）。學者亦強調在托兒所內，必須對身心有障礙的幼兒，包括視覺問題、聽覺問題、肢聽殘障和不討人喜歡的、智能不足的、學習緩慢的、情緒困擾的以及其他問題的幼兒施予特別的輔導，以滿足其特殊的需要（Granato &

表7-6　○○托兒所幼兒學習活動報告單（大班用）

學號

學年度第　學期　大　班　組　幼　兒

甲、知識

(一)音樂
1. 能模仿動物的叫聲
2. 能獨唱並能依歌詞自創動作
3. 能彈琴聲而敲飛、馬跑等動作
4. 能參加團體表演
5. 能演奏小樂器

(二)故事兒歌
1. 能靜聽校長的故事並瞭解故事內容
2. 能看圖述說圖中大意
3. 能講簡單的故事並能條理分明
4. 唱唱兒歌能合韻並說當表情
5. 能參加表演的話劇或歌舞劇

(三)常識
1. 認識常見的動物和植物
2. 能知道益鳥和害鳥
3. 知道青蛙蝌蚪的變化
4. 知道怎麼種蔬菜和花木
5. 知道交通工具的種類和功用

(四)工作
1. 能安靜細心的工作
2. 知道愛護自己的工作成果
3. 做事專心有始不會中途而廢
4. 工作時能和他人合作
5. 知道運用積木、穿板、七巧板、拼圖等構成各項圖形

(五)遊戲
1. 不獨占玩具
2. 能自動參加團體遊戲
3. 能協助他人做遊戲
4. 知道並能遵守遊戲的規則
5. 愛護各種的遊戲器具

(六)數與字
1. 能看懂日曆
2. 能自1數到
3. 認識各種錢幣
4. 能心算10以內的加減
5. 能寫簡單的國字

乙、生活技能
1. 離開座位時會將椅子放好
2. 能上下階梯
3. 會輕輕的開關門窗或移動東西
4. 能上下樓梯
5. 知道氣候寒熱並能自動加減衣服
6. 遇到困難能自己設法解決

丙、衛生習慣
1. 不用手指挖鼻子擦和耳朵
2. 經常洗臉手物的整潔
3. 知道常立刻洗頭挺胸
4. 站著或寫字時看書姿勢端正
5. 會保持圖畫用具及櫥架的清潔

丁、社交習慣
1. 無論在任何時何地見到老師和同學會說「早」「好」「再見」

2. 唱國歌及升降國旗時知和道立正
3. 聽見鈴聲會立刻道謝進入教室
4. 接受別人的幫助會說「不客氣」
5. 能原諒他人的過失
6. 弄壞東西會立刻告訴老師
7. 愛惜紙張玩具及日用物
8. 別人說話的時候不隨便插嘴
9. 做事會負責不誇讚自己的功勞

戊、身心

	開學時	現在	
1. 身長			公分
2. 體重			公斤
3. 體格	（強）	（中）	（弱）

符號說明：
做得最好的符號是（○）
做得次好的符號是（△）
做得不好的符號是（×）

評語

所長　　　級任教師

表7-7 ○○托兒所幼兒學習活動報告單（小班用）

學年度　第　學期　小　班　幼兒　組　　　學號

甲、知識

（一）音樂
1. 能獨自唱歌遊戲　（　）
2. 能區別各種音動　（　）
3. 能做簡單的律動　（　）
4. 能聽到能唱出會催眠閉目靜息　（　）

（二）故事兒歌
1. 喜歡聽故事　（　）
2. 能靜靜欣賞兒歌　（　）
3. 不使用梁兒的哇哇語　（　）
4. 能朗誦簡短的歌謠　（　）

（三）常識
1. 知道自己學校的名稱　（　）
2. 知道四肢五官的名稱及作用　（　）
3. 能認識自己的國家組織　（　）
4. 知道自己的國籍和省籍　（　）

（四）工作
1. 能塗簡單的色畫色　（　）
2. 能辨別紅黃綠等常見的顏色　（　）
3. 能持用安全剪刀剪東西　（　）
4. 能儘量完成自己該做的工作　（　）
5. 知道運用一般簡單的工作用具　（　）

（五）遊戲
1. 知道如何捉迷藏的遊戲　（　）
2. 能使用簡單的遊戲器具　（　）
3. 參加遊戲時輸了不會哭鬧　（　）
4. 獨自找玩具去玩　（　）
5. 自動找玩具同伴玩　（　）

（六）
1. 能看懂自己的名字　（　）
2. 能認識普通幾何圖形　（　）
3. 能說出自己1數到　（　）
4. 能表示出自己的年齡並能用手指作　（　）
5. 能運用10以內的數字　（　）

乙、生活技能
1. 能自己洗手指手　（　）
2. 能自理大小便　（　）
3. 知道擦拭擤涕　（　）
4. 能搬椅子　（　）
5. 能自己穿脫衣服　（　）
6. 老師指定的工作能接時做完　（　）

丙、衛生習慣
1. 常帶手帕　（　）
2. 手臉常常保持乾淨　（　）
3. 指甲常常修剪　（　）
4. 餐點以前大小便以後知道洗手　（　）
5. 果皮紙屑不會隨地亂拋　（　）

丁、社交習慣
1. 上學回家知道說「早」「好」　（　）
「再見」　（　）
2. 不說別人的壞話　（　）
3. 受到別人幫助時會說「謝謝」　（　）
4. 遵守上學時間　（　）
5. 小事不哭不告訴　（　）
6. 不隨錯事拿別人的東西　（　）
7. 做錯事願意誠實的承認　（　）
8. 不打人不罵人　（　）
9. 遇事虛心不與別人作無理的爭辯　（　）
10. 遇事能與別人人作合作　（　）

戊、身體

	開學時	現在	
1. 身長	開學時	現在	公分
2. 體重	開學時	現在	公斤
3. 體格	開學時（中）（強）（弱）	現在	

符號說明　做得最好的符號是　（○）
　　　　　做得次好的符號是　（△）
　　　　　做得不好的符號是　（×）

評語

所長　　　　　級任教師

Krone, 1972）。

托兒所的課程

欲訂好托兒所課程之前，應先瞭解其教保目標，根據內政部（民62）所頒定之托兒所教保目標為：

- ·增進兒童身心之健康。
- ·培養兒童優良之習慣。
- ·啓發兒童基本之生活知能。
- ·增進兒童之快樂和幸福。

根據上述之目標，托兒所的課程大致可分為二大類，一為生活習慣的培養——即生活訓練；二為活動與輔導——即知能訓練。說明如下：

一、生活習慣的培養

托兒所活動，應根據幼兒年齡與發展階段，安排足以充實幼兒生活經驗之活動，如飲食、遊戲、休息、入廁訓練等（有關細節，可參考第三、四、五章）。

二、活動與輔導

知能訓練方面，依作息時間，其活動以輕鬆、生動有變化及培養充沛活力與思考力為主，動靜時間，應力求均衡，至於訓練之內容，以下列五項來說明（內政部，民62）：

❖ 遊戲

目標

・增進身心之健康與快樂。

・滿足愛好遊戲之自然心理,學習適當之遊戲活動。

・發展筋肉之連合作用,訓練感覺軀肢之敏活反應。

・培養互助、合作、樂群、守紀律、公正等良好習慣。

內容

・計時遊戲(如:搬運豆囊、拋擲皮球等,可兼習計數)。

・表演遊戲(如:故事表演、歌唱表演等)。

・律動遊戲(如:音樂發表之各種動作,如鳥飛、馬跑、蛙跳等)。

・感覺遊戲(如:閉目摸索、聽音找人等遊戲,練習觸覺、聽覺、視覺及其他感覺器官)。

・模仿遊戲(如:兵操、貓捉老鼠等模仿動作)。

・猜測遊戲(如:尋物、聽琴等)。

・競爭遊戲(如:爭座、燕子搶窩等)。

・我國各地方固有之各種良好遊戲。

❖ 音樂

目標

・滿足唱歌慾望,增進生理上各部分器官之活力。

・啓發增進欣賞音樂能力(包括口唱與音器兩種)。

・促進發聲官能及以節奏感覺並訓練其節奏動作。

・發展親愛、合作、快樂之精神。

・引起對於事物(如:工作、遊戲、故事、兒歌等項及動植物之類)之興趣。

內容

· 欣賞方面：訓練聽音、辨音及下列各種歌詞之歌唱、表演與欣賞。

(a)關於家庭生活。

(b)關於紀念慶祝。

(c)關於時念節目。

(d)關於自然現象。

(e)關於習見之動植物。

(f)關於日常生活。

(g)關於愛國。

(h)關於社交。

(i)關於表演。

(j)關於兒童歌謠。

(k)關於故事。

· 律動及演作方面：律動是受外界刺激後自發之一種有節奏動作（如聽音拍手走步、跑步、跳、轉、鞠躬等想像或表演，動物動作之模仿等）。

(a)小樂器之應用（小鑼、小鼓、小木魚、小鈴、響板等合奏）。

(b)聽音跑、跳、坐、行、轉、鞠躬等想像或表演）。

· 自然聲音之欣賞與模仿（如鳥鳴、貓叫等聲）。

(a)鳥鳴、雞鳴、貓叫、狗叫、豬叫、牛叫、羊叫、鴨子叫等聲音。

(b)火車、輪船、飛機等聲音。

❖工作

目標

・滿足工作上之自然需要。

・培養操作習慣,增進工作技能,並鍛鍊感覺能力。

　(a)練習基本動作,以爲日後精細動作之基礎。

　(b)使有關身心之各種動作,常有表演機會。

・訓練群體之活動力。

　(a)自信、自動、堅忍、專心、勤奮、互助、熱心、服務
　　等精神。

　(b)自動能力。

　(c)領袖才能與服從領袖之精神。

　(d)批評能力與接受評量之度量。

　(e)不浪費時間與物力之習慣。

　(f)遵守秩序之習慣。

　(g)愛護公共用具之習慣。

・發展智力。

　(a)鍛鍊思考。

　(b)培養發表、製作與建設能力。

・培養美感。

　(a)發展想像力。

　(b)培養美化精神。

內容

各隨兒童所好,選做下列之工作:

・沙裝排在沙盤或沙箱中,利用各種玩具、物品,推裝觀
　察研究立體物件,例如村舍、城市、山景、園林、江
　河、動物園、植物園或其他模型等。

- 積木：用大小積木裝置成房屋或其他建築物等。
- 畫圖：自由單色畫或彩色畫，彩色畫可用現成的圖物，使兒童自己設色；或用自己所製圖物，塗以色彩。
- 紙工：用剪刀剪各種圖形，或用紙摺各種物件（如桌椅之類），或將所剪、所摺、所撕之圖形，用漿糊黏在紙上，或用紙條織成各種花紋，或用紙做成各種玩具（如動物模型、家具模型）。
- 泥工及紙漿工：用泥或紙漿做成模型，如動物、水果、玩具等類，並研究泥土性質等。
- 縫紉：從玩弄玩偶引起縫紉動機，為裝飾玩偶做小衣服、小被、小窗帘等，應由年齡稍大者擔任。較小兒童，可用硬紙刺孔做成菓類、鳥獸類，或其他圖形類。幼兒用彩色線穿編或用顏色珠穿線。
- 木工：用簡單木工器具，如錐、鋸、釘、鉋等類。計劃做成幾種簡單之玩具模型（床、桌、椅、鞦韆架等），且使明瞭方法與順序（例如做一桌，四隻腳要一樣長，桌面與腳，應成相當比例，四隻腳釘在桌面下等）。
- 織工：能用最粗之梭織線帶、編織針、編織架、織成玩具或玩偶用之物件，或用藤條、麥桿編成玩具。
- 園藝：種菜、種豆、種普通花卉及園地整理等。
- 其他利用各種自然物，做成玩具、裝飾品等。
- 以上各種工具，能齊備固佳，但亦可視環境與情形，加以選擇。

❖ 故事與歌謠

目標

‧陶冶性情，提高興趣。

‧發展想像力。

‧練習說話、吟唱，並增進發表能力。

‧發展對於故事之創作能力，培養快樂與親愛之情緒。

內容

‧故事：童話、自然故事、歷史故事、生活故事、愛國故事、民間傳說、笑話、寓言、神話、其他適應需要而由教師自編之故事。

‧歌謠：兒歌、遊戲歌、時令歌、民歌、拗口令、急口令、謎語、占氣象歌。

❖ 常識

目標

‧啟發對於自然環境與社會環境之觀察及欣賞力。

‧增進利用自然、滿足生活、與組織團體等之初步經驗。

‧引導對於「人與社會及自然之關係」之認識。

‧養成愛護自然物，及衛生、樂群、互助、合作等良好習慣。

內容

‧關於衣、食、住、行等各項物品，及家庭、鄰里、商舖、郵局、救火隊、公園、交通、機關等社會組織之觀察研究，與遊覽本地各名勝古蹟。

‧演習日常禮儀。

‧紀念節日（如：元旦、兒童節、植樹節、國慶紀念日、

國父誕辰、民族掃墓節，以及其他節令）之研究與活動。

· 集會演習（以培養公正、仁愛、和平精神爲主）。

· 國旗、國父遺像、蔣總統肖像之認識。

· 習見鳥、獸、蟲、魚、花、草、樹木及日、月、雨、雪、陰、晴、風、雲等自然現象之認識與研究。

· 月、日、星期，與陰、晴、雨、雪等逐日氣候之填記。

· 身體各部分之認識，與簡易衛生規律（如不吃攤上不衛生食物、食前洗手、食後漱口、不隨地便溺、不隨地吐痰、不吃手、不用手挖耳揉眼、早睡、早起、愛清潔等）之實踐。

· 健康與清潔檢查。

第三節　場地與建築

托兒所之場地

從前孟母三遷，費盡心思，無非是要替孟子選擇一個良好的教育場所，以便造化下一代，可見保育場地之重要性，選好保育環境，「里仁爲美」，幼兒在此環境之薰陶下，才能發展健全的身心。黃志成（民73）認爲幼教地點之選擇應注意：空氣新鮮、環境清潔、鄰近善良場所、幽靜而無噪音，城市與鄉村之便、安全。朱敬先（民81）在其所著的《幼兒教育》一書中，認爲托兒所所址的選擇必須要注意清潔安靜、安全、地勢

及土質優良、空氣日光充足、距離相當、地方區域規定之考慮（如是否爲校址專用地）、景色宜人，有擴展的可能性。綜上二者所述，再歸納如下：

一、在地理環境方面

· 要有清潔新鮮的空氣，不受汽車、工廠等廢氣之污染。

· 環境清幽、安靜、無噪音之干擾。

· 地勢平坦、土質優良、適合建築及栽種花木。

· 最好具有城市之便、鄉村之美的特色。

· 風光明媚、景色宜人。

· 地理位置有前瞻性，可考慮擴充者。

二、在人文環境方面

· 最好鄰近善良場所（如文教區），遠離不正當場所（如特種營業區）。

· 地理位置安全可靠，不鄰近鐵路、交通要道，並選治安良好之區。

· 地方區域規劃之考慮：配合都市計劃，地點宜做適當之選擇，最好臨近學校，地點爲學校專用地，避免將來被徵收的可能。

· 地方資源：爲教學之便，最好鄰近地方資源多的地方，如醫院、衛生所、郵局、市政府、鄉鎮公所、中小學等。

· 距離相當：幼稚園（或托兒所）應設於通學便利、交通安全及四周環境良好的位置，其供應半徑以不超過四百公尺爲準（台灣省政府教育廳，民61）。倘若托兒所離家太遠，則幼兒多半互不相識，缺乏親切感與歸屬感，不

若鄰近之園所，能使幼兒即早確認自己（Gans, Itendler, & Almy, 1952），這對日後幼兒之人格形態有極大的影響。

托兒所之面積

對托兒所之面積的規定，主要是讓幼兒有足夠遊戲、學習及活動的空間。依照內政部（民62）在《托兒所設施標準》中的規定：平均一幼兒應占室內活動淨面積至少一點五平方公尺以上。室外面積規定如下：

· 凡收托幼兒四十名以內時，每名幼兒應占三點三平方公尺。
· 凡收托幼兒四十名以上，每名幼兒可占二平方公尺。

托兒所之建築

托兒所之建築要以幼兒為本位，符合幼兒之需要，使其能在適當的場所，充分的發揮潛能，因此，托兒所之建築必須注意下列幾個原則（朱敬先，民81）：

· 適應需要原則。
· 安全原則。
· 經濟原則。
· 有效實用原則。
· 衛生原則。
· 審美原則。

·舒適原則。

基於此，在所舍設計上，必須注意幾個重點。

一、方向

以陽光充足及空氣新鮮者為宜。因此，校舍方向以南北開窗較佳，因東西向陽光直射時間較長，光線頗強，下午又有西曬，而且颱風多自東方吹來，故應儘量避免東西開窗（Sheehy, 1954）。再者，我國夏季多東南風，冬季多西北風，所以就風向而言，東南向亦為最理想的方向（王靜珠，民81）。

二、形式

校舍之建築形式很多，如「一」字形、「二」字形、「T」字形、「工」字形、「凵」字形及「□」字形等，各種形式均有其利弊。如「一」字形校舍的優點是光線一律而且充足，有活動擴充的餘地，缺點是占地面積太大，走廊占的位置太廣，同時兩端距離過長，聯絡不方便。「□」字形的校舍，占地面積小，建築經濟，易於管理，但無擴展餘地，且部分光線欠佳，聲音不易擴散，失火時難以救護。

三、建築材料

所舍建築材料以鋼筋水泥磚造為佳，因此種材料，堅固而能防火，且合乎經濟的原則。

四、建築項目說明

所內之建築項目分別以房舍、高度、牆壁、地面與走道、走廊與通道及門窗六項說明如下（內政部，民62）：

房舍：以平房為原則，如為樓房，以地面層及二樓為限，

必須設有安全柵欄門，樓梯應加欄杆，樓梯踏步以各階踏步高度不得多於十四公分，踏步深度不得少於二十四公分，樓梯寬度不得少於一百公分。

高度：平房室內以三公尺為準，屋頂如為人字形，應裝設防火及防污染之天花板，工程堅固。

牆壁：內外牆壁無尖銳突出處，塗料採用防火、防污染、無鉛毒油漆。

地面與走道：乾燥、平坦、不光滑。幼兒活動室、廚房、廁所（如供水方便），可在一平面上，便利而安全。

走廊與通道：通道坡道宜小，凡超過地面六十公分，應加設欄杆（高八十公分，每欄杆間隔十五公分），堅固穩定。

門窗：門應向外開，每間活動室至少有兩個門，室內門不得裝鎖，對外門窗，應加紗門紗窗。窗戶總面積，不得少於活動室面積四分之一。活動室窗離地五十至六十公分，樓上窗戶應設半截欄杆，堅固穩定。

以上之建築可酌情適用於托兒所之活動室、辦公室、休息室、寢室、廚房及餐廳、盥洗室、廁所、保健休養室及儲藏室等。

第四節　設備與教具

工欲善其事，必先利其器。任何托兒所，須提供幼兒良好的學習環境，除了須有優良的教保人員外，其次就靠設備與教具是否足夠，是否做妥善的運用了。本節擬就托兒所的設備與

教具提出說明。

托兒所的設備

一、托兒所的設備原則

富有教育價值：托兒所既是收托幼兒的場所，而幼兒正處於學習階段，故各種設施最好均富有教育價值。

顧及安全衛生：托兒所設備，材料要堅實耐用，裝置要牢固穩定，無細小零件脫落，避免有銳邊利角；此外設計時尤應顧及衛生清潔的條件，可洗、可消毒，以符合安全衛生的原則。

可供幼兒利用：設備太豪華或昂貴，可能不輕易讓幼兒使用，失去了設備的意義。因此，托兒所設備要講究實用原則，幼兒充分利用了以後，才能達到教保的功效。

經濟原則：托兒所設備種類繁多，替代性亦大，應多善用腦筋，廢物利用，亦給幼兒一種機會教育。此外，所用設備材料，亦盡可能用當地產物，俾能符合購置便利、價格便宜的經濟原則。

二、托兒所的設備種類

普通校具

· 國旗、國父遺像、總統肖像。

· 所名牌、所旗、所印、旗桿、旗台。

· 鈴、時鐘。

· 辦公桌椅、文具、釘書機、字紙簍（各室一個）。

· 小黑板。

· 溫度計、布告欄。

· 櫃、櫥（放置玩具、工作材料、幼兒衣服及用具、圖書等），每一活動室應各有一個。

· 屏風（數量視需要而定）。

桌椅：幼兒用桌，以二至四人合用一張為宜，桌椅高度必須符合人體工學，以免引起姿勢不良或各種行為問題。桌椅質料宜輕而堅固，使幼兒易於搬動。椅形有多種，其中以雙橫支背，略彎曲，座處全滿稍微凹下者，較為舒適耐用。另一種圖書桌可採用較特殊的形狀，以異於其他桌子，吸引幼兒注意，舊桌子可塗上鮮明色彩或舖上美麗桌巾，圓形桌或六角形桌均可適用，高度應有二種（Cornacchia & Staton, 1974）。桌椅之顏色，有人主張用三原色，使幼兒從小分辨正確的顏色；亦有主張一桌一色，使幼兒可辨認自己的桌椅，並可學習各種顏色之名稱，但朱敬先（民81）主張桌椅顏色最好選用與四周色調相配合者。前二者以教育的立場來設計，後者則注重室內之整體美。

校車：校車宜選骨架堅固，底板承受度高，及使用安全玻璃。校車外部顏色應醒目，車身兩旁標明托兒所之名稱，以利幼兒識別。

器械玩具：應視戶外場地大小及幼兒需要置滑梯、鞦韆、蹺蹺板、浪船、繩梯、獨木橋、小鐵槓、腳踏車、投球架、滾桶、輪胎、跳箱等。

整潔用具：鏡子、小鉤子、掃帚、大小畚箕、噴水壺、拖把、水桶、梳洗用具、毛巾、抹布、肥皂及盒等。

飲食用具：大小點心盤、小匙、小筷、飲水機及其他烹調用具。

醫藥用具：體重計、量尺、視力表及簡易急救箱（含藥品及器材）。

　　安全設備：樓梯口設柵欄門，並備防火器，樓梯應設有太平門及太平梯，防空地下室出口寬度至少一公尺。房屋及電線每年做定期安全檢查，以提高警覺，應修繕者，加以改變調整。

托兒所的教具

　　就人類發展的觀點而言，上托兒所這個年齡階段正是皮亞傑所談到的「準備運思期」階段（Piaget, 1952），及布魯納所論及的「影像表徵期」（Bruner, 1973），此期幼兒通常以直覺來瞭解世界，開始以語言或符號（影像）代表他們經驗的事物，因此，對於托兒所的幼兒而言，提供適當的教具將有利於他們學習，有關托兒所的教具，以下簡單介紹數種，以供參考。

一、福祿貝爾恩物

　　德國幼教專家福祿貝爾（Froebel）於一八三八年始，先後創造恩物（Gifts）二十種，各種恩物之性質並不相同。第一種至第十種恩物為一種材料，此種材料只能把玩，不能改變原形，謂之遊戲恩物。第十一種至第二十種恩物，可依幼兒自己之思想能力，做種種變化，材料之使用，僅限於一次，此種恩物，謂之作業恩物（黃志成、邱碧如，民67）。以下分別將此二十種恩物做一簡單介紹（林盛蕊，民69）：

　　第一種恩物：六色球（毛線製成）（紅、橙、黃、綠、藍、紫），球之直徑為六公分。

 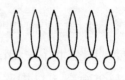

第一恩物：球

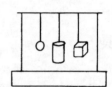

第二恩物：球體、圓柱體、立方體

 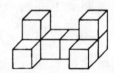

第三恩物：立方體

 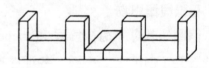

第四恩物：立方體

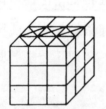 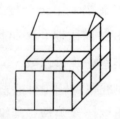

第五恩物：立方體

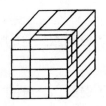 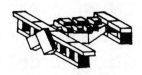

第六恩物：立方體

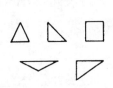 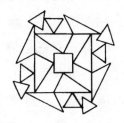

第七恩物：面

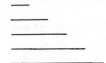 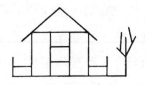

第八恩物：線

 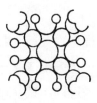

第九恩物：環

第十恩物：點

圖7-2　福祿貝爾恩物

資料來源：林盛蕊，民69　黃志成、邱碧如，民67。

第二種恩物：三體（木塊製成）——球體、圓柱體、立方體。

第三種恩物：立方體（木塊製成），邊長六公分的立方體，切成八小塊立方體，並用木盒裝。

第四種恩物：立方體（木塊製成），邊長六公分的立方體，切成八小塊長方體，並用木盒裝。

第五種恩物：立方體（木塊製成），邊長九公分的立方體，切成二十一塊邊長三公分的小立方體，六塊大三角柱、十二塊小三角柱，並用木盒裝。

第六種恩物：立方體（木塊製成），邊長九公分的立方體，切成十八塊長方體，十二塊柱台，六塊長柱，並用木盒裝。

第七種恩物：面（用厚紙板，或塑膠板製成三色板代替），形狀有五種，它們是正方形（邊長三公分）、等腰三角形（等邊長三公分）、正三角形（各邊長三公分）、直角不等邊三角形（最長邊六公分、最短邊三公分）、鈍角不等邊三角形（二短邊各三公分）。

第八種恩物：線（以細竹子或小木棒代替），分成五種，長各三、六、九、十二、十五公分。

第九種恩物：環（金屬銅環），直徑各為六、四點五、三公分的全環及半環。

第十種恩物：點（以豆子、小石子代替）。

第一至第十種恩物之原始圖及操作示範圖見**圖7-2**。

第十一種恩物：刺工，材料：針、紙。

第十二種恩物：繡工，材料：針、紙、棉線。

第十三種恩物：畫工，材料：筆、紙。

第十四種恩物：剪紙工，材料：剪刀、紙。

第十五種恩物：貼紙工，材料：剪刀、色紙、白紙。

第十六種恩物：織紙工，材料：剪刀、色紙。

第十七種恩物：組紙工，材料：剪刀、色紙。

第十八種恩物：摺紙工，材料：紙。

第十九種恩物：穿豆工，材料：豆、細竹。

第二十種恩物：黏土工，材料：黏土。

二、蒙特梭利教具

　　義大利幼教專家蒙特梭利（Montessori）的教育體系是以感官為基礎，以思考為過程，以自由為目的。她認為幼兒心智的發展，均需要藉重行動的表現（Montessori, 1968），所以蒙氏的教具，特別注重感官、動作的訓練。並且由簡而繁順序排列使用，並按性質分類放置，做為幼兒學習材料，學習時多個人活動，幼兒可自己工作，自己改正，每個工作只有一個對的做法，教師僅從旁協助（Headley, 1968），因其教學效果良好而確定了教育的價值。簡介十種教材如下：

　　第一種教材：觸覺遊戲，材料：木板、砂紙、各種質料的布。

　　第二種教材：重量感覺遊戲，材料：木塊式樣相同，重量不同者三塊。

　　第三種教材：視覺遊戲，材料：立體幾何木塊（三角柱、球體、圓柱體等）、顏色絲線板兩箱共六十四種，各種幾何形狀紙（分影畫、粗線輪廓畫、細線輪廓畫）。

　　第四種教材：聽覺遊戲，材料：空罐子六個，分盛穀子、亞麻仁、砂粒、石子、磚瓦碎塊、細砂。小鈴十三個，每個均繫有音度之名稱。

第五種教材：溫覺遊戲，材料：杯子數個，不同溫度的水。

第六種教材：色覺遊戲，材料為：黑、紅、橙、黃、藍、紫、褐、綠八色之手帕，各有濃淡八級，共六十四條。

第七種教材：嗅覺遊戲，材料：各種不同味道的花。

第八種教材：味覺遊戲，材料：開水、糖、鹽等。

第九種教材：手指動作遊戲，材料：附有鈕扣的布。

第十種教材：文字數字遊戲，材料：筆、厚紙板。

三、視聽教具

「視聽教具」顧名思義是以視覺及聽覺為輔助學習的教學工具，可分為電化的及非電化的兩種。視聽教具除可給幼兒帶來較深刻的印象外，更可提高學習興趣，增進學習效果，教保人員應廣泛使用。茲將常用的視聽教具簡要說明如下：

實物（objects）：以具體的東西提供幼兒，如錢幣、球、杯子、水、紙、積木等。

標本（specimens）：例如動物（蝴蝶、昆蟲、野獸等）、植物（花、果、樹葉等）、礦物（石頭、煤、金屬等）。

模型（models and mock-ups）：如地球儀、飛機、船、人體構造、立體地圖等。

圖片（pictures and photogrphs）：圖形包括圖畫和照片，如偉人、民族英雄、動物、植物、風景區、古蹟。

電唱機（transcription player）：代替風琴，用來做唱遊或舞蹈單元教學。此外，幼兒在工作、餐點、靜息時，亦可輕聲播放。

錄音機（tape recorder）：以錄音帶播放音樂，其效果與電

唱機同。此外，錄音機在教學上亦可先行錄下教學用聲音，如故事、動物叫聲等。

幻燈機（slide and filmstrip）：包括幻燈片，教保人員可購置或自行拍攝與教學單元有關的幻燈片，於上課時放映。

電影機（motion picture projector）：包括影片，選擇與教學內容有關之影片，藉其生動之畫面與對白，幫助幼兒學習。

電視（television）：能推廣最優秀教師的教學成就，能迅速的供給真實的具體材料。而閉路電視利用錄影帶教學不受電視播放時間影響，其在教學上的貢獻更大。

電腦（computer）：為最新型的教育工具之一，可設計適合幼兒學習用的電腦程式，如識字、唱歌及各種教育畫面等，由教保人員或幼兒自己操作，更增加趣味性。

第五節　衛生保健

幼兒的衛生保健列在「幼兒保育行政」這一章裏面，旨在強調托兒所內的行政事務工作，不可忽略衛生保健工作，這是幼兒保育重要的一環。在托兒所內的衛生保健工作，不外乎衛生環境的設計、幼兒健康管理。

衛生環境的設計

托兒所是幼兒第二個家，幼兒每天在這裏接受保育工作，如果機構無法提供一個清潔衛生的環境，無疑的，對幼兒是一種傷害，幼兒可能因此而患病率提高，所以，托兒所的衛生環

境必須加以重視，以下分幾個重點來說明。

一、室內環境

活動室、寢室應保持乾淨，空氣流通；廚房、盥洗室尤須注意整潔，時時清洗，定期消毒，避免細菌的滋生。保健室的設備除力求齊全外，更需要另闢休養室，讓有傳染病的幼兒能單獨在此休養，以免傳染給其他幼兒。

二、室外環境

寬敞的室外環境是必備的，可讓幼兒追逐嬉戲，而室外的清潔也須維護，以免讓幼兒感染到細菌。因此，除每天的清掃之外，還要注意排水溝是否乾淨、暢通，並須加蓋；平日垃圾之處理是否得當；社區環境，對於托兒所有無構成污染等。

三、行政及教保人員之衛生

全所內所有工作同仁應有良好的衛生習慣，以讓幼兒學習，尤須注意到應定期健康檢查，看看有無傳染病，以免傳染給幼兒。廚房工作人員之衛生習慣更須維護，從個人的衛生到食物的清理、製作都必須講究。

幼兒的健康管理

幼兒的健康管理是藉著行政措施，由教保人員負責督促，以達到幼兒健康的目的，幼兒健康管理可分下列三個層次來進行：

一、健康觀察

所謂健康觀察，就是保育員隨時隨地注意、關懷觀察幼

兒，因而得知幼兒身心健康狀態的一種保健方法，觀察後如果發現幼兒在心理上，或生理上有任何不正常的情況，立即予以輔導或矯治，使幼兒健康正常化，更能避免不良後果的發生。由此可知，健康觀察的項目大致可分為三大類：

心理狀況：幼兒是否精神充沛、心情愉快？是否具有良好的社會關係，願與同伴相處？發展上（語言、智能）是否健全？情緒是否穩定？

生理狀況：身體機能是否發育良好？臉色紅潤或是蒼白？眼神是否明亮還是暗淡？皮膚是否潤澤，有無彈性？動作是輕快還是遲鈍？

其他徵兆：有無吮指、攻擊行為？有無退縮、孤僻之傾向？身體姿勢是否端正？身高體重是否正常？是否常患病？

對於以上之健康觀察，教保人員應隨時在所內進行，必要時得舉行家庭訪問，並且在幼兒的個案記錄表上做記錄，而最重要的就是擬定矯治計劃，改善幼兒身心健康。

二、晨間檢查

晨間檢查是托兒所每日必須做的例行公事，檢查的目的及項目說明如下：

目的

- 促進幼兒身體健康，讓幼兒維持一個清潔、健康水準。
- 培養幼兒良好的衛生習慣：讓幼兒從小就每天注意自己的清潔，進而養成衛生習慣。
- 傳染病的管制：在眾多的幼兒中，偶而難免會有些患病，如果所患之病具有傳染性，那可能會危及其他幼

兒，因此，藉著晨間檢查時加以注意，如須隔離應送往
保健休養室。

檢查項目

· 手：是否乾淨，指甲有否修剪？

· 口腔牙齒：有否刷牙？有無蛀牙？

· 頭髮：是否修剪？是否乾淨？

· 臉面：頸、耳、皮膚是否乾淨？

· 衣、鞋：是否乾淨？

· 手帕：有無攜帶？是否乾淨？

· 精神狀態：有無異常？

· 體溫：有異樣時始檢查。

三、健康檢查

所謂健康檢查，消極的目的在及早發現幼兒疾病，及早治
療，使幼兒的成長更順利；積極的目的則在瞭解幼兒發育的狀
況及健康的程度，以便做營養、保健的參考。托兒所的幼兒，
最好每學期都要做一次健康檢查，檢查的項目說明如下：

身高及體重的測量：是否做正常的增加？體重有無減輕的
現象？與同年齡之幼兒常模相比又如何？

牙齒的檢查：是否有蛀牙？齒列是否整齊？是否刷洗清
潔？

體格檢查：檢查項目有營養、皮膚（彈性、血色）、眼睛
（視力、有無砂眼）、耳、口腔、咽喉、呼吸系統、循環系統、
有無寄生蟲、淋巴腺、甲狀腺、性器官等。

第六節　家庭和社區聯繫

現代化之托兒所教保工作強調整體性觀念，亦即光是托兒所教保人員對幼兒實施保育工作是不夠的，而應與家庭和社區相互配合，才能達到事半功倍之效。

托兒所與家庭之聯繫

托兒所不僅在所內實施嬰幼兒之教保工作，以期托兒所與家庭教保觀念及方法一致。並應提倡親職教育，協助父母能明瞭嬰幼兒發展上各種現象與需要，闡明正確的育兒觀念，故托兒所與家庭聯繫是有必要的。瑞德（Read, 1971）曾提及教師做家庭訪問時，可以教導母親如何在家裏激發幼兒的潛能；而父母到托兒所去，可以協助老師做課程的推廣及瞭解幼兒個別需要。羅淑芳（民75）對托兒所的改進事項中，也強調幼兒保育祇是協助而非替代家庭的功能，故應促使父母對幼教機構內容與功能的瞭解，並得其配合協助，如此保育工作才能聯貫。內政部（民62）所編的《托兒所設施標準》一書內，也述及托兒所與家庭聯繫的工作內容。

一、聯繫的工作內容

· 協助父母明瞭嬰幼兒發展上各種現象與需要，闡明正確之育兒觀念。

· 協助父母瞭解嬰幼兒發展上之問題，並提供輔導方法。

・協助父母瞭解嬰幼兒在托兒所之生活經驗，使能與嬰幼兒家庭生活相配合。

二、聯繫的方式

電話：電話聯繫是最省時便捷的方式，適於通知、查詢事情，唯不宜做長時間的討論。

家庭訪問：必須事先與家長約好時間，登門造訪，可以進一步瞭解幼兒的家庭狀況，並可向家長報告幼兒在所內的情形，必要時，還可對幼兒生活狀況、行為問題或其他特殊表現，做進一步的討論。

便條、函件聯繫：可用便條或函件，令由幼兒交回給家長，適用於各類通知單，如開會通知、活動通知等。

家長會：通知家長到所內開會，可以使教保人員與家長做進一步的溝通。

參與教學：家長可利用時間，輪流至所內參與教保工作，一方面可以學會一些專業教學方式，二方面可以實際瞭解自己幼兒在所內的學習情形。

三、記錄

每次托兒所教保人員或社工員與家長聯繫之方式、內容，應重點式的記錄在「幼兒個案記錄表」（**表7-4**）之上，以便將來查閱。

托兒所與社區之聯繫

新進由於社會工作（social work）的發達，教保人員觀念的改變，托兒所教保工作已不再像過去閉關自守的情況了。現代

的托兒所為了得到更多的社會資源，也都能與社區聯繫，以利教保工作之進行。

一、聯繫的工作內容（內政部，民62）：

· 托兒所為社區內之兒童福利機構之一，提供托育服務，故與社區內之教育、福利、衛生機構，有密切關係，應加強合作聯繫，共同發展社區內嬰幼兒的福利。

· 善用社區資源與大眾傳播機構，辦理並宣傳家庭衛生保健及育嬰知識，並提倡有益幼兒身心之教育廣播電視節目。

· 托嬰機構有配合推行社區活動之義務，如宣傳環境衛生，加強社區內家庭合作團結、家庭健康教育，舉辦國民生活須知座談會、家長聯誼會，提倡正當家庭娛樂，轉移社會風氣，使社區成為養育子女之優良住宅區。

· 配合社區之住宅興建計劃，得規劃設定托兒所之場地，便利社區內嬰幼兒之托育。

二、聯繫的方式

發函：托兒所可發函給社區內各單位或機關行政首長及熱心人士，請其蒞所指導，補助經費或贈送教具和設備。

訪問社區有關單位：所長及教保人員可拜訪社區內有關單位，如鄉鎮市公所、郵局、村里辦公室、社區理事會等；必要時亦可帶幼兒參觀有關單位，如：衛生所、醫院、動物園、農田、工廠等。

召開親職座談、演講會：托兒所自辦或與社區有關單位合辦親職教育座談會或演講會。

參與村里民會議：宣揚學前教保之重要性，推廣家長育兒

觀念。

舉辦教學觀摩會：除邀請家長參加以外，並可邀請社區內有關人士前來觀摩。

參與社區內活動：如節日、慶典、遊藝會、運動會等其他有意義之活動。

三、記錄

每次托兒所與社區做聯繫之時，均應記載在所務日誌內，以便將來查閱、參考。

第七節　幼托整合

數十年來，我國托兒所與幼稚園一直是採分途制度，托兒所的業務由社政單位管轄，功能較重保育，其成立之目的兼具解決職業婦女就業後，孩子無人照顧之困境；幼稚園的業務由教育單位管轄，主要功能較重教育。此種制度目前已面臨挑戰，從九十年代以來，幼兒教育的學術領域已經產生共識：幼兒教育工作應該是指出生至八歲幼兒的教育及保育工作。這種看法是來自於幼兒教育理論，發展心理學的研究以及實務工作者累積的經驗。順應這種趨勢，國內也有教保合一（childcare and education 簡稱educare）的呼聲（王淑英，民88）。

由此可知，嬰兒自出生以後，不但要「保」，也要「教」，保護可免於嬰兒受到傷害，教育可發展嬰兒的潛能，而絕對不能說嬰兒期「保」重於「教」，這是錯誤的觀念，亦即嬰兒期「保」很重要，「教」也很重要。同理，若說四至六歲的幼兒

「教」重於「保」也是錯誤的觀念，亦即「教」和「保」一樣重要。因此，幼托整合勢在必行，幼托整合之後，必需將嬰兒出生後至入國民小學前的幼托機構行政管轄機構合一、法源合一、設備標準合一、立案標準合一、工作人員資格合一，如此才能在幼兒本位立場謀求幼兒身心發展之需要。

參考書目

· 王淑英。《台北市保育人員資源手卅——編者的話》。台北市
　　社會局出版，（民88）。

· 王靜珠。《幼稚教育》。自印，第440、446頁，（民81）。

· 內政部。《托兒所設置標準》。自印，（民62）。

· 內政部。「托兒所設置辦法」。自印，（民70）。

· 台灣省政府教育廳，《學校建築研究》，第40頁（民61）。

· 朱敬先。《幼兒教育》。五南出版社，（民81）。

· 林盛蕊。《福祿貝爾恩物理論與實際》（再版）。文化大學青
　　少年兒童福利系出版，（民69）。

· 教育部。《特殊教育法》，第3、7、9、16條，（民86）。

· 黃志成。〈幼教機構地點之選擇〉，《親職教育短論集》。文
　　化大學青少年兒童福利系出版，第13～15頁，（民73）

· 黃志成、邱碧如。《幼兒遊戲》。東府出版社，第48頁，（民
　　67）。

· 羅淑芳。〈托兒機構功能之提昇——結論部分〉，《七十五年
　　兒童福利專業人員研討會實錄》。內政部編印，第58頁，
　　（民75）。

· Bruner, J. S.（1973）. *Beyond the Information Given*. N.Y.:
　　Norton.

· Cohen, D. J. & A. S. Brandegee.（1975）. *Day Care: 3 Serving
　　Preschool Children*. U.S. Department of Health, Education,
　　and Welfare, 117.

· Comacchia, H. J. & W. M. Staton.（1974）. *Health in Elementary*

Schools. Masby Co., Saint Louis, 264.

· Gans, R., C. B. Itendler & M. Almy,（1952）. *Teaching Young Children*. N.Y.: World Book Co., 53.

· Granato, S. & E. Krone.（1972）. *Day Care: 8 Serving Children with Special Needs*. U.S. Department of Health, Education, and Welfare, 8-9.

· Headley, N.（1968）. *The Kindergarten its Place in Program of Educaion*. The Center for Applied Research in Education, N.Y., 33-40.

· Montessori, M.（1968）. *The Absorbent Mind*. N.Y.: Dell Publishing Co., Inc., 74.

· Piaget, J.（1952）. *The Child's Conception of Number*. London: Routledge & Kegan Paul.

· Read, K. H.（1971）. *The Nursery School（5th ed.）*. Philadelphia: W. B. Saunders Company, 39-40.

· Sheehy, E. D.（1954）. *The Fives and Sixes Go to School*. N.Y.: Herry Holt and Co., 65-84.

附/ 錄/

附錄一　兒童福利法

中華民國六十二年二月八日制定公布

中華民國八十二年二月五日修正公布

第一章　總　則

第 一 條　為維護兒童身心健康，促進兒童正常發育，保障
　　　　　兒童福利，特制定本法。

第 二 條　本法所稱兒童，指未滿十二歲之人。
　　　　　兒童出生後十日內，接生人應將出生之相關資料
　　　　　通報戶政及衛生主管機關備查。
　　　　　殘障兒童之父母、養父母或監護人得申請警政機
　　　　　關建立殘障兒童之指紋資料。

第 三 條　父母、養父母或監護人對其兒童應負保育之責任。
　　　　　各級政府及有關公私立機構、團體應協助兒童之
　　　　　父母、養父母或監護人，維護兒童身心健康與促
　　　　　進正常發展，對於需要指導、管教、保護、身心
　　　　　矯治與殘障重建之兒童，應提供社會服務與措
　　　　　施。

第 四 條　各級政府及公私立兒童福利機構處理兒童相關事

務時，應以兒童之最佳利益爲優先考慮。有關兒童之保護與救助應優先受理。

第　五　條　兒童之權益受到不法侵害時，政府應予適當之協助與保護。

第　六　條　兒童福利之主管機關：在中央爲內政部；在省（市）爲社會處（局）；在縣（市）爲縣（市）政府。

兒童福利主管機關應設置承辦兒童福利業務之專責單位：在中央爲兒童局；在省（市）爲兒童福利科；在縣（市）爲兒童福利課（股）。

司法、教育、衛生等相關單位涉及前項業務時，應全力配合之。

第　七　條　中央主管機關掌理下列事項：

1.兒童福利法規與政策之研擬事項。

2.地方兒童福利行政之監督與指導事項。

3.兒童福利工作之研究與實驗事項。

4.兒童福利事業之策劃與獎助及評鑑之規劃事項。

5.兒童心理衛生及犯罪預防之計畫事項。

6.特殊兒童輔導及殘障兒童重建之規劃事項。

7.兒童福利專業人員之規劃訓練事項。

8.兒童福利機構設置標準之審核事項。

9.國際兒童福利業務之聯繫與合作事項。

10.有關兒童福利法令之宣導及推廣事項。

11.兒童之母語及母語文化教育事項。

12.其他全國性兒童福利之策劃、委辦及督導事

項。

第 八 條　省（市）主管機關掌理下列事項：

1.縣（市）以下兒童福利行政之監督與指導事項。

2.兒童及其父母福利服務之策劃、推行事項。

3.兒童心理衛生之推行事項。

4.特殊兒童輔導及殘障兒童重建之計畫與實施事項。

5.兒童福利專業人員之訓練事項。

6.兒童福利機構設置標準之訂定與機構之檢查、監督事項。

7.兒童保護之規劃事項。

8.有關寄養家庭標準之訂定、審查及其有關之監督、輔導等事項。

9.有關親職教育之規劃及辦理事項。

10.其他全省（市）性之兒童福利事項。

第 九 條　縣（市）主管機關掌理下列事項：

1.兒童福利機構之籌辦事項。

2.托兒機構保育人員訓練之舉辦事項。

3.兒童社會服務個案集中管理事項。

4.兒童狀況之調查、統計、分析及其指導事項。

5.勸導並協助生父認領非婚生子女事項。

6.兒童福利機構之監督事項。

7.其他全縣（市）性之兒童保護事項。

第 十 條　各級主管機關為協調、研究、審議、諮詢及推動兒童福利，應設兒童福利促進委員會；其組織規

程由中央主管機關定之。

第 十 一 條　政府應培養兒童福利專業人員，並應定期舉行職前訓練及在職訓練。

兒童福利專業人員之資格，由中央主管機關定之。

第 十 二 條　兒童福利經費之來源如下：

1.各級政府年度預算及社會福利基金。

2.私人或團體捐贈。

3.兒童福利基金。

第二章　福利措施

第 十 三 條　縣（市）政府應辦理下列兒童福利措施：

1.婦幼衛生、優生保健及預防注射之推行。

2.對發展遲緩之特殊兒童建立早期通報系統並提供早期療育服務。

3.對兒童與家庭提供諮詢輔導服務。

4.對於無力撫育未滿十二歲之子女者，予以家庭生活扶助或醫療補助。

5.早產兒、重病兒童之扶養義務人無力支付兒童全部或一部分醫療費用之醫療補助。

6.對於不適宜在其家庭內教養之兒童，予以適當之安置。

7.對於棄嬰及無依兒童，予以適當之安置。

8.其他兒童及其家庭之福利服務。

第 十 四 條　前條第四款之家庭生活扶助或醫療補助，以具有

下列情形之一者為限：

1. 父母失業、疾病或其他原因，無力維持子女生活者。
2. 父母一方死亡，他方無力撫育者。
3. 父母雙亡，其親屬願代為撫養，而無經濟能力者。
4. 未經認領之非婚生子女，其生母自行撫育，而無經濟能力者。

第十五條 兒童有下列各款情形之一，非立即給予緊急保護、安置或為其他處分，其生命、身體或自由有明顯而立即之危險者，應予緊急保護、安置或為其他必要之處分：

1. 兒童未受適當之養育或照顧。
2. 兒童有立即接受診治之必要，但未就醫者。
3. 兒童遭遺棄、虐待、押賣，被強迫或引誘從事不正當之行為或工作者。
4. 兒童遭受其他迫害，非立即安置難以有效保護者。

主管機關緊急安置兒童遭遇困難時，得請求檢察官或警方協助之。

安置期間，主管機關或受主管機關委任安置之機構在保護安置兒童之範圍內，代行原親權人或監護人之親權或監護權。主管機關或受主管機關委任之安置機構，經法院裁定繼續安置者，應選任其成員一人執行監護事務，並向法院陳報。

前項負責執行監護事務之人，應負與親權人相同

之注意義務，並應按個案進展作成報告備查。

安置期間，非為貫徹保護兒童之目的，不得使兒童接受訪談、偵訊或身體檢查。

安置期間，兒童之原監護人、親友、師長經主管機關許可，得依其指示時間、地點、方式探視兒童。不遵守者，主管機關得撤銷其許可。

安置之原因消滅時，主管機關或原監護人，得向法院聲請裁定停止安置，使兒童返回其家庭。

第 十 六 條　依前條規定保護安置時，應即通知當地地方法院。保護安置不得超過七十二小時，非七十二小時以上之安置不足以保護兒童者，得聲請法院裁定繼續安置。繼續安置以三個月為限，必要時，法院得裁定延長一次。

對於前項裁定有不服者，得於裁定送達後五日內提起抗告。對於抗告法院之裁定不得再抗告。抗告期間，原安置機關得繼續安置。

第 十 七 條　兒童因家庭發生重大變故，致無法正常生活於其家庭者，其父母、養父母、監護人、利害關係人或兒童福利機構，得申請當地主管機關安置或輔助。

第十五條及前項兒童之安置，當地主管機關得辦理家庭寄養或交付適當之兒童福利機構收容教養之。受寄養之家庭及收容之機構，應提供必要之服務，並得向撫養義務人酌收必要之費用。

第一項之家庭情況改善或主管機關認第十五條第一項各款情事已不存在或法院裁定停止安置者，

被安置之兒童仍得返回其家庭。

第十八條　醫師、護士、社會工作員、臨床心理工作者、教
育人員、保育人員、警察、司法人員及其他執行
兒童福利業務人員，知悉兒童有第十五條第一項
及第二十六條各款情形或遭受其他傷害情事者，
應於二十四小時內向當地主管機關報告。

前項報告人之身分資料應予保密。

第十九條　依本法保護、安置、訪視、調查、輔導兒童或其
家庭，應建立個案資料。

因職務知悉之秘密或隱私及所製作或持有之文
書，應予保密，非有正當理由，不得洩漏或公
開。

第二十條　中央主管機關應會同目的事業主管機關擬訂辦法
獎勵公民營機構設置育嬰室、托兒所等各類兒童
福利設施及實施優待兒童、孕婦之措施。

第二十一條　兒童及孕婦應優先獲得照顧。

交通、衛生、醫療等公民營事業應訂定及實施兒
童及孕婦優先照顧辦法。

第三章　福利機構

第二十二條　縣（市）政府應自行創辦或獎勵民間辦理下列兒
童福利機構：

1.托兒所。

2.兒童樂園。

3.兒童福利服務中心。

4.兒童康樂中心。

5.兒童心理及其家庭諮詢中心

6.兒童醫院。

7.兒童圖書館。

8.其他兒童福利機構。

第二十三條　省（市）及縣（市）政府為收容不適於家庭養護
或寄養之無依兒童，及身心有重大缺陷不適宜於
家庭撫養之兒童，應自行創辦或獎勵民間辦理下
列兒童福利機構：

1.育幼院。

2.兒童緊急庇護所。

3.智能障礙兒童教養院。

4.傷殘兒童重建院。

5.發展遲緩兒童早期療育中心。

6.兒童心理衛生中心。

7.其他兒童教養處所。

對於未婚懷孕或分娩而遭遇困境之婦、嬰，應專
設收容教養機構。

第二十四條　前二條各兒童福利機構之業務，應遴用專業人員
辦理，其待遇、福利等另訂定之。

兒童福利機構設置標準與設立辦法，由省（市）
政府訂定，報請中央主管機關報備。

第二十五條　私人或團體辦理兒童福利機構，應向主管機關申
請立案；並於許可立案之日起六個月內辦理財團
法人登記。但私人或團體辦理第二十二條之兒童
福利機構，而不對外接受捐助者，得不辦理財團

法人登記。

前項兒童福利機構不得兼營營利行為或利用其事業為任何不當之宣傳。

各級主管機關應輔導、監督、檢查及評鑑第二十二條、第二十三條之兒童福利機構；成績優良者，應予獎助；辦理不善者，令其限期改善。

第四章　保護措施

第二十六條　任何人對於兒童不得有下列行為：

1.遺棄。

2.身心虐待。

3.利用兒童從事危害健康、危險性活動或欺騙之行為。

4.利用殘障或畸形兒童供人參觀。

5.利用兒童行乞。

6.供應兒童觀看、閱讀、聽聞或使用有礙身心之電影片、錄影節目帶、照片、出版品、器物或設施。

7.剝奪或妨礙兒童接受國民教育之機會或非法移送兒童至國外就學。

8.強迫兒童婚嫁。

9.拐騙、綁架、買賣、質押兒童，或以兒童為擔保之行為。

10.強迫、引誘、容留、容認或媒介兒童為猥褻行為或姦淫。

11.供應兒童毒藥、毒品、麻醉藥品、刀械、槍砲、彈藥或其他危險物品。

12.利用兒童攝製猥褻或暴力之影片、圖片。

13.帶領或誘使兒童進入有礙其身心健康之場所。

14.其他對兒童或利用兒童犯罪或為不正當之行為。

第二十七條 法院認可兒童收養事件，應考慮兒童之最佳利益。

決定兒童之最佳利益時，應斟酌收養人之人格、經濟能力、家庭狀況及以往照顧或監護其他兒童之紀錄。

滿七歲之兒童被收養時，兒童之意願應受尊重。兒童堅決反對時，非確信認可被收養，乃符合兒童最佳利益之唯一選擇外，法院應不予認可。

滿七歲之兒童於法院認可前，得准收養人與兒童先行共同生活一段期間，供法院決定認可之參考。

法院為第一、二項認可前，應命主管機關或其他兒童福利機構進行訪視，提出調查報告及建議。收養之利害關係人亦得提出相關資料或證據，供法院斟酌。

法院對被遺棄兒童為前項認可前，應命主管機關調查其身分資料。

父母對於兒童出養之意見不一致，或一方所在不明時，父母之一方仍可向法院聲請認可。經法院調查認為收養乃符合兒童之利益時，應予認可。

法院認可兒童收養者，應通知主管機關定期進行

訪視，並作成報告備查。

第二十八條　收養兒童經法院認可者，收養關係溯及於收養書面契約成立時發生效力。無書面契約者，以向法院聲請時為收養關係成立之時。有試行收養之情形者，收養關係溯及於開始共同生活時發生效力。

聲請認可收養後，法院裁定前兒童死亡者，聲請程序終結。收養人死亡者，法院應命主管機關或其委託機構為調查並提出報告及建議，法院認其於兒童有利益時，仍得為認可收養之裁定，其效力依前項之規定。

養父母均不能行使、負擔對於兒童之權利義務或養父母均死亡時，法院得依兒童、檢察官、主管機關或其他利害關係人之聲請選定監護人及指定監護之方法，不受民法第一千零九十四條之限制。

第二十九條　養父母對養子女有第二十六條第一款、第二款、第四款、第五款及第七款至第十四款之行為者，或有第三款及第六款之行為而情節重大者，利害關係人或主管機關得向法院聲請宣告終止其收養關係。

第　三　十條　父母、養父母、監護人或其他實際照顧兒童之人，應禁止兒童從事不正當或危險之工作。

第三十一條　父母、養父母、監護人或其他實際照顧兒童之人，應禁止兒童吸菸、飲酒、嚼檳榔、吸食或施打迷幻藥、麻醉藥品或其他有害身心健康之物質。

任何人均不得供應前項之物質予兒童。

第三十二條　婦女懷孕期間應禁止吸菸、酗酒、嚼檳榔、吸食或施打迷幻藥、麻醉藥品或為其他有害胎兒發育之行為。其他人亦不得鼓勵、引誘、強迫或使懷孕婦女為有害胎兒發育之行為。

第三十三條　父母、養父母、監護人或其他實際照顧兒童之人，應禁止兒童出入酒家、酒吧、酒館（店）、舞廳（場）、特種咖啡茶室、賭博性電動遊樂場及其他涉及賭博、色情、暴力等其他足以危害其身心健康之場所。

父母、養父母、監護人或其他實際照顧兒童之人，應禁止兒童充當前項場所之侍應或從事其他足以危害或影響其身心發展之工作。

第一項場所之負責人及從業人員應拒絕兒童進入。

任何人不得利用、僱用或誘迫兒童從事第二項之工作。

第三十四條　父母、養父母、監護人或其他實際照顧兒童之人不得使兒童獨處於易發生危險或傷害之環境，對於六歲以下兒童或需要特別看護之兒童不得使其獨處或由不適當之人代為照顧。

第三十五條　任何人發現有違反第二十六條、第三十條、第三十一條、第三十三條、第三十四條之規定或兒童有第十五條第一項之情事者，得通知當地主管機關、警察機關或兒童福利機構。警察機關或兒童福利機構發現前述情事或接獲通知後，應立即向主管機關報告，至遲不得超過二十四小時。

前項機關或機構發現前項情事或接獲通知後，應迅即處理，不得超過二十四小時，並互予必要之協助。主管機關之承辦人員應於受理案件後四日內向其所屬單位提出調查報告。

前二項處理辦法，由省（市）政府訂定，報中央主管機關備查。

第三十六條　主管機關就本法規定事項，必要時得自行或委託其他機關或兒童福利有關機構進行訪視、調查。

主管機關或受其委託之機關或機構進行訪視、調查時，兒童之家長、家屬、師長、雇主、醫護人員及其他與兒童有關之人應予配合並提供相關資料。

必要時，得請求警察、醫療、學校或其他相關機關或機構協助，被請求之機關或機構應予配合。

第三十七條　兒童有賣淫或營業性猥褻行為者，主管機關應將其安置於適當場所，觀察輔導二週至一個月。若有本法保護措施章則規定之其他情事時，併依各該規定處理之。

經前項觀察輔導後，主管機關認為必要時，得將兒童安置於專門機構，強制施予六個月之輔導教育，必要時得延長之。但輔導教育期間合計不得超過兩年。

在觀察輔導期間應建立個案資料，予其必要之協助。個案資料應予保密。

第一項兒童患有性病者，應免費強制治療，必要時得請求警察機關協助。

第三十八條　少年法庭處理兒童案件，經調查認其不宜責付於法定代理人者，得命責付於主管機關或兒童福利機構；認責付為不適當而需收容者，得命收容於主管機關或兒童福利機構。主管機關認有必要時，得將兒童安置或收容於寄養家庭、育幼院或其他兒童福利機構。於責付、安置或收容期間，應對兒童施予輔導教育。

少年法庭裁定兒童應交付感化育者，得將其安置於兒童福利機構或寄養家庭，施予必要之輔導。

第三十九條　前二條安置所需之費用，得責由其扶養義務人負擔。

前項費用扶養義務人不支付者，主管機關得聲請法院裁定後強制執行。扶養義務人無支付能力，則自兒童福利經費中支付。

第 四 十 條　父母、養父母或監護人對兒童疏於保護、照顧情節嚴重或有第十五條第一項或第二十六條行為者，兒童最近尊親屬、主管機關、兒童福利機構或其他利害關係人，得向法院聲請宣告停止其親權或監護權，另行選定監護人。對於養父母，並得聲請法院宣告終止其收養關係。

法院依前項規定選定監護人時，不受民法第一千零九十四條之限制，得指定主管機關、兒童福利機構之負責人或其他適當之人為兒童之監護人。並得指定監護之方法及命其父母或養父母支付選定監護人相當之扶養費用及報酬。

第四十一條　父母離婚者，法院得依職權、兒童之父母、主管

機關或其他利害關係人之聲請，爲兒童之利益，酌定或改定適當之監護人、監護之方法、負擔扶養費用之人或其方式，不受民法第一千零五十一條、第一千零五十五條、第一千零九十四條之限制。

法院爲前項酌定或改定前，應爲必要之調查，得命主管機關或兒童福利有關機構調查，向法院提出報告或到場陳述意見。

法院酌定或改定監護人時，應通知主管機關輔導、觀察其監護，於必要時應向法院提出觀察報告及建議。

依第十五條第三項所定之代行監護權人、第四十條所定之監護人、生父認領非婚生子女或父母對監護權行使意見不一致者，準用前三項之規定。

第四十二條　政府對發展遲緩及身心不健全之特殊兒童，應按其需要，給予早期療育、醫療、就學方面之特殊照顧。

第五章　罰　則

第四十三條　利用或對兒童犯罪者，加重其刑至二分之一。但各該罪就被害人係兒童已設有特別處罰規定者，不在此限。

對於兒童犯告訴乃論之罪者，主管機關得獨立告訴。

第四十四條　違反第二條第二項規定者，處新臺幣一千元以上

三萬元以下罰鍰。

違反第二十六條、第三十條規定者，處新臺幣一萬元以上十二萬以下罰鍰，並公告其姓名。

第四十五條　父母、養父母、監護人或其他實際照顧兒童之人，違反第三十一條第一項情節嚴重，或明知兒童在第三十三條第一項場所工作，不加制止者，處新臺幣六千元以上三萬元以下罰鍰，並公告其姓名。

父母、養父母、監護人或其他實際照顧兒童之人，違反第三十三條第一項或第二項者，處新臺幣一千二百元以上六千元以下罰鍰，並公告其姓名。

第四十六條　雇用或誘迫兒童在第三十三條第一項場所工作或供應迷幻、麻醉藥品或其他有害其身心健康之物質予兒童者，處新臺幣三萬元以上三十萬元以下罰鍰，並公告其姓名。情節嚴重或經警告仍不改善者，主管機關得勒令其停業、歇業，或移請其事業主管機關吊銷執照。

與從事賣淫或營業性猥褻行為之兒童為性交易者，處新臺幣三萬元以上十萬元以下罰鍰，並公告其姓名。

主管機關應自行或委託其他機構，對前項為性交易者施予輔導教育，其實施及處罰準用第四十八條之規定。

第四十七條　供應菸、酒及檳榔予兒童者，處新臺幣三千元以上一萬五千元以下罰鍰。

違反第三十三條第三項或第四項者，處新臺幣一

萬二千元以上六萬元以下罰鍰。

情節嚴重或經警告仍不改善者，主管機關得勒令其停業、歇業或移請其事業主管機關吊銷執照。

第四十八條 父母、養父母、監護人或其他實際照顧兒童之人，違反第二十六條、第三十條、第三十一條第一項、第三十三條第一項、第二項或第三十四條，情節嚴重，或有第十五條第一項所列各種情事者，主管機關應令其接受四小時以上之親職教育輔導。

前項親職教育輔導，如有正當理由，得申請原處罰之主管機關核准後延期參加。

不接受第一項親職教育輔導或時數不足者，處新臺幣一千二百元以上六千元以下罰鍰，經再通知仍不接受者，得按次處罰，至其參加為止。

第四十九條 違反第十八條規定者，處新臺幣六千元以上三萬元以下罰鍰。

兒童之家長、家屬、師長、雇主、醫護人員及其他與兒童有關之人違反第三十六條第二項規定而無正當理由者，處新臺幣三千元以上三萬元以下罰鍰，並得連續處罰，至其配合或提供相關資料為止。

第五十條 兒童福利機構違反第二十五條第一項、第二項之規定者，處新臺幣三萬元以上三十萬元以下罰鍰；其經限期辦理立案或財團法人登記、或停止第二項之行為，逾期仍不辦理或停止者，得連續處罰之，並公告其名稱，且得令其停辦。

兒童福利機構辦理不善，經依第二十五條第三項規定限期改善，逾期仍不改善者，得令其停辦。

依前二項規定令其停辦而拒不遵守者，再處新臺幣五萬元以上三十萬元以下罰鍰。

經主管機關依前項規定處罰鍰，仍拒不停辦者，處行為人一年以下有期徒刑、拘役或科或併科新臺幣五十萬元以下罰金。

兒童福利機構停辦、停業、歇業、或決議解散時，主管機關對於該機構收容之兒童應即予以適當之安置。兒童福利機構應予配合；不予配合者，強制實施之，並處以新臺幣三萬元以上三十萬元以下罰鍰。

第五十一條　依本法應受處罰者，除依本法處罰外，其有犯罪嫌疑者，應移送司法機關處理。

第五十二條　依本法所處之罰鍰，逾期不繳納者，移送法院強制執行之。

第六章　附　　則

第五十三條　本法施行細則，由中央主管機關定之。

第五十四條　本法自公布日施行。

附錄二　兒童福利法施行細則

中華民國六十二年七月七日內政部台內社字

第五四九二四一號令發布

中華民國七十一年九月九日內政部台內社字

第一〇九〇二三號令修正發布

中華民國八十三年五月十一日內政部台內社字

第八三七五一三七號令第二次修正發布

第　一　條　本細則依兒童福利法（以下簡稱本法）第五十三條規定訂定之。

第　二　條　本法第十七條第一項、第二十七條第四項、第二十八條第三項、第二十九條、第四十條第一項及第四十一條第一項所稱利害關係人，係指與兒童有直接利害關係之人。

本法第十七條第一項之利害關係人，由主管機關認定之；本法第二十七條第四項、第二十八條第三項、第二十九條、第四十條第一項及第四十一條第一項之利害關係人，由法院認定之。

第　三　條　本法第二條第二項所稱之出生相關資料，在醫院、診所或助產所接生者，係指出生證明書或死

產證明書；非在醫院、診所或助產所接生者，係指出生調查證明書。

本法第二條第二項所稱十日內，係以兒童出生之翌日起算，並以發信郵戳日為通報日；非郵寄者以送達日為通報日。

依本法第二條第二項規定接受接生人通報之機關，應將逾期或未通報之接生人資料，移送當地主管機關。

第　四　條　本法第二條第三項、第七條第六款、第八條第四款及第二十六條第四款所稱殘障兒童，係指依殘障福利法領有殘障手冊之兒童。

依本法第二條第三項建立殘障兒童指紋資料之管理規定，由中央警政主管機關定之。

第　五　條　本法第七條第六款及第八條第四款所稱特殊兒童，係指資賦優異或身心障礙之兒童。

第　六　條　本法第十一條第一項所稱政府應培養兒童福利專業人員，得由中央主管機關商請大專院校相關科培植並得規劃委託有關機關選訓。

本法第十一條第一項所稱定期舉行職前訓練及在職訓練，係指每年至少一次，由省（市）主管機關舉行職前及在職訓練，直轄市、縣（市）主管機關舉辦托兒機構保育人員在職訓練。

第　七　條　直轄市、縣（市）主管機關應定期對兒童福利需求、兒童福利機構及服務現況調查、統計、分析，以提供上級主管機關作為策劃全國（省）性兒童福利參考依據。

第　八　條　私人或團體捐贈兒童福利機構之財物、土地，得依法申請減免稅捐。

第　九　條　本法第十二條第三款所稱兒童福利基金來源如下：
1.政府預算撥充。
2.私人或團體捐贈。
前項兒童福利基金之設立、收支、保管及運用辦法，由各級主管機關定之。

第　十　條　本法第九條、第十三條、第二十二條所定縣（市）政府掌理之兒童福利事項、辦理之兒童福利措施及應自行創辦或獎勵民間辦理之兒童福利機構，直轄市政府準用之。

第 十一 條　本法第十三條第二款及第四十二條所稱發展遲緩之特殊兒童，係指認知發展、生理發展、語言及溝通發展、心理社會發展或生活自理技能等方面有異常或可預期會有發展異常之情形，而需要接受早期療育服務之未滿六歲之特殊兒童。

第 十二 條　本法第十三條第二款及第四十二條所稱早期療育服務，係指由社會福利、衛生、教育等專業人員以團隊合作方式，依發展遲緩之特殊兒童之個別需求，提供必要之服務。

第 十三 條　從事與兒童業務有關之醫師、護士、社會工作員、臨床心理工作者、教育人員、保育人員、警察、司法人員及其他執行兒童福利業務人員，發現有疑似發展遲緩之特殊兒童，應通報當地直轄市、縣（市）主管機關。
直轄市、縣（市）政府為及早發現發展遲緩之特

殊兒童，必要時，得移請當地有關機關辦理兒童
身心發展檢查。

直轄市、縣（市）政府對於發展遲緩之特殊兒
童，其父母、養父母或監護人，應予適當之諮詢
及協助。該特殊兒童需要早期療育服務，福利、
衛生、教育機關（單位）應相互配合辦理。經早
期療育服務後仍不能改善者，輔導其依殘障福利
法相關規定申請殘障鑑定。

第 十 四 條　以詐欺或其他不正當方法領取本法第十三條第四
款、第五款核發之家庭生活扶助費或醫療補助費
者，主管機關應追回其已發之輔助費用；涉及刑
事責任者，移送司法機關辦理。

第 十 五 條　本法第十三條第七款所稱無依兒童，係指無法定
扶養義務人或遭依法令或契約應扶助、養育或保
護之人遺棄，或不為其生存所必要之扶助、養育
或保護之兒童。

本法第十三條第七款所稱棄嬰，係指前項未滿一
歲之兒童。

第 十 六 條　主管機關依本法第十三條第六款、第七款或第十
五條第一項規定安置兒童，應循下列順序為之：

1.寄養於合適之親屬家庭。

2.寄養於已登記合格之寄養家庭。

3.收容於經政府核准立案之兒童教養機構。

第 十 七 條　本法第十六條第一項所稱七十二小時，自依本法
第十五條規定保護安置兒童之即時起算。

第 十 八 條　本法第十七條第一項所稱家庭發生重大變故，致

無法正常生活於其家庭者，係指兒童之家庭發生不可預期之事故，致家庭生活陷於困境，兒童無法獲得妥善照顧者而言。

前項家庭發生重大變故，致無法正常生活於其家庭者，由當地主管機關認定之；必要時得洽商有關機關認定之。

第 十 九 條　直轄市、縣（市）主管機關對依本法安置之兒童及其家庭，應進行個案調查、諮商，並提供家庭服務。

直轄市、縣（市）主管機關依本法處理兒童個案時，兒童戶籍所在地主管機關應提供資料；認為有續予救助、輔導、保護兒童之必要者，得移送兒童戶籍所在地之主管機關處理。

第 二 十 條　本法第十七條第二項所稱寄養家庭、收容機構得向撫養義務人酌收必要之費用，係指安置兒童所需之生活費、衛生保健費及其他與寄養或收容有關之費用，其費用標準由省（市）主管機關定之。

前項撫養義務人有本法第十四條各款情形而無力負擔費用時，當地主管機關應斟酌實際需要，對該寄養家庭或收容機構酌予補助。

依前項規定給予補助者，其原依本法第十三條第四款發給之家庭生活扶助費，自安置於第一項之寄養家庭或收容機構時起，停止發給。

第二十一條　主管機關發現接受安置之兒童不能適應被安置之親屬家庭、寄養家庭或教養機構之生活時，應予另行安置。

第二十二條 　依本法第十八條規定報告時，應以書面為之。

　　　　　　前項報告書之格式由中央主管機關定之。

第二十三條 　依本法第十九條第一項及第三十七條第三項建立

　　　　　　之個案資料應記載下列事項：

　　　　　　1.兒童及其家庭概況。

　　　　　　2.個案輔導之目標、策略、步驟與時間表。

　　　　　　3.有關個案觀察、訪視之報告。

第二十四條 　公、私立兒童福利機構接受捐助，應公開徵信。

　　　　　　前項機構不得利用捐助為設立目的以外之行為。

第二十五條 　兒童福利機構之目的事業，應受各該目的事業主

　　　　　　管機關之指導、監督。

第二十六條 　私人或團體，對兒童福利著有貢獻者，政府應予

　　　　　　獎勵。

第二十七條 　主管機關依本法第二十五條第三項令兒童福利機

　　　　　　構限期改善者，應填發通知單，受處分者接獲通

　　　　　　知單後，應提出改善計畫書，並由主管機關會同

　　　　　　目的事業主管機關評估。

第二十八條 　本法第三十四條所稱需要特別看護之兒童，係指

　　　　　　罹患疾病、身體受傷或身心障礙不能自理生活

　　　　　　者。

第二十九條 　本法第三十四條所稱不適當之人，係指有下列各

　　　　　　款情形之一者：

　　　　　　1.無行為能力人。

　　　　　　2.七歲以上未滿十二歲之兒童。

　　　　　　3.有法定傳染病者。

　　　　　　4.身心有嚴重缺陷者。

5.其他有影響受照顧兒童安全之虞者。

第 三 十 條　本法第三十七條第二項之專門機構對於安置之兒童，於執行強制輔導教育六個月期滿之十五日前，應檢具申請延長或停止執行之理由及事證，報請該管主管機關核定。經核定停止執行者，該主管機關並得視需要對該兒童為適當之安置或輔導。

本法第三十七條第二項規定之輔導教育執行前滿十二歲者，應移送少年福利主管機關繼續辦理；執行中滿十二歲者，由原機構續予執行。

第三十一條　依本法第三十七條第一項、第二項施予觀察輔導或輔導教育之兒童，逃離安置之場所或專門機構時，該場所或機構之負責人應立即通知警察機關協尋，並報告當地主管機關。逃離期間不計入觀察輔導或輔導教育期間。

第三十二條　少年法庭依本法第三十八條第一項規定命責付、收容兒童於主管機關或兒童福利機構，或依本法第三十八條第二項規定安置於兒童福利機構或寄養家庭執行感化教育時，得指定觀護人為適當之輔導。

觀護人應將輔導或指導之結果，定期向少年法庭提出書面報告，並副知主管機關。

第三十三條　主管機關依本法第三十九條第一項規定責由扶養義務人負擔費用時，應填發繳費通知單通知扶養義務人。扶養義務人接獲通知單後，應於三十日內繳納或提出無支付能力之證明申請免繳，逾期

未繳納或未提出證明申請免繳者，主管機關應派員調查，並於提出調查報告後，依本法第三十九條第二項規定辦理。

第三十四條　主管機關依本法第四十四條至第五十條規定處罰鍰，應填發處分書，受處分者應於收受處分書後三十日內繳納罰鍰；逾期未繳納者，移送法院強制執行。

主管機關依本法第四十六條規定處接受輔導教育或依本法第四十八條規定處接受親職教育輔導，應填發處分書，受處分者應於指定日期、時間，到達指定場所接受輔導；未申請核准延期而未到達者，視同不接受輔導教育或親職教育輔導。

第三十五條　本法第三十三條第一項營業場所之負責人應於場所入口明顯處，張貼禁止未滿十二歲兒童進入之標誌。

第三十六條　主管機關依本法第四十四條至第四十六條及第五十條之規定公告姓名或機構名稱時，得發布新聞。

第三十七條　第二十三條、第二十七條、第三十三條及第三十四條規定之書表格式，由省（市）主管機關定之。

第三十八條　本細則自發布日施行。

附錄三　優生保健法

第一章　總　則

第　一　條　為實施優生保健，提高人口素質，保護母子健康
　　　　　　及增進家庭幸福，特制定本辦法。
　　　　　　本法未規定者，適用其他有關法律之規定。

第　二　條　優生保健之主管機關：在中央為行政院衛生署；
　　　　　　在省（市）為省（市）政府；在縣（市）為縣
　　　　　　（市）政府。

第　三　條　中央主管機關，為推行優生保健，諮詢學者專家
　　　　　　意見，得設優生保健諮詢委員會。研審人工流產
　　　　　　及結紮手術之標準。其組織規程由行政院定之。
　　　　　　省（市）縣（市）為推行優生保健，在衛生機關
　　　　　　內，得設優生保健委員會，指導人民人工流產與
　　　　　　結紮手術。其設置擬法由中央主管機關定之。

第　四　條　稱人工流產者，謂經醫學上認定胎兒在母體外不
　　　　　　能自然保持其生命之期間內，以醫學技術，使胎
　　　　　　兒及其附屬物排除於母體外之方法。

稱結紮手術者，謂不除去生殖腺，以醫學技術將輸卵管或輸精管阻塞或切斷，而使停止生育之方法。

第　五　條　本法規定之人工流產或結紮手術，非經中央主管機關指定之醫師不得爲之。

前項指定辦法，由中央主管機關定之。

第二章　健康保護及生育調節

第　六　條　主管機關於必要時，得施行人民健康或婚前檢查。

前項檢查除一般健康檢查外，並包括下列檢查：

1.有關遺傳性疾病檢查。

2.有關傳染性疾病檢查。

3.有關精神疾病檢查。

前項檢查項目，由中央主管機關定之。

第　七　條　主管機關應實施下列事項：

1.生育調節服務及指導。

2.孕前、產前、產期、產後衛生保健服務及指導。

3.嬰、幼兒健康服務及親職教育。

第　八　條　避孕器材及藥品之使用，由中央主管機關定之。

第三章　人工流產及結紮手術

第　九　條　懷孕婦女經診斷或證明有下列情事之一者，得依其自願，施行人工流產：

1.本人或其配偶患有礙優生之遺傳性、傳染性疾病或精神疾病者。

2.本人或其配偶之四親等以內之血親患有礙優生之遺傳性疾病者。

3.有醫學上理由，足以認定懷孕或分娩有招致生命危險或危害身體或精神健康者。

4.有醫學上理由，足以認定胎兒有畸型發育之虞者。

5.因被強姦、誘姦或與依法不得結婚者相姦而受孕者。

6.因懷孕或生產，將影響其心理健康或家庭生活者。

未婚之未成年或禁治產人，依前項規定施行人工流產，應得法定代理人之同意。有配偶者，依前項第六款規定施行人工流產，應得配偶之同意；但配偶生死不明或無意識或精神錯亂者，不在此限。

第一項所定人工流產情事之認定，中央主管機關於必要時，得提經優生保健諮詢委員會研審後，訂定標準公告之。

第　十　條　已婚男女經配偶同意者，得依其自願，施行結紮手術；但經診斷或證明有下列情事之一者，得逕依其自願行之：

1.本人或其配偶患有礙優生之遺傳性、傳染性疾病或精神疾病者。

2.本人或其配偶之四親等以內之血親患有礙優生

之遺傳性疾病者。

3.本人或其配偶懷孕或分娩，有危及母體健康之
　虞者。

未婚男女有前項但書所定情事之一者，施行結紮
手術，得依其自願行之。

未婚之未成年或禁治產人，施行結紮手術，應得
法定代理人之同意。

第一項所定應得配偶之同意；但配偶生死不明或
無意識或精神錯亂者，不在此限。

第一項所定結紮手術情事之認定，中央主管機關
於必要時，得提經優生保健諮詢委員會研審後，
訂定標準公告之。

第 十 一 條　醫生發現患有有礙優生之遺傳性、傳染性疾病或
精神疾病者，應將實情告知患者或其法定代理
人，並勸其接受治療。但對無法治療者，認為有
施行結紮手術之必要時，應勸其施行結紮手術。

懷孕婦女施行產前檢查，醫師如發現有胎兒不正
常者，應將實情告知本人或其配偶，認為有施行
人工流產之必要時，應勸其施行人工流產。

第四章　罰　　則

第 十 二 條　非第五條所定之醫師施行人工流產或結紮手術
者，處一萬元以上三萬元以下罰鍰。

第 十 三 條　未取得合法醫師資格，擅自施行人工流產或結紮
手術者，依醫師法第二十八條懲處。

第 十 四 條　依本法所罰鍰，經催告後逾期仍未繳納者，由主
　　　　　　管機關移送法院強制執行。

第五章　附　　則

第 十 五 條　本法所稱有礙優生之遺傳性、傳染性疾病或精神
　　　　　　疾病之範圍，由中央主管機關定之。
第 十 六 條　接受本法第六條、第七條、第九條、第十條所定
　　　　　　之優生保健措施者，政府得減免或補助其費用。
　　　　　　前項減免或補助其費用辦法，由中央主管機關擬
　　　　　　訂，報請行政院核定後行之。
第 十 七 條　本法施行細則，由中央主管機關定之。
第 十 八 條　本法自中華民國七十四年一月一日施行。

附錄四　民族保育政策綱領

中國國民黨第六次全國代表大會通過

第一章　總　則

一、提倡適當生育，增進國民健康，提高生活標準，減少災病
　　死亡，以期人口數量之合理增加。

二、鼓勵身心健全男女之蕃殖，抑制遺傳缺陷份子之生育，革
　　新社會環境，改進生養教育，以期人口品質之普遍提高。

三、調劑人地比率，力求兩性平衡，改善職業分配，促進機會
　　均等，人期人口分佈之適當調整。

第二章　提倡及期婚姻

四、提高法定結婚年齡，明定男未滿二十歲女未滿十八歲者，
　　不得結婚，以矯正早婚之弊害。

五、注意正當性教育，提倡兩性間正常社交，實施婚姻介紹，
　　指導婚姻選擇，以確保婚姻之美滿。

六、改善婚姻之締結，實施婚後職業介紹，增加婚後生活之公

共設備，以鼓勵男女之及時結婚。

第三章　健全家庭組織

七、勵行一夫一妻制，防止遺棄與草率離婚，保障家庭組織之健全。

八、注意家庭教育及親職教育，培養美滿家庭之觀念，實施家庭問題之諮詢，以期家庭生活之和諧。

第四章　促進適當生育

九、鼓勵健全夫妻之生育，指導適當之節育，維護孕婦產婦之安全，以期優良子女之增加。

十、實施婚前體格檢查，防止性病，施行遺傳缺陷份子之隔離或絕育，以杜不良種子之蕃殖。

十一、普及兒童保育知識，增進兒童福利，以求生養教育之改善。

第五章　增進國民健康

十二、改進國民營養，提高生活標準，普及國民體育，推廣醫藥衛生，以期國民體格之增進。

第六章　調劑兩性比例

十三、矯正重男輕女之積習，力求兩性間之待遇平等，以維持

兩性比例之均衡。

十四、調整鄉市間農工業分配，鼓勵移民帶眷，以減少區域間
　　　兩性比例之差別。

第七章　調整職業分配

十五、促進工業化，以吸收農業上之過剩人口，擴充適於女性
　　　之職業，以增加全國人口之總生產力。

十六、實施計劃教育，培養技術人員，推行職業指導與介紹，
　　　管制勞工分配，以調劑人力之供求。

第八章　輔導人口遷徙

十七、平衡改進市鄉間之生活狀況，實施區域間有計劃之遷
　　　徙，以求人口之合理分佈。

十八、保護外國僑民，實施外僑入境之合理管制，以促成國際
　　　人口流動之互惠平等。

第九章　扶植邊區人口

十九、普及邊民教育，改善邊區習俗，發展邊民生產事業，推
　　　廣邊民醫藥衛生，以提高邊區文化水準，改進邊民生
　　　活。

二十、獎勵雜居通婚，以加強種族團結。

第十章　防止人口殘害

二十一、嚴禁墮胎殺嬰、納妾、畜婢、及人口之柺帶與租賣，
　　　　並取締娼妓，以防止人口之殘害。

附錄五　托兒所設置辦法

中華民國七十年八月十五日
內政部修正發布

第　一　條　本辦法依兒童福利法第十一條及第十五條第一款
　　　　　　辦規定訂定之。

第　二　條　托兒所之設置分下列三種。
　　　　　　1.政府設立。
　　　　　　2.機關、學校、團體、工廠、公司附設。
　　　　　　3.私人創設。

第　三　條　托兒所收托兒童之年齡，以初生滿一月至未滿六
　　　　　　歲者爲限，滿一月至未滿二歲者爲托嬰部。滿二
　　　　　　歲至未滿六歲者爲托兒部。

第　四　條　托兒所之收托方式分下列三種：
　　　　　　1.半日托：每日收托時間在三至六小時。
　　　　　　2.日托：每日收托時間在七至十二小時。
　　　　　　3.全托：收托時間連續在二十四小時以上者。
　　　　　　收托四歲以上，六歲以下兒童者，除家長因特殊
　　　　　　情形無法照顧外，不得全托。

第　五　條　設置托兒所應注意維護兒童安全與健康，須有固

定所址及良好環境，其房舍以地面層及二樓爲原則，並具備左列設備。

1.遊戲室。

2.活動室。

3.保健室。

4.寢室。

5.辦公室。

6.接待室。

7.廚房。

8.廁所。

9.浴室。

10.露天遊戲場。

11.升旗台。

12.教學用具。

13.康樂用具。

14.消防設備。

15.基金或經常費。

前項各款設備及每一嬰幼兒應佔室內外活動之面積，由省（市）主管機關參酌當地實際情形訂定之。

依第二條各款設置之季節性、流動性或固定性農村村里托兒所應具備之條件，由省（市）主管機關視環境需要訂定之，不受前項之限制。

第 六 條　托兒所專辦或兼辦托嬰業務者，其應增加之設備如下：

1.調奶台：長一百五十公分，寬六十公分，離地

面高八十五公分。

  2.護理台：長二百公分，寬六十三公分，離地面
   高一百公分。

  3.沐浴室：長二百公分，寬六十三公分，離地面
   高一百公分。

第 七 條　設置托兒所須備具申請書及必要表件向當地主管
    機關申請立案。該主管機關應會同當地衛生主管
    機關實地勘察後核定之，並按季報內政部備查。
    前項書表由省（市）政府地方實際需要分別訂定
    之。

第 八 條　托兒所置所長一人，負責所務，所長之下得分設
    教保、衛生、社會工作及總務等部門，其負責人
    分別由教師、護士、社會工作員及保育員擔任
    之。托嬰部應增置特約醫師及專任護理人員。

第 九 條　托兒所所長應以具有下列資格之一者任之。

  1.專科以上學校兒童福利系科或相關系科畢業，
   並具有一年以上幼兒教保工作經驗者。

  2.師範大學或家事職業學校幼教科或相關系科畢
   業，並具有二年以上幼兒教保工作經驗者。

  3.高中或高職以上畢業，曾受保育人員專業訓練
   六個月以上，並具有三年以上幼兒教保工作經
   驗者。

   專辦托嬰部之托兒所所長以領有醫師、護理師、
   護士、或助產士之證明書為合格。其為高中或高
   職畢業者，以曾受育嬰員專業訓練，並從事托嬰
   工作一年以上為限。

第 十 條　托兒所教師應以具有下列資格之一者任之。

1. 專科以上學校兒童福利系科或相關系科畢業修畢兒童福利及幼兒教育有關課程二十個學分以上者。

2. 師範或高級家事職業學校幼教科或相關系科畢業，並具有一年以上幼兒教保經驗者。

3. 高級中學或高級職業學校畢業，曾修習受幼兒教育二十個學分以上或參加保育人員專業訓練六個月以上，並具有二年以上幼兒教保經驗者。

4. 幼稚園教師登記或檢定合格者。

5. 國民小學級任教師登記或檢定合格者。

第十一條　托兒所社會工作員應以具有下列資格之一者任之。

1. 專科以上學校社會工作系科或相關系科畢業者。

2. 大專及高級中學或高級職業學校畢業，曾修習社會工作十二個學分以上或曾參加社會工作專業訓練者。

3. 高級中學或高級職業學校畢業，曾從事社會福利及社會服務工作三年以上者。

第十二條　托兒所保育員應以具有下列資格之一者任之。

1. 護理、助產學校畢業者。

2. 高職幼兒保育相關系科畢業者。

3. 高中以上學校畢業，並曾接受三個月以上保育工作訓練者。

第十三條　托兒所教師、保育員及護理人員應依下列標準設

置之。

1.滿一月至未滿一歲之嬰兒，每十名需置護理人員一名，超過十名者，可增置保育員。

2.滿一歲至未滿二歲之嬰兒，每十名至十五名需置護理人員一名，超過十五名嬰兒以上者，可增置保育員。

3.滿二歲至未滿四歲之幼兒，每十三名至十五名需置保育員一名。

4.滿四歲至未滿六歲之幼兒，每十六名至二十名，需置教師一名。

社會工作員得視需要設置之。

第 十 四 條　托兒所工作人員，應身心健康，並未患有傳染疾病；其教師、保育員、護理人員以女性為宜。

第 十 五 條　托兒所之教保及衛生保健依托兒所教保手冊（附件一）之規定辦理。

托兒所之設施應依托兒所設施規範（附件二）之規定辦理。

第 十 六 條　托兒所得於收托辦法中規定收取必要費用，其收費標準應由當地主管機關視實際需要訂定之。

第 十 七 條　托兒所在收托兒童名額中，至少應有百分之十為減免費名額，凡家境清寒之兒童得申請減免費優待，其實施情形應按期列冊，報請當地主管機關核備。

第 十 八 條　托兒所得接受外界之補助，其補助限用於減低兒童納費及增加設備，並於年終造冊，報請當地主管機關備查。

第 十 九 條　托兒所遷移或停辦，應先申敘遷移或停辦之緣由、日期或停辦後財產處理之辦法，報請當地主管機關核准後辦理之。

第 二 十 條　設置托兒所應向當地主管機關辦妥立案手續後始得收托兒童，其逾半年不為立案之申請者，應勒令停辦。

第二十一條　托兒所有下列情形之一者，當地主管機關應令其改進，其不加改進或違反法令者，得勒令暫停收托，情節重大者並得撤銷立案。

1.不按規定填具各項工作、業務報表送當地主管機關核備者。

2.遷移未按規定辦理者。

3.辦理不善，妨害兒童身心健康者。

4.強迫兒童信教或有其他不正常之行為者。

第二十二條　辦托兒所成績優良及資深績優人員，當地主管機關應予以現金、實物或其他榮譽之獎助，其成績特優者應報請省（市）政府以獎助。

直轄（市）或縣（市）政府對特優托兒所所長及特優工作人員，得補助其費用，組團出國考察。

第二十三條　違反本辦法規定者，依行政執行法行之。

第二十四條　本辦法自發布日施行。

附錄六　兒童福利專業人員資格要點

台(84)內社字第八四七七五一九號函頒

一、本要點依兒童福利法（以上簡稱本法）第十一條第二項規
　　定訂定之。

二、本要點所稱兒童福利專業人員如左：

　　㈠保育人員、助理保育人員。

　　㈡社工人員。

　　㈢保母人員。

　　㈣主管人員。

　　　1.托兒機構之所長、主任。

　　　2.兒童教養保護機構之所（院）長、主任。

　　　3.其他兒童福利機構之所（園、館）長、主任。

　　前項托兒機構係指本法第九條第二款所稱托兒機構及第二
　　十二條第一款所列托兒所；兒童教養保護機構係指本法第
　　二十二條第六款及第二十三條所列各款兒童福利機構；其
　　他兒童福利機構係指本法第二十二條第二款至第五款、第
　　七款及第八款所列兒童福利機構。

三、兒童福利保育人員應具備下列資格之一：

㈠專科以上學校兒童福利科系或相關科系畢業者。

㈡專科以上學校畢業，並經主管機關主（委）辦之兒童福利保育人員專業訓練及格者。

㈢高中（職）學校幼兒保育、家政、護理等相關科系畢業，並經主管機關主（委）辦之兒童福利保育人員專業訓練及格者。

㈣普通考試、丙等特種考試或委任職升等考試社會行政職系考試及格者，並經主管機關主（委）辦之兒童福利保育人員專業訓練及格者。

前項第三款未經專業訓練及格者，或高中（職）學校畢業並經主管機關主（委）辦之兒童福利保育人員專業訓練及格者，得聘為助理保育人員。

四、兒童福利社工人員應具下列資格之一：

㈠大學以上社會工作或相關學系、所（組）畢業者。

㈡大學以上畢業，並經主管機關主（委）辦之兒童福利社工人員專業訓練及格者。

㈢專科學校畢業，並經主管機關主（委）辦之兒童福利社工人員專業訓練及格者。

㈣高等考試、乙等特種考試或薦任職升等考試社會行政職系考試及格；普通考試、丙等特種考試或委任職升等考試社會行政職系考試及格，並經主管機關主（委）辦之兒童福利社工人員專業訓練及格者。

五、兒童福利保母人員應經技術士技能鑑定及格取得技術士證。

六、托兒機構之所長、主任應具左列資格之一：

㈠大學以上兒童福利學系、所（組）或相關學系、所（組）

畢業，具有二年以上托兒機構教保經驗，並經主管機關主（委）辦之主管專業訓練及格者。

㈡大學以上畢業，取得本要點所定兒童福利保育人員資格，具有三年以上托兒機構教保經驗，並經主管機關主（委）辦之主管專業訓練及格者。

㈢專科學校畢業，取得本要點所定兒童福利保育人員資格，具有四年以上托兒機構教保經驗，並經主管機關主（委）辦之主管專業訓練及格者。

㈣高中（職）學校畢業，取得本要點所定兒童福利保育人員資格，具有五年以上托兒機構教保經驗，並經主管機關主（委）辦之主管專業訓練及格者。

㈤高等考試、乙等特種考試或薦任職升等考試社會行政職系考試及格，具有二年以上托兒機構教保經驗，並經主管機關主（委）辦之主管專業訓練及格者。

七、兒童教養保護機構所（院）長、主任應具左列資格之一：

㈠大學以上兒童福利學系、所（組）或相關學系、所（組）畢業，具有二年以上社會福利（或相關）機構工作經驗，並經主管機關主（委）辦之主管專業訓練及格者。

㈡專科以上學校畢業，取得第三點至第五點所定兒童福利專業資格之一，具有四年以上社會福利（或相關）機構工作經驗，並經主管機關主（委）辦之主管專業訓練及格者。

㈢高中（職）學校畢業，取得第三點至第五點所定兒童福利專業資格之一，具有五年以上社會福利（或相關）機構工作經驗，並經主管機關主（委）辦之主管專業訓練及格者。

(四)高等考試、乙等特種考試或薦任職升等考試社會行政職
系考試及格，具有二年以上社會福利（或相關）機構工
作經驗，並經主管機關主（委）辦之主管專業訓練及格
者。

(五)合於相關目的事業主管機關所定資格者。

八、其他兒童福利機構之所（園、館）長、主任應具左列資之
一：

(一)大學以上兒童福利學系、所（組）或相關學系、所（組）
畢業，具有二年以上社會福利（或相關）機構工作經
驗，並經主管機關主（委）辦之主管專業訓練及格者。

(二)專科以上學校畢業，取得第三點至第五點所定兒童福利
專業資格之一，具有三年以上社會福利（或相關）機構
工作經驗，並經主管機關主（委）辦之主管專業訓練及
格者。

(三)高中（職）學校畢業，取得第三點至第五點所定兒童福
利專業資格之一，具有四年以上社會福利（或相關）機
構工作經驗，並經主管機關主（委）辦之主管專業訓練
及格者。

(四)高等考試、乙等特種考試或薦任職升等考試社會行政職
系考試及格，具有二年以上社會福利（或相關）機構工
作經驗，並經主管機關主（委）辦之主管專業訓練及格
者。

(五)合於相關目的事業主管機關所定資格者。

九、本要點各類兒童福利專業人員訓練事項另定之。

附錄七　兒童福利專業人員訓練實施方案

一、依據

 (一)兒童福利法第七條第七款。

 (二)「兒童福利專業人員資格要點」（以下簡稱本要點）第九
  點。

二、目的

 為配合兒童福利專業人員資格要點，建立兒童福利專業體
 制，並引導我國兒童福利朝向專業化發展領域，達成「以
 境訓增進智能，藉專業提升素質」之理想。

三、主辦單位

 (一)台灣省政府社會處暨各縣（市）政府。

 (二)台北市政府社會局。

 (三)高雄市政府社會局。

四、訓練單位

 (一)由省（市）政府社會處（局）辦理兒童福利專業人員
  「在職進修」及就內政部擇定登記有案之訓練單位或設有
  相關科系之大專院校委託辦理兒童福利專業人員「職前
  訓練」暨「在職訓練」。

 (二)由縣（市）政府辦理托兒機構保育人員「在職研修」及
  就內政部擇定登記有案之訓練單位或設有相關科系之大

專院校委託辦理托兒機構保育人員「職前訓練」暨「在職研修」。

五、訓練類別與對象

(一)職前訓練

①凡高中（職）以上學校畢業，有志從事兒童福利工作者。

②保母人員專業資格另依本要點第五點規定辦理。

(二)在職訓練：未經本要點所定專業訓練及格之現職兒童福利助理保育人員、保育人員、社工人員及主管人員。

(三)在職研修：已取得本要點所定現職兒童福利專業人員資格者。

六、訓練課程

課程內容採理論與實務並重為原則，詳見如後。

七、訓練時程（以時數為計。惟「在職研修」部分不在此限）

(一)助理保育人員——修滿本訓練課程360小時。

(二)保育人員

①凡本要點三之(3)、(4)者——修滿本訓練課程360小時。

②凡本要點三之(2)者——修滿本訓練課程540小時。

(三)社工人員——修滿本訓練課程360小時。

(四)主管人員——修滿本訓練課程270小時。

八、訓練方式

(一)職前訓練——由省（市）政府社會處（局）擬具實施計劃辦理。

(二)在職訓練——由省（市）政府社會處（局）及縣（市）政府擬具實施計劃辦理。

㈢在職研修

　　①由省（市）政府社會處（局）擬具實施計劃辦理。

　　②縣（市）政府擬具實施計劃辦理。

㈣前述參加訓練人員（除「在職研修」參訓者外）於修滿本訓練課程後，應經總測驗及格並依本要點核發結業證書。

㈤凡缺席時數達到應訓總時數六分之一以上（含事假、病假、公假等）者，不得參加測驗。

九、訓練經費

㈠由主辦單位編列預算或申請內政部社會福利獎助經費支應。

㈡職前訓練參加者應自行繳納訓練費用。

十、證書頒發

㈠訓練期滿，成績及格，由主辦單位頒授結業證書乙紙。

㈡目前已符合本要點資格之現職人員，於訓練期滿，得由主辦單位頒授結業證書乙紙。前述證書格式，由內政部統一制頒。

十一、評估考核

㈠主辦單位應於每期結訓後，造成執行成果報告書送內政部備查。

㈡本方案原則上每三至五年進行通盤檢討，以應實際現況調整相關課程。

十二、本方案陳奉核定後實施

附錄八　勞動基準法

中華民國七十三年八月一日起生效施行

中華民國八十五年十二月廿七日總統令修正公布

第一章　總則

第　一　條　爲規定勞動條件最低標準，保障勞工權益，加強勞雇關係，促進社會與經濟發展，特制定本法；本法未規定者，適用其他法律之規定。雇主與勞工所訂勞動條件，不得低於本法所定之最低標準。

第　二　條　本法用辭定義如左：

一、勞工：謂受雇主僱用從事工作獲致工資者。

二、雇主：謂僱用勞工之事業主、事業經營之負責人或代表事業主處理有關勞工事務之人。

三、工資：謂勞工因工作而獲得之報酬；包括工資、薪金及按計時、計日、計月、計件以現金或實物等方式給付之獎金、津貼及其他任何名義之經常性給與均屬之。

四、平均工資：謂計算事由發生之當日前六個月內所得工資總額除以該期間之總日數所得之金額。工作未滿六個月者，謂工作時間所得工資總額除以工作期間之總日數所得之金額。工資按工作日數、時數或論件計算者，其依上述方式計算之平均工資，如少於該期內工資總額除以實際工作日數所得金額百分之六十者，以百分之六十計。

五、事業單位：謂適用本法各業僱用勞工從事工作之機構。

六、勞動契約：謂約定勞僱關係之契約。

第　三　條　本法於左列各業適用之：

一、農、林、漁、牧業。

二、礦業及土石採取業。

三、製造業。

四、營造業。

五、水電、煤氣業。

六、運輸、倉儲及通信業。

七、大眾傳播業。

八、其他經中央主管機關指定之事業。

本法至遲於民國八十七年底以前，適用於一切勞僱關係，但其適用確有窒礙難行者，不在此限。

前項因窒礙難行而不適用本法者，不得逾第一項第一款至第七款以外勞工總數五分之一。

第　四　條　本法所稱主管機關：在中央為內政部；在省（市）為省（市）政府；在縣（市）為縣（市）政府。

第 五 條　雇主不得以強暴、脅迫、拘禁或其他非法之方法，
　　　　　強制勞工從事勞動。

第 六 條　任何人不得介入他人之勞動契約，抽取不法利
　　　　　益。

第 七 條　雇主應置備勞工名卡，登記勞工之姓名、性別、
　　　　　出生年月日、本籍、教育程度、住址、身分證統
　　　　　一號碼、到職年月日、工資、勞工保險投保日
　　　　　期、獎懲、傷病及其他必要事項。前項勞工名
　　　　　卡，應保管至勞工離職後五年。

第 八 條　雇主對於僱用之勞工，應預防職業上災害，建立
　　　　　適當之工作環境及福利設施。其有關安全衛生及
　　　　　福利事項，依有關法律之規定。

第二章　勞動契約

第 九 條　勞動契約，分為定期契約及不定期契約。臨時性、
　　　　　短期性、季節性及特定性工作得為定期契約；有
　　　　　繼續性工作應為不定期契約。定期契約屆滿後，
　　　　　有左列情形之一者，視為不定期契約；
　　　　　一、勞工繼續工作而雇主不即表示反對意思者。
　　　　　二、雖經另訂新約，惟其前後勞動契約之工作期
　　　　　　　間超過九十日，前後契約間斷期間未超過三
　　　　　　　十日者。
　　　　　前項規定於特定性或季節性之定期工作不適用之。

第 十 條　定期契約屆滿後或不定期契約因故停止履行後，
　　　　　未滿三個月而訂定新約或繼續履行原約時，勞工

前後工作年資，應合併計算。

第 十 一 條　非有下列情事之一者，雇主不得預告勞工終止勞動契約：

一、歇業或轉讓時。

二、虧損或業務緊縮時。

三、不可抗力暫停工作在一個月以上時。

四、業務性質變更，有減少勞工之必要，又無適當工作可供安置時。

五、勞工對於所擔任之工作確不能勝任時。

第 十 二 條　勞工有左列情形之一者，雇主得不經預告終止契約：

一、於訂立勞動契約時為虛偽意思表示，使雇主誤信而有受損害之虞者。

二、對於雇主、雇主家屬、雇主代理人或其他共同工作之勞工，實施暴行或有重大侮辱之行為者。

三、受有期徒刑以上刑之宣告確定，而未諭知緩刑或未准易科罰金者。

四、違反勞動契約或工作規則，情節重大者。

五、故意損耗機器、工具、原料、產品，或其他雇主所有物品，或故意洩漏雇主技術上、營業上之秘密，致雇主受有損害者。

六、無正當理由繼續曠工三日，或一個月內曠工達六日者。雇主依前項第一款、第二款及第四款至第六款規定終止契約者，應自知悉其情形之日起，三十日內為之。

第 十 三 條　勞工在第五十條規定之停止工作期間或第五十九條規定之醫療期間，雇主不得終止契約。但雇主因天災、事變或其他不可抗力致事業不能繼續，經報主管機關核定者，不在此限。第十四條有下列情形之一者，勞工得不經預告終止契約：

一、雇主於訂立勞動契約時為虛偽之意思表示，使勞工誤信而有受損害之虞者。

二、雇主、雇主家屬、雇主代理人對於勞工，實施暴行或有重大侮辱之行為者。

三、契約所訂之工作，對於勞工健康有危害之虞，經通知雇主改善而無效果者。

四、雇主、雇主代理人或其他勞工患有惡性傳染病，有傳染之虞者。

五、雇主不依勞動契約給付工作報酬，或對於按件計酬之勞工不供給充分之工作者。

六、雇主違反勞動契約或勞工法令，致有損害勞工權益之虞者。

勞工依前項第一款、第六款規定終止契約者，應自知悉其情形之日起，三十日內為之。

有第一項第二款或第四款情形，雇主已將該代理人解僱或已將患有惡性傳染病者送醫或解僱，勞工不得終止契約。

第 十 四 條　規定於本條終止契約準用之。

第 十 五 條　特定性定期契約期限逾三年者，於屆滿三年後，勞工得終止契約。但應於三十日前預告雇主。

不定期契約，勞工終止契約時，應準用第十六條

第一項規定期間預告雇主。

第十六條　雇主依第十一條或第十三條但書規定終止勞動契約者，其預告期間依下列各款之規定：

一、繼續工作三個月以上一年未滿者，於十日前預告之。

二、繼續工作一年以上三年未滿者，於二十日前預告之。

三、繼續工作三年以上者，於三十日前預告之。

勞工於接到前預告後，為另謀工作得於工作時間請假外出。其請假時數，每星期不得超過二日之工作時間，請假期間之工資照給。雇主未依第一項規定期間預告而終止契約者，應給付預告期間之工資。

第十七條　雇主依前條終止勞動契約者，應依下列規定發給勞工資遣費：

一、在同一雇主之事業單位繼續工作，每滿一年發給相當於一個月平均工資之資遣費。

二、依前款計算之剩餘月數，或工作未滿一年者，以比例計給之。未滿一個月者以一個月計。

第十八條　有下列情形之一者，勞工不得向雇主請求加發預告期間工資及資遣費：

一、依第十二條或第十五條規定終止勞動契約者。

二、定期勞動契約期滿離職者。

第十九條　勞動契約終止時，勞工如請求發給服務證明書，

雇主或其代理人不得拒絕。

第二十條　事業單位改組或轉讓時，除新舊雇主商定留用之勞工外，其餘勞工應依第十六條規定期間預告終止契約，並應依第十七條規定發給勞工資遣費。其留用勞工之工作年資，應由新雇主繼續予以承認。

第三章　工資

第二十一條　工資由勞雇雙方議定之。但不得低於基本工資。前項基本工資，由中央主管機關擬定後，報請行政院核定之。

第二十二條　工資之給付，應以法定通用貨幣為之。但基於習慣或業務性質，得於勞動契約內訂明一部以實物給付。工資之一部以實物給付時，其實物之作價應公平合理，並適合勞工及其家屬之需要。工資應全額直接給付勞工。但法令另有規定或勞雇雙方另有約定者，不在此限。

第二十三條　工資之給付，除當事人有特別約定或按月預付者外，每月至少定期發給二次；按件計酬者亦同。雇主應置備勞工工資清冊，將發放工資、工資計算項目、工資總額等事項記入。工資清冊應保存五年。

第二十四條　雇主延長勞工工作時間者，其延長工作時間之工資依下列標準加給之：

一、延長工作時間在二小時以內者，按平日每小

時工資額加給三分之一以上。

二、再延長工作時間在二小時以內者，按平日每小時工資額加給三分之二以上。

三、依第三十二條第三項規定，延長工作時間者，按平日每小時工資額加倍發給之。

第二十五條　雇主對勞工不得因性別而有差別之待遇。工作相同、效率相同者，給付同等之工資。

第二十六條　雇主不得預扣勞工工資作為違約金或賠償費用。

第二十七條　雇主不按期給付工資者，主管機關得限期令其給付。

第二十八條　雇主因歇業、清算或宣告破產，本於勞動契約所積欠之工資未滿六個月部分，有最優先受清償之權。雇主應按其當月僱用勞工投保薪資總額及規定之費率，繳納一定數額之積欠工資墊償基金，作為墊償前項積欠工資之用。積欠工資墊償基金，累積至規定金額後，應降低費率或暫停收繳。前項費率，由中央主管機關於萬分之十範圍內擬訂，報請行政院核定之。雇主積欠之工資，經勞工請求未獲清償者，由積欠工資墊償基金墊償之；雇主應於規定期限內，將墊款償還積欠工資墊償基金。積欠工資墊償基金，由中央主管機關設管理委員會管理之。基金之收繳有關業務，得由中央主管機關，委託勞工保險機構辦理之。第二項之規定金額、基金墊償程序、收繳與管理辦法及管理委員會組織規程，由中央主管機關定之。

第二十九條 事業單位於營業年度終了結算，如有盈餘，除繳納稅捐、彌補虧損及提列股息、公積金外，對於全年工作並無過失之勞工，應給與獎金或分配紅利。

第四章　工作時間、休息、休假

第三十條 勞工每日正常工作時間不得超過八小時，每週工作總時數不得超過四十八小時。前項正常工作時間，雇主經工會或勞工半數以上同意，得將其週內一日之正常工作時數，分配於其他工作日。其分配於其他工作日之時數，每日不得超過二小時。每週工作總時數仍以四十八小時為度。雇主應置備勞工簽到簿或出勤卡，逐日記載勞工出勤情形。此項簿卡應保存一年。

第三十條之一 中央主管機關指定之行業，雇主經工會或勞工半數以上同意後，其工作時間得依下列原則變更：

一、四周內正常工作時數分配於其他工作日之時數，每日不得超過二小時。不受第三十條第二項之限。

二、當日正常工時達十小時者，其延長之工作時間不得超過二小時。

三、二週內至少應有二日之休息，作為例假，不受第三十六條之限制。

四、女性勞工夜間工作，不受第四十九條之限制，但雇主應提供完善安全衛生設施。

本法第三條修正前已適用本法之行業，除農、林、漁、牧業外，不適用前項規定。

第三十一條　在坑道或隧道內工作之勞工，以入坑口時起至出坑口時止為工作時間。

第三十二條　因季節關係或因換班、準備或補充性工作，有在正常工作時間以外工作之必要者，雇主經工會或勞工同意，並報當地主管機關核備後，得將第三十條所定之工作時間延長之。其延長之工作時間，男工一日不得超過三小時，一個月工作總時數不得超過四十六小時；女工一日不得超過二小時，一個月工作總時數不得超過二十四小時。經中央主管機關核定之特殊行業，雇主經工會或勞工同意，前項工作時間每日得延長至四小時。但其工作總時數男工每月不得超過四十六小時；女工每月不得超過三十二小時。因天災、事變或突發事件，必須於正常工作時間以外工作者，雇主得將第三十條所定之工作時間延長之。但應於延長開始後二十四小時內通知工會；無工會組織者，應報當地主管機關核備。延長之工作時間，雇主應於事後補給勞工以適當之休息。在坑內工作之勞工，其工作時間不得延長。但以監視為主之工作。或有前項所定之情形者，不在此限。

第三十三條　第三條所列事業，除製造及礦業外，因公眾之生活便利或其他特殊原因，有調整第三十條、第三十二條所定之正常工作時間及延長工作時間之必要者，得由當地主管機關會商目的事業主管機關

及工會，就必要之限度內以命令調整之。

第三十四條　勞工工作採晝夜輪班制者，其工作班次，每週更換一次。但經勞工同意者不在此限。依前項更換班次時，應給予適當之休息時間。

第三十五條　勞工繼續工作四小時，至少應有三十分鐘之休息。但實行輪班制或其工作有連續性或緊急性者，雇主得在工作時間內，另行調配其休息時間。

第三十六條　勞工每七日中至少應有一日之休息，作爲例假。

第三十七條　紀念日、勞動節日及其他由中央主管機關規定應放假之日，均應休假。

第三十八條　勞工在同一雇主或事業單位，繼續工作滿一定期間者，每年應依下列規定給予特別休假：

一、一年以上三年未滿者七日。

二、三年以上五年未滿者十日。

三、五年以上十年未滿者十四日。

四、十年以上者，每一年加給一日，加至三十日爲止。

第三十九條　第三十六條所定之例假、第三十七條所定之休假及第三十八條所定之特別休假，工資應由雇主照給。雇主經徵得勞工同意於休假日工作者，工資應加倍發給。因季節性關係有趕工必要，經勞工或工會同意照常工作者，亦同。

第四十條　因天災、事變或突發事件，雇主認爲有繼續工作之必要時，得停止第三十六條至第三十八條所定勞工之假期。但停止假期之工資，應加倍發給，並應於事後補休假休息。前項停止勞工假期，應

於事後二十四小時內，詳述理由，報請當地主管機關核備。

第四十一條 公用事業之勞工，當地主管機關認有必要時，得停止第三十八條所定之特別休假。假期內之工資應由雇主加倍發給。

第四十二條 勞工因健康或其他正當理由，不能接受正常工作時間以外之工作者，雇主不得強制其工作。

第四十三條 勞工因婚、喪、疾病或其他正當事由得請假；請假應給之假期及事假以外期間內工資給付之最低標準，由中央主管機關定之。

第五章　童工、女工

第四十四條 十五歲以上未滿十六歲之受僱從事工作者，為童工。童工不得從事繁重及危險性之工作。

第四十五條 雇主不得僱用未滿十五歲之人從事工作。但國民中學畢業或經主管機關認定其工作性質及環境無礙其身心健康者，不在此限。前項受僱之人，準用童工保護之規定。

第四十六條 未滿十六歲之人受僱從事工作者，雇主應置備其法定代理人同意書及其年齡證明文件。

第四十七條 童工每日工作時間不得超過八小時，例假日不得工作。

第四十八條 童工不得於午後八時至翌晨六時之時間內工作。

第四十九條 女工不得於午後十時至翌晨六時之時間內工作。但經取得工會或勞工同意，並實施畫夜三班制，

安全衛生設施完善及備有女工宿舍，或有交通工具接送，且有下列情形之一，經主管機關核准者不在此限：

一、因不能控制及預見之非循環性緊急事故，干擾該事業之正常工作時間者。

二、生產原料或材料易於敗壞，為免於損失必須於夜間工作者。

三、擔任管理技術之主管職務者。

四、遇有國家緊急事故或為國家經濟重大利益所需要，徵得有關勞雇團體之同意，並經中央主管機關核准者。

五、運輸、倉儲及通信業經中央主管機關核定者。

六、衛生福利及公用事業，不需從事體力勞動者。

前項但書於妊娠或哺乳期間之女工不適用之。

第一項第一款情形，如因情勢緊急，不及報經主管機關核准者，得逕先命於午後十時至翌晨六時之時間內從事工作，於翌日午前補報。主管機關對於前項補報，認與規定不合，應責令補給相當之休息，並加倍發給該時間內工作之工資。

第 五 十 條　女工分娩前後，應停止工作，給予產假八星期；妊娠三個月以上流產者，應停止工作，給予產假四星期。前項女工受僱工作在六個月以上者，停止工作期間工資照給；未滿六個月者減半發給。

第五十一條　女工在妊娠期間，如有較為輕易之工作，得申請改調，雇主不得拒絕，並不得減少其工資。

第五十二條　子女未滿一歲須女工親自哺乳者，於第三十五條
　　　　　規定之休息時間外，雇主應每日另給哺乳時間二
　　　　　次，每次以三十分鐘爲度。

　　　　　前項哺乳時間，視爲工作時間。

第六章　退休

第五十三條　勞工有下列情形之一者，得自請退休：
　　　　　一、工作十五年以上年滿五十五歲者。
　　　　　二、工作二十五年以上者。

第五十四條　勞工非有下列情形之一者，雇主不得強制其退休：
　　　　　一、年滿六十歲者。
　　　　　二、心神喪失或身體殘廢不堪勝任者。
　　　　　前項第一款所規定之年齡，對於擔任具有危險、
　　　　　堅強體力等特殊性質之工作者，得由事業單位報
　　　　　請中央主管機關予以調整。但不得少於五十五歲。

第五十五條　勞工退休金之給與標準如下：
　　　　　一、按其工作年資，每滿一年給與兩個基數。但
　　　　　　　超過十五年之工作年資，每滿一年給與一個
　　　　　　　基數，最高總數以四十五個基數爲限。未滿
　　　　　　　半年者以半年計；滿半年者以一年計。
　　　　　二、依第五十四條第一項第二款規定，強制退休
　　　　　　　之勞工，其心神喪失或身體殘廢係因執行職
　　　　　　　務所致者，依前款規定加給百分之二十。前
　　　　　　　項第一款退休金基數之標準，係指核准退休
　　　　　　　時一個月平均工資。

第一項所定退休金，雇主如無法一次發給時，得報經主管機關核定後，分期給付。本法施行前，事業單位原定退休標準優於本法者，從其規定。

第五十六條　本法施行後，雇主應按月提撥勞工退休準備金，專戶存儲，並不得作爲讓與、扣押、抵銷或擔保。其提撥率，由中央主管機關擬訂，報請行政院核定之。勞工退休基金，由中央主管機關會同財政部指定金融機構保管運用。最低收益不得低於當地銀行二年定期存款利率之收益；如有虧損由國庫補足之。雇主所提撥勞工退休準備金，應由勞工與雇主共同組織委員會監督之。委員會中勞工代表人數不得少於三分之二。

第五十七條　勞工工作年資以服務同一事業者爲限。但受同一雇主調動之工作年資，及依第二十條規定應由新雇主繼續予以承認之年資，應予併計。

第五十八條　勞工請領退休金之權利，自退休之次月起，因五年間不行使而消滅。

第七章　職業災害補償

第五十九條　勞工因遭遇職業災害而致死亡、殘廢、傷害或疾病時，雇主應依下列規定予以補償。但如同一事故，依勞工保險條例或其他法令規定，已由雇主支付費用補償者，雇主得予以抵充之：

一、勞工受傷或罹患職業病時，雇主應補償其必需之醫療費用。職業病之種類及其醫療範

圍，依勞工保險條例有關之規定。

二、勞工在醫療中不能工作時，雇主應按其原領
工資數額予以補償。但醫療期間屆滿二年仍
未能痊癒，經指定之醫院診斷，審定爲喪失
原有工作能力，且不合第三款之殘廢給付標
準者，雇主得一次給付四十個月之平均工資
後，免除此項工資補償責任。

三、勞工經治療終止後，經指定之醫院診斷，審
定其身體遺存殘廢者，雇主應按其平均工資
及其殘廢程度，一次給予殘廢補償。殘廢補
償標準，依勞工保險條例有關之規定。

四、勞工遭遇職業傷害或罹患職業病而死亡時，
雇主除給與五個月平均工資之喪葬費外，並
應一次給與其遺屬四十個月平均工資之死亡
補償。其遺屬受領死亡補償之順位如左：㈠
配偶及子女。㈡父母。㈢祖父母。㈣孫子
女。㈤兄弟、姐妹。

第 六 十 條　雇主依前條規定給付之補償金額，得抵充同一事
故所生損害之賠償金額。

第六十一條　第五十九條之受領補償權，自得受領之日起，因
二年間不行使而消滅。受領補償之權利，不因勞
工之離職而受影響，且不得讓與、抵銷、扣押或
擔保。

第六十二條　事業單位以其事業招人承攬，如有再承攬時，承
攬人或中間承攬人，就各該承攬部分所使用之勞
工，均應與最後承攬人，連帶負本章所定雇主應

負職業災害補償之責任。事業單位或承攬人或中間承攬人，為前項之災害補償時，就其所補償之部分，得向最後承攬人求償。

第六十三條　承攬人或再承攬人工作場所，在原事業單位工作場所範圍內，或為原事業單位提供者，原事業單位應督促承攬人或再承攬人，對其所僱用勞工之勞動條件應符合有關法令之規定。事業單位違背勞工安全衛生法有關對於承攬人、再承攬人應負責任之規定，致承攬人或再承攬人所僱用之勞工發生職業災害時，應與該承攬人、再承攬人負連帶補償責任。

第八章　技術性

第六十四條　雇主不得招收未滿十五歲之人為技術生。但國民中學畢業者，不在此限。稱技術生者，指依中央主管機關規定之技術生訓練職類中以學習技能為目的，依本章之規定而接受雇主訓練之人。本章規定，於事業單位之養成工、見習生、建教合作班之學生及其他與技術生性質相類之人，準用之。

第六十五條　雇主招收技術生時，須與技術生簽訂書面訓練契約一式三份，訂明訓練項目、訓練期限、膳宿負擔、生活津貼、相關教學、勞工保險、結業證明、契約生效與解除之條件及其他有關雙方權利、義務事項，由當事人分執，並送主管機關備案。前項技術生如為未成年，其訓練契約，應得法定代

理人之允許。

第六十六條　雇主不得向技術生收取有關訓練費用。

第六十七條　技術生訓練期滿，雇主得留用之，並應與同等工
作之勞工享受同等之待遇。雇主如於技術生訓練
契約內訂明留用期間，應不得超過其訓練期間。

第六十八條　技術生人數，不得超過勞工人數四分之一。勞工
人數不滿四人者，以四人計。

第六十九條　本法第四章工作時間、休息、休假，第五章童工、
女工、第七章災害補償及其他勞工保險等有關規
定，於技術生準用之。技術生災害補償所採薪資
計算之標準，不得低於基本工資。

第九章　工作規則

第 七 十 條　雇主僱用勞工人數在三十人以上者，應依其事業
性質，就下列事項訂立工作規則，報請主管機關
核備後並公開揭示之：

一、工作時間、休息、休假、國定紀念日、特別
休假及繼續性工作之輪班方法。

二、工資之標準、計算方法及發放日期。

三、延長工作時間。

四、津貼及獎金。

五、應遵守之紀律。

六、考勤、請假、獎懲及升遷。

七、受僱、解僱、資遣、離職及退休。

八、災害傷病補償及撫卹。

九、福利措施。

十、勞雇雙方應遵守勞工安全衛生規定。

十一、勞雇雙方溝通意見加強合作之方法。

十二、其他。

第七十一條　工作規則，違反法令之強制或禁止規定或其他有關該事業適用之團體協約規定者，無效。

第十章　監督與檢查

第七十二條　中央主管機關，為貫徹本法及其他勞工法令之執行，設勞工檢查機構或授權省市主管機關專設檢查機構辦理之；地方主管機關於必要時，亦得派員實施檢查。

前項勞工檢查機構之組織，由中央主管機關定之。

第七十三條　檢查員執行職務，應出示檢查證，各事業單位不得拒絕。事業單位拒絕檢查時，檢查員得會同當地主管機關或警察機關強制檢查之。檢查員執行職務，得就本法規定事項，要求事業單位提出必要之報告、紀錄、帳冊及有關文件或書面說明。如需抽取物料、樣品或資料時，應事先通知雇主或其代理人並掣給收據。

第七十四條　勞工發現事業單位違反本法及其他勞工法令規時，得向雇主、主管機關或檢查機構申訴。雇主不得因勞工為前項申訴而予解僱、調職或其他不利之處分。

第十一章　罰則

第七十五條　違反第五條規定者，處五年以下有期徒刑、拘役或科或併科五萬元以下罰金。

第七十六條　違反第六條規定者，處三年以下有期徒刑、拘役或科或併科三萬元以下罰金。

第七十七條　違反第四十二條、第四十四條第二項、第四十五條、第四十七條、第四十八條、第四十九條或第六十四條第一項規定者，處六月以下有期徒刑、拘役或科或併科二萬元以下罰金。

第七十八條　違反第十三條、第十七條、第二十六條、第五十條、第五十一條或第五十五條第一項規定者，科三萬元以下罰金。

第七十九條　有下列行為之一者，處二千元以上二萬元以下罰鍰：

一、違反第七條、第九條第一項、第十六條、第十九條、第二十一條第一項、第二十二條、第二十三條、第二十四條、第二十五條、第二十八條第二項、第三十條、第三十二條、第三十四條、第三十五條、第三十六條、第三十七條、第三十八條、第三十九條、第四十條、第四十一條、第四十六條、第五十六條第一項、第五十九條、第六十五條第一項、第六十六條、第六十七條、第六十八條、第七十條或第七十四條第二項規定者。

　　　　二、違反主管機關依第二十七條限期給付工資或
　　　　　　第三十三條週整工作時間之命令者。

　　　　三、違反中央主管機關依第四十三條所定假期或
　　　　　　事假以外期間內工資給付之最低標準者。

第 八 十 條　拒絕、規避或阻撓勞工檢查員依法執行職務者，
　　　　　　處一萬元以上五萬元以下罰鍰。

第八十一條　法人之代表人、法人或自然人之代理人、受僱人
　　　　　　或其他從業人員，因執行業務違反本法規定，除
　　　　　　依本章規定處罰行為人外，對該法人或自然人並
　　　　　　應處以各該條所定之罰金或罰鍰。但法人之代表
　　　　　　人或自然人對於違反之發生，已盡力為防止行為
　　　　　　者，不在此限。法人之代表人或自然人教唆或縱
　　　　　　容為違反之行為者，以行為人論。

第八十二條　本法所定之罰鍰，經主管機關催繳，仍不繳納時，
　　　　　　得移送法院強制執行。

第十二章　附則

第八十三條　為協調勞資關係，促進勞資合作，提高工作效率，
　　　　　　事業單位應舉辦勞資會議。其辦法由中央主管機
　　　　　　關會同經濟部訂定，並報行政院核定。

第八十四條　公務員兼具勞工身分者，其有關任（派）免、薪
　　　　　　資、獎懲、退休、撫卹及保險（含職業災害）等
　　　　　　事項，應適用公務員法令之規定。但其他所定勞
　　　　　　動條件優於本法規定者，從其規定。

第八十四條　經中央主管機關核定公告之下列工作者，得由勞

之一	雇雙方另行約定工作時間、例假、休假、女性夜間工作,並報請當地主管機關核備,不受第三十條、第三十二條、第三十六條、第三十七條、第四十九條規定之限制。 一、監督、管理人員,或責任制專業人員。 二、監視性或間歇性之工作。 三、其他性質特殊之工作。 前項約定應以書面爲之,並應參考本法所定之基準,且不得損及勞工之健康及福祉。
第八十四條之二	勞工工作年資自受僱之日起算,適用本法前之工作年資,其資遣費及退休金給與標準,依其當時應適用之法令規定計算。當時無法另可資適用者,依各該事業單位自訂之規定或勞雇雙方之協商計算之。適用本法後之工作年資,其資遣費與退休金給與標準,依第十七條及第五十五條規定計算。
第八十五條	本法施行細則,由中央主管機關擬定,報請行政院核定。
第八十六條	本法自公布日施行。

幼兒保育概論

作　　者／黃志成
出 版 者／揚智文化事業股份有限公司
發 行 人／葉忠賢
總 編 輯／林新倫
執行編輯／胡琡珮
登 記 證／局版北市業字第 1117 號
地　　址／台北市新生南路三段 88 號 5 樓之 6
電　　話／(02)2366-0309
傳　　眞／(02)2366-0310
郵撥帳號／19735365 葉忠賢
印　　刷／鼎易印刷事業股份有限公司
法律顧問／北辰著作權事務所　蕭雄淋律師
二版一刷／1999 年 11 月
二版四刷／2003 年 8 月
定　　價／新台幣 450 元

ISBN　957-818-061-6
網址：http://www.ycrc.com.tw
✉E-mail：yangchih@ycrc.com.tw
＊本書如有缺頁、破損、裝訂錯誤，請寄回更換＊

國家圖書館出版品預行編目資料

幼兒保育概論=Early childhood care／黃志
成著. -- 二版. ---臺北市：揚智文化，
1999〔民 88〕
　面：　公分
含參考書目
ISBN　957-818-061-6（平裝）

1.育兒

428　　　　　　　　　　　　　88012812